大数据技术及行业应用

李祖贺◎著

时代文艺出版社
SHIDAI WENYI CHUBANSHE

图书在版编目（CIP）数据

大数据技术及行业应用 / 李祖贺著. -- 长春：时
代文艺出版社，2023.12
ISBN 978-7-5387-7256-2

Ⅰ．①大… Ⅱ．①李… Ⅲ．①数据处理 Ⅳ.
①TP274

中国国家版本馆CIP数据核字(2023)第205579号

大数据技术及行业应用
DASHUJU JISHU JI HANGYE YINGYONG

李祖贺 著

出 品 人：吴 刚
责任编辑：邢 雪
装帧设计：文 树
排版制作：隋淑凤

出版发行：时代文艺出版社
地　　址：长春市福祉大路5788号　龙腾国际大厦A座15层 （130118）
电　　话：0431-81629751（总编办）　0431-81629758（发行部）
官方微博：weibo.com/tlapress
开　　本：710mm×1000mm　1/16
字　　数：420千字
印　　张：26.25
印　　刷：廊坊市广阳区九洲印刷厂
版　　次：2023年12月第1版
印　　次：2023年12月第1次印刷
定　　价：76.00元

图书如有印装错误　请寄回印厂调换

前　言

　　信息技术是 21 世纪促进社会建设发展的强大动力，而大数据技术作为其中最具代表性的技术之一，已然成为现阶段的热门话题。现代人可以说都是信息的提供者与使用者，随着大数据时代的来临和现代科技的发展，令大数据技术在各个行业和领域都得到了非常普遍的应用，给现代人的工作、生活乃至思想都带来了非常大的变化。毋庸置疑，大数据的应用激发了一场思想风暴，也悄然改变了我们的生活方式和思维习惯。大数据正在以前所未有的速度颠覆人们探索世界的方式，引起工业、商业、医学、军事等领域的深刻变革。

　　本书的目标是给广大读者提供一本既通俗易懂又具有严谨、完整、结构化特征的图书。其独到之处在于，既阐明了大数据技术的系统性和理论性，又通过大量的表格和图形对传统数据和大数据在来源、结构、特征、存储方式、使用方法等方面进行了有针对性的对比和阐述，使读者对两者之间的区别一目了然，对理解和掌握大数据理论技术具有事半功倍的意义。本书内容包括两个部分，第一部分是技术理论部分，包括大数据概述、大数据采集和分析、科学数据与资源共享、大数据治理、数据工程与数据挖掘以及大数据时代的理解等；第二部分是实践应用部分，包括大数据应用的模式和价值、大数据应用的基本策略、大数据与教育行业应用、大数据与公共安全应用、大数据与人工智能应用、大数据与医疗健康应用、大数据在公共交通管理中的运用、大数据在社会管理中的运用以及大数据在金融行业中的应用等内容。

　　本书内容丰富，逻辑清晰，理论与实际相结合。笔者在撰写过程中查阅了大量的资料文献作为参考，引用了大量相关领域的最新研究成果与资料，具有前瞻性和实用性，在此向这些专家和学者致以衷心的感谢。由于笔者时间和精力有限，书中难免有不足之处，敬请各位同行和广大读者予以批评指正。

目　录

第五章　数据工程与数据挖掘

第六章　大数据时代的理解

第七章　大数据应用的模式和价值

第八章　大数据应用的基本策略

第九章　大数据与教育行业应用

第一章　大数据概述

当下人类正置身于数据的海洋当中，金融、工业、医疗、IT 等数据与各行各业的发展都息息相关，密不可分。数据资源和太空资源、自然资源等战略资源的地位同样重要，我们每天在网上购物、聊天，使用手机通话，在商场消费，上下班打卡，机场过安检……我们的一举一动都在产生着数据，并且我们的日常工作和生活甚至整个社会的向前发展都无时无刻不在受着大量数据的影响。数据潜在的巨大价值，得到了社会各界广泛关注。

第一节　大数据的概念和特征

一、大数据的概念

（一）数据

"数据"（Pathology）的含义很广，不仅指 1011、8084 这样一些传统意义上的数据，还指如"2013／09／06"等符号、字符、日期形式的数据，也包括文本、声音、图像、照片和视频等类型的数据，而微博、微信、购物记录、住宿记录、乘飞机记录、银行消费记录、政府文件等也都是数据。直观上，可以对数据进行如下分类：

1.依据数据表示的含义来划分

从数据表示的含义来看，数据可以分为两类：一类是表示现实事物的数据，称为现实数据；另一类是不表示现实事物，只在网络空间中存在的数据，称为非现实数据。

（1）现实数据主要包括两种：第一种，感知数据，通过感知设备（如温度传感器、天文望远镜）感知现实世界所获得的数据，包括感知生命的数据，这类数据是对现实世界的直接反映；第二种，行为数据，人类科学研究、劳动生产、生活行为等所产生的数据，这类数据是对人类行为的直接反映。

（2）非现实数据种类繁多，目前还不能很好地进行分类，举例如下：第一种，计算机病毒，能够自我复制和传播的计算机程序，只在数据界中存在，在自然界没有映射；第二种，网络游戏，包括与自然界对应的场景映射到数据界中，也有只在数据界中的游戏场景设置；第三种，垃圾数据，没有任何含义的数据。

2.依据数据的权属来划分

数据权属还没有法律上的界定，从情理上看，数据非天然，数据理应属于数据的生产者，但实际情况往往比较复杂，从目前数据的生产和数据被占有的情况来看，数据可以分成如下类别：第一类，私有数据，指个人或组织自己生产、自己保管、非公开的数据，这类数据权属清晰。第二类，多方生产的数据，我们生活中的大部分数据是由多方共同生产的，如电商平台、银行、电信、医院等的数据都是多方生产的。电商平台的数据是由购物者、网店卖家、支付系统、物流系统、平台等共同生产的，这些数据的权属没有界定。电商数据目前基本上是由电商平台占有并获取利益，购物者和卖家没有主张权利。但是，如果医院的数据被医院占有并谋取利益，民众就会强烈反对。因此，这类数据的权属有待法律界进行法律界定，以避免数据的灰色地带和数据黑产。第三类，政府数据，主要指政务数据、政府财政投资生产的数据以及国有企业数据，这部分数据权属属于政府。

第四类，公网数据，主要是指发布在公共网站上的数据，这些数据能够通过搜索引擎访问到。如果按照《中华人民共和国物权法》和《中华人民共和国知识产权法》的规定，这类数据权属属于数据的原创者，也是不能随便下载使用的，应该受到法律的保护。但是，在公共网络上下载数据是普遍的行为，因此，这类数据的权属也同样有待法律界进行法律界定。

（二）数据界

人类社会的发展进步是人类不断探索自然（宇宙和生命）的过程，当人们将探索自然界的成果存储在网络空间中的时候，便不知不觉地在网络空间中创造了一个数据界。虽然是人生产了数据，并且人还在不断生产数据，但当前的数据已经表现出不为人控制、未知性、多样性和复杂性等自然界特征。

1. 数据不为人控制

由于数据爆炸式增长，人们逐渐失去对数据的控制力，人们无法控制的还有计算机病毒的大量出现和传播、垃圾邮件的泛滥、网络的攻击数据阻塞信息高速公路等。从个体上来看，其生产数据是有目的的、可以控制的，但是从总体上来看，数据的生产是不以人的意志为转移的，是以自然的方式增长的。因此，数据的增长、流动已经不为人所控制。

2. 数据的未知性

在网络空间中出现大量未知的数据、未知的数据现象和规律，这是数据科学出现的原因。未知性包括：从互联网上获得的数据不知道是否是正确的和真实的；在两个网站对相同的目标进行搜索访问时得到的结果可能是不一样的，不知道哪个是正确的；也许网络空间中某个数据库早就显示人类将面临能源危机，人们却无法得到这样的知识；人们还不知道数据界有多大，数据界以什么样的速度在增长。早期使用计算机是将已知的事情交给计算机去完成，将已知的数据存储到计算机中，将已知的算法写成计算机程序。因此，数据、程序和程序执行的结果都是已知的或可预期的。事实上，这期间计算机主要用于帮助人们工作、生活，提高工作效率和生活质量，因此，计算机所做的事情和生产的数据都是清楚的。虽然每个人只是将个人已知的事物和事情存储到网络空间中，但是当一个组织、一个城市或一个国家的公民都将他的个人工作、生活的事物和事情存储到网络空间中，数据就将反映这个组织、城市或国家整体的状况，包括国民经济和社会发展的各种规律和问题。这些由各种数据综合所反映的社会经济规律是人类事先不知道的，也即信息化工作将社会经济规律这些未知的东西也存储到了网络空间中。

3.数据的多样性和复杂性

随着技术的进步，存储到网络空间中的数据类别和形式也越来越多。所谓数据的多样性是指数据有各种类别，如既有各种语言的、各种行业的、空间的、海洋的、DNA 等数据，也有在互联网中／不在互联网中的、公开／非公开的、企业的政府的等数据。数据的复杂性有两个方面：一方面是指数据具有各种各样的格式，包括各种专用格式和通用格式；另一方面是指数据之间存在着复杂的关联性。由于网络空间的数据已经表现出不为人控制、未知性、多样性和复杂性等自然界特征，没有哪个人、哪个组织、哪个国家能够控制网络空间数据的增长、流动，这些数据除了反映现实，还有很多和现实无关，所以数据界已经形成。需要注意的一点是：从数据界中获取一个数据以服务于某项工作将是未来的常态性工作。其中的数据获取工作包括收集、清洁、整合、存储与管理等，数据服务包括对数据集进行数据分析、建立业务模型、辅助决策工作。

（三）大数据

研究机构 Gartner 给出的定义：大数据指的是只有运用新的处理模式才能具有更强的洞察发现力、决策力和流程优化能力的海量、多样化和高增长率的信息资产。

麦肯锡给出的定义：大数据是指用传统的数据库软件工具无法在一定时间内对其内容进行收集、储存、管理和分析的数据集合。

维基百科给出的定义：大数据指的是所涉的资料量规模十分庞大，以至于无法通过当前主流的软件工具，在适当时间内达到选取、管理、处理并且整理成为有助于企业经营决策的信息。看得出来，不管在哪种定义下，大数据既不是一种新的技术也不是一种新的产品，大数据只是一种出现在数字化时代的现象，就像 21 世纪初提出的"海量数据"概念一样。但是大数据和海量数据却有着本质上的区别。从字面上讲，"大数据"和"海量数据"都来自英文的翻译，"big data"译为"大数据"，而"vast data"或者"large-scale data"则译为"海量数据"。而从组成的角度来看，大数据不仅包括海量数据所包括的半结构化和结构化的交易数据，还包括交互数据和非结构化数据。大中国区首席产品顾问但彬更深入地指出，交易和交互数据集在内的所有数据集都包括在大数据内，它的规模和复杂程度远远超出了用常规技术按照合理的期限和成本捕获、管理并处理这些数据集的能力范围。由此可见，海量数据处理、海量交互数据、海量交易数据将会是大数据的主要技术趋势。

20 世纪 60 年代，数据基本在文件中储存，应用程序直接对其进行管理；70 年代，人们构建了关系数据模型，数据库技术为数据存储提供了一种新的手段；80 年代中期，由于具有面向主题、集成性、时变性和非易失性等特点，数据仓库成为数据分析和联机分析的主要平台，非关系型数据库和基于 Web 的数据库等技术随着网络的普及和 Web2.0 网站的兴起应运而生。目前，各种类型的数据伴随着社交网络和智能手机的广泛使用呈现指数增长的态势，逐渐超出了传统关系型数据库的处理能力的范围，数据中潜在的规则和关系难以被发现，这个难题通过运用大数据技术却能够得到很好的解决，大数据技术可以在能够承受的成本范围内，在较短的时间中，将从数据仓库中采集到的数据，运用分布式技术框架对非关系型数据进行异质性处理，经过数据挖掘和分析，从海量、类别繁多的数据中提取价值，可见，大数据技术将会助力 IT 业内新一代的技术和架构。

大数据是存储介质的不断扩容以及信息获取技术不断发展的必然产物。有一句名言说道："人类之前延续的是文明，现在传承的是信息。"从中能够看出，数据对我们现在的生活产生了多么深刻的影响。

二、数据资源

（一）数据资源的形成

随着经济的发展，我们会发现我们的生活已经处处信息化，那么，信息化做了什么？信息化是将我们过去手工做的事情转换成计算机来做，并且会准确很多、方便很多、高效很多；信息化还将现实的事物通过摄像头、录音笔、传感器等采集到计算机中。透过信息化给人类带来好处的现象可知，所有信息化的结果都是在计算机系统中形成了很多数据，所以人们不断地购买存储系统、购买硬盘、购买光盘、购买 U 盘，不断地做备份，不断地确保信息安全，为的是保存好信息化的成果，保存好我们的工作成果，保存好我们值得纪念的东西，等等。因此，从网络空间的视角来看，信息化的本质是生产数据的过程。早期的数据主要通过键盘录入，所以基本上都是字符数据；自 19 世纪 90 年代开始，多媒体设备、数字化设备大量出现（如音频、视频设备等），数据生产方式多样，生产数据的速度加快，远远超过了 IT 行业发展的速度，这也为今天的大数据现象做好了铺垫。进入21 世纪，各种感知大自然的设备广泛应用（如温度湿度传感器、天文望远镜、对地观测卫星等），使得来自对宇宙空间、自然界的感知的数据大量产生。另外一大类数据的生产则来自网络空间自身（如计算机病毒的传播、数据的大量副本和备份等）。如今，国家、机构、企业的数据积累已经越来越大，逐步形成数据资源。可以说，数据资源是数据积累到一定规模后所形成的。

（二）数据矿床

有研究、开发和利用价值的数据集称为数据矿床。开发价值高，且易于开发的数据矿床，称为数据富矿；开发价值低，且不易于开发的数据矿床，称为数据贫矿。

确定一个数据矿床要考虑下列基本要素：第一，有价值的数据规律在待开发的数据中所占的比例，这个比值要达到最低可开发品位，不同数据规律的可开发品位是不同的。第二，数据总体的分布特性和数据集的逻辑结构，包括数据分布清晰程度和数据逻辑结构中是否有难以处理的数据类型（如非结构化数据类型）。第三，数据集规模的大小。数据集的规模通常决定了该数据资源开发所需要的投入，包括大型存储设备、大型计算机以及相应的机房等外围设备的投入。第四，数据质量的好坏。数据质量的好坏将直接决定是否能够开发出价值。高质量的数据应该是准确的、一致性的、完整的和及时可用的数据。如果一个数据矿床的数据质量不好，将给数据开采带来很大困难。对于数据拥有者，在形成数据资源的过程中，严格进行数据质量管控，就能够形成数据质量高的数据矿床，提高拥有的数据资产。数据质量管理是指对数据生产、存储、流通过程中可能引发的各类数据质量问题，进行识别、度量、监控、预警等一系列管理活动，并通过改善和提高组织的管理水平使数据质量获得进一步提高。第五，从数据集中获得有价值的数据规律所需的全部费用。

(三) 数据资源的战略性

现今的社会是运转在网络空间上的。社会运转依赖数据进行并生产新的数据，人类行为以数据的形式记录在网络空间中。因此，数据资源是一种重要的现代战略资源，其重要程度愈发凸显，在 21 世纪将超过石油、煤炭、矿产等天然资源，成为最重要的资源之一。对网络空间数据资源的占领、开发和利用将是未来国家政治的战略竞争之所在。"斯诺登事件"表明网络空间中的国家、政治军事都将面临变革，网络数据武器的威力将远超核武器的威力，所谓的"货币战争"正是发生在网络空间中的战争。国民经济与社会信息化形成的数据资源非常大，包括地球海洋等自然数据资源、经济社会数据资源、网络行为数据资源等。正是这些数据资源的开发利用构成了当前的大数据热潮。

(四) 数据资源建设

大数据本质上是数据的交叉、方法的交叉、知识的交叉、各领域的交叉，从而产生新的科学研究方法、新的管理决策方法、新的经济增长方式、新的社会发展方式等。那么，是否还需要建设各种各样的数据资源？是否会形成新的数据孤岛、数据资源孤岛？是否只需要建造一个全国统一的数据资源就可以了？由于数据生产和汇聚的方向主要是"业务→部门→法人机构→区域／行业领域→全国"，因此，按照法人机构数据资源、区域数据资源、行业领域数据资源、全国数据资源的方向逐步建设数据资源是合理的，在实施时更强调逻辑的统一，而不一定是物理的统一，也有利于数据资源的管理和利用。

1. 面临的问题

实际上，数据资源建设投入大、周期长、效果显现慢，面临的困难很多，主要存在下列问题：一是对数据资源的特性不了解，二是对数据资源的用途不了解，三是没有形成可开发的数据资源，四是法律法规缺失，五是没有合适的技术。

2. 数据权属

建设数据资源首先要解决数据的权属问题，即数据属于谁。关于数据的权属，目前在法律上还是空白，能够参照的只有知识产权法和物权法。由于数据资源的独特性质，这些法律显然不适用于数据权属。所以应讨论一下数据权益归属的合理性。因为数据不是天然存在的，所以"数据应该属于数据的生产者"的说法比较合理。数据权属面临的问题主要有两个：一是当数据由多个主体生产时如何界定数据的权属；二是当生产的数据涉及国家秘密或公民隐私时如何界定数据的权属。

（1）数据有多个数据生产主体

数据有多个数据生产主体是最常见的数据生产形式。例如，电子商务网站的购物行为数据是由购物者、电商、第三方支付等共同生产的，每个生产主体都应该分享数据的所有权，但目前只是平台享有了这个数据资产；银行的数据也是客户、银行，可能还有商家等共同生产的，电信的数据是由通信用户和电信等共同生产的，由于银行、电信等大多为国有企业，所以还没有开始运营这些数据资产，各数据生产主体也还没有主张权利的诉求；医院的数据是由病人、医生和医院等共同生产的，目前病人对这些数据的诉求主要集中在数据的隐私保护方面。上述这些数据的权属应该属于所有的数据生产者，但在法律空白的情况下，各方可以协商解决数据资源所有权转移或数据资源开发所形成的利益分配问题。

（2）数据涉及国家秘密或公民隐私

数据涉及国家秘密或公民隐私是数据资源建设面临的重大问题。在前面的例子中，电子病历的数据是病人、医生及医院，可能还有软件平台共同生产的，情理上属于各个数据生产主体。很显然的是，医院并不能像电商平台那样开发使用这些数据，医院使用病历数据常常还不是数据权益的主张问题，而是涉及病人的隐私问题。又如，照片的权益属于拍照片的摄影师，但拍到人物时有肖像权问题，如果拍到国家机密则问题更严重。现实中，隐私和秘密是受法律保护的，但又不能说病历数据的生产是违法的。而有一些数据，当数据量达到了一定量级后才成为国家秘密，如某些机构采集个人身份证数据，单个或者小量没有问题，所以日常中被要求复印身份证，大家也能接受。但是，如果全国的个人身份证数据汇聚到一起，就会是一个重要的数据资源，就会成为国家秘密。因此，一般而言，数据应该属于数据的生产者，但在涉及秘密和隐私时除外。一旦数据权属问题得以解决，数据共享和使用、数据资源管理与存放的问题就会迎刃而解。特别需要注意的是，作为一种资源，数据应该有相应的权益。数据权益是指数据的所有权和获益权，需要建立相应的法律来保护数据的所有者权益。从国家层面来讲，这种权益就是国家的数据主权，需要由军队来保护和维护。鉴于数据资源是国家基础性资源，并且在广大民众参与生产的数据资源中，民众个体很难主张数据的权益，因此，数据资源的国有化可能是解决这一问题的途径之一。

3.国有数据资源和市场数据资源

数据资源建设的重点是国有数据资源的建设。国有数据资源的权属问题相对比较容易处理。建设国有数据资源，开发国有数据资源，变"土地财政"为"数据财政"，大力发展数据产业，对建立数据强国意义重大。国有数据资源包括政务数据资源、公共数据资源、国有企业数据资源。政务数据资源主要存在于政府的电子政务系统，是政府公务活动过程中生产数据时所形成的数据资源；公共数据资源是由政府财政资金支持而形成的各类数据资源，主要有教学科研、医疗健康、城市交通、环境气象等公共机构形成的数据资源；国有企业数据资源是指国有控股企业生产经营活动中所形成的数据资源，带有市场数据的性质但不完全市场化，如电信、银行、其他央企等国有企业形成的数据资源。在现行管理体制下，国有企事业单位等独立法人机构可以自行建设数据资源，而政府推动的数据资源建设则是领域数据资源和区域数据资源的建设。领域数据资源是指某领域的全国性数据资源，如医疗健康大数据资源、农业大数据资源、科学数据资源等。面对大数据跨界、跨领域的特点和数据需求，所谓领域数据资源应该包括本领域生产的数据、领域外部生产的数据和本领域大数据分析相关的数据。区域数据资源是指某个城市或者某个省的数据资源，如上海大数据资源、贵州大数据资源。区域大数据资源包含本区域的所有数据，比较符合大数据应用需求。

当前，在讨论数据资源时，主要是指信息化积累的各种数据，这些数据绝大部分是存储在运营系统或备份系统中，另有一些存储在所谓数据仓库中。但是，这些数据总体上来说不是"可用的"数据资源。实际上，数据资源的建设尚未实质性开展，还没有哪个领域或者哪个城市开始建设数据资源。国有数据资源建设关系到未来国家的数据实力，关系到数据强国建设，需要高度重视和积极推进。市场数据是指各类非国有法人机构和个人自己采集数据，整理汇聚成数据资源，如电商平台积累数据资源、互联网金融平台收集的数据资源、App 应用收集的数据资源等。从之前讨论的数据权属问题来看，大部分市场数据的权属是不清晰的，也缺少法律的支持。很多数据资源还存在侵犯公民隐私的问题，涉及国家机密。如收集大量的居民身份证数据就涉及了国家机密。作为战略性、基础性的资源，数据资源国有化应该是大势所趋。

（五）数据资源开发

随着技术进步和互联网的普及应用，不论政府、组织、企业，还是个人都越来越有能力获得各种各样的数据。这些数据类型多样、来源多样，甚至超过早期大型企业自身的积累，形成各种各样的数据资源。在这种情况下，数据资源的开发就变成了一个社会需求，并形成了一种新兴战略产业——数据产业。

1. 数据开发的"5 用"问题

一个大数据资源开发，通常会遇到以下 5 个方面的问题，简称"5 用"问题。第一，数据不够用。获取尽可能多的数据（决策素材），是一种直觉上的追求，即数据越多，对决策越有利，或者至少要比别人知道的更多，所以大数据应用的第一个问题是"数据不够用"。至于数据达到多少就够用了，应该说到目前为止还没有一个科学的界定。第二，数据不可用。在数据够用的情况下，还会遇到数据不可用问题。数据不可用是指拥有数据但访问不到。第三，数据不好用。面对足够的、可用的数据资源，下一个问题是数据不好用问题，即数据质量有问题。第四，数据不敢用。数据不敢用是指因为怕担责任而将本该用起来的数据束之高阁。在"谁拥有谁负责、谁管理谁负责"的体制下，很多单位数据资源之所以没有很好地开发利用，其中一个主要原因就是数据拥有部门不敢将数据用于非本部门业务，怕承担丧失数据安全（所有权和数据秘密）的责任。第五，数据不能用。数据不能用包括两个方面：一方面是数据权属问题，即数据不属于使用者；另一方面是社会问题，即隐私、伦理等问题。

2. 数据流通

随着数据资源的价值被广泛认识，数据的价值被商业化，数据开放共享出现越来越难的趋势。在数据权属清晰的情况下，可以买卖交换数据而不是免费共享（当然，数据拥有者愿意除外）。在确定数据权益的前提下，数据的运用就是有偿使用，需要花钱买数据。数据流通需要法律来界定数据的权属，需要政府来界定数据的类型（哪些是国家秘密、哪些是公民隐私）等，这样数据的流通才会有法可依。而作为个人，要明白"有行动就可能会产生数据"，所以当有些行为涉及隐私时，需要谨慎，就像大家都不会到处说"我家有多少钱"一样。数据流通的主要方式是数据开放、数据共享和数据交易。

3. 数据产业

数据产业是网络空间数据资源开发利用所形成的产业，其产业链主要包括从网络空间获取数据并进行整合、加工和生产，数据产品传播、流通和交易，相关的法律和其他咨询服务。随着数据的增长，人类的能力在不断提高。如今，人类可以通过卫星、遥感等手段监控和研究全球气候的变化，提高气象预报的准确性和长期预报的能力；通过对政治经济事件、气象灾害、媒体或论坛评论、金融市场、历史等数据进行整合分析，发现全球市场波动规律，进而捕捉到稍纵即逝的获利机会；在医疗健康领域，汇总就诊记录、住院病案、检验检查报告等，以及医学文献、互联网信息等数据，可以实现疑难疾病的早期诊断、预防和发现有效治疗方案，监测不良药物反应事件，对医学诊断有效性进行评估和度量，防范医疗保险欺诈与滥用监测，为公共卫生决策提供支持，所有这些都是数据资源开放利用的结果。建设数据资源，建设可用的数据资源，是大数据、数据产业、数据科学技术发展的基础。数据资源的丰富程度将代表一个国家、一个机构的财产拥有程度。数据资源建设是一个长期的、有技术高墙的且投资规模巨大的工程。就大数据目前的发展重点来讲，政府推动领域的、区域的大数据资源中心建设是正确的，但这样做会形成数据资源孤岛，需要新技术来实现互联互通，也可以通过合适的大数据流通市场来解决数据的流通问题。

三、数据质量

"Garbage in, garbage out"是数据质量领域最经典的一句话，意思是"垃圾进来，垃圾出去"，这句话形象地描述了数据质量在数据分析过程中的重要性。在没有检测数据质量是否符合标准和业务需求之前，就直接使用和分析数据，那最终的结果将是无效或者错误的。因此，全面了解数据质量问题所造成的影响、产生的根源、表现形式以及改善数据质量的技术和方法，成为数据分析过程中最基础的环节。目前，许多组织和企业已经获取了大量的数据和信息，但发现没有多少数据能满足他们的信息需求。当用户为了知识管理和组织记忆而试图改进他们的系统时，数据和信息质量带来的问题会对它们造成更直接的影响。

（一）**数据质量定义**

数据质量在学术界和工业界并没有形成统一的定义，学术界大多认可MIT（麻省理工学院）关于数据质量的定义，工业界要么采用ISO（国际标准化组织）的定义，要么根据各自的特定领域扩展了"使用的适合性"的内涵。本节借鉴一些学者的研究成果，将数据质量定义如下：数据质量是指在业务环境下，数据符合数据消费者的使用目的，能满足业务场景具体需求的程度。在不同的业务场景中，数据消费者对数据质量的需要不尽相同，有些人主要关注数据的准确性和一致性，另外一些人则关注数据的实时性和相关性，因此，只要数据能满足使用目的，就可以说数据质量符合要求。

（二）**数据质量相关技术**

集成后的数据可以使用数据剖析来统计数据的内容和结构，为后续的质量评估提供依据。当人们利用人工方式或者自动化方式检测和评估数据后，发现其质量没有达到预期目标，就需要分析产生问题数据的来源和途径，并且采取必要的技术手段和措施改善数据质量。数据溯源和数据清理这两项技术分别用于数据来源追踪和管理、数据净化和修复，以得到高质量的数据集或者数据产品。

1. 数据集成

（1）数据来源层

数据仓库中使用的数据来源主要有业务数据、历史数据和元数据。业务数据是指来源于当前正在运行的业务系统中的数据。历史数据是指组织在长期的信息处理过程中所积累下来的数据，这些数据通常存储在磁带或者类似存储设备上，对业务系统的当前运行不起作用。元数据描述了数据仓库中各种类型来源数据的基本信息，包括来源、名称、定义、创建时间和分类等，这些信息构成了数据仓库中的基本目录。

（2）数据准备层

不同来源的数据在进入数据仓库之前，需要执行一系列的预处理以保证数据质量，这些工作可以由数据准备层完成。这一层的功能可以归纳为"抽取（Extract）—转换（Transfer）—加载（Load）"，即 ETL 操作。

（3）数据仓库层

数据仓库是数据存储的主体，其存储的数据包括三个部分：一是将经过 ETL 处理后的数据按照主题进行组织和存放到业务数据库中；二是存储元数据；三是针对不同的数据挖掘和分析主题生成数据集市。

（4）数据集市

数据仓库是企业级的，能够为整个企业中各个部门的运行提供决策支持，但是构建数据仓库的工作量大、代价很高。数据集市是面向部门级的，通常含有更少的数据、更少的主题区域和更少的历史数据。数据仓库普遍采用 ER 模型来表示数据，而数据集市则采用星形数据模型来提高性能。

（5）数据分析／应用层

数据分析／应用层是用户进入数据仓库的端口，面向的是系统的一般用户，主要用来满足用户的查询需求，并以适当的方式向用户展示查询、分析的结果。数据分析工具主要有地理信息系统（GIS）、查询统计工具、多维数据的 OLAP（联机分析处理）分析工具和数据挖掘工具等。

2. 数据剖析

数据剖析（Data Profiling），也称数据概要分析或数据探查，是一个检查文件系统或者数据库中数据的过程，由此来收集统计分析信息。同时，也可以通过数据剖析来研究和分析不同来源数据的质量。数据剖析不仅有助于了解异常数据、评估数据质量，也能够发现、证明和评估企业元数据。传统的数据剖析主要是针对关系型数据库中的表，而新的数据剖析将会面对非关系型的数据、非结构化的数据以及异构数据的挑战。此外，随着多个行业和互联网企业的数据开放，组织和机构在进行数据分析时，不再局限于使用自己所拥有的数据，而是将目光转向自己不能拥有或者无法产生的数据源，故而产生了多源数据剖析。多源数据剖析是对来自相同领域或者不同领域数据源进行集成或者融合时的统计信息收集。多源数据的统计信息包括主题发现、主题聚类、模式匹配、重复值检测和记录链接等。

下面对这些剖析任务分别进行详细介绍。

第一，值域分析。值域分析对于表中的大多数字段都适合。可以分析字段的值是否满足指定域值，如果字段的数据类型为数值型，还可以分析字段值的统计量。通过值域分析，发现数据是否存在取值错误，最大、最小值越界，取值为 NULL（是在计算中具有保留的值，用于指示指针不引用有效对象）值等异常情况。

第二，外键分析。外键分析可以判断两张表之间的参照完整性约束条件是否得到满足，即参照表中外键的取值是否都来源于被参照表中的主键或者是 NULL 值。如果参照表中的外键没有在被参照表中找到对应，或者外键为异常值等情况都属于质量问题。

第三，主题覆盖。主题覆盖包括主题发现和主题聚类。当集成多个异构数据集时，如果它们来自开放数据源或者是网络上获取的表，并且主题边界不清晰，那么就需要识别这些来源所涵盖的主题或者域，这一过程就称为主题发现。根据主题发现的结果，将主题相似的数据集聚集为一个分组或者一类数据集，这个处理过程可称为主题聚类。

第四，模式覆盖。模式覆盖主要是指模式匹配。在信息系统集成过程中，最重要的工作是发现多个数据库之间是否存在模式的相似性。模式匹配是以两个待匹配的数据库为输入，以模式中的各种信息为基础，通过匹配算法，最终输出模式之间元素在关系数据库中对应的属性映射关系的操作。

第五，数据交叠。当完成模式交叠后，下一步工作就是确定数据交叠。所谓数据交叠是指现实世界的一个对象在两个数据库中使用不同的名称表示，或者使用单一的数据库但又在多个时间内表示。数据交叠可能产生同一个实体具有多个不同的名字、多个属性值重复等质量问题，需要通过重复值检测或者记录链接等方式进行消除。

（三）数据质量带来的影响

在人类航天史上，最早由于数据质量问题而带来的巨大损失发生在美国国家航天局（NASA）。1999 年，NASA 发射升空的火星气象卫星经过 10 个月的旅程到达火星，原本预计这颗卫星将对火星表面进行为期 687 天的观测，可是卫星到达火星后就烧毁了。NASA 经过一番调查后得出结论：飞行系统软件使用公制单位——牛顿计算推进器动力，而地面人员输入的方向校正量和推进器参数则使用英制单位——磅力。设计文档中的这种数据单位的混乱导致探测器进入大气层的高度有误，最终瓦解碎裂。无独有偶，2016 年 2 月，日本宇航局一台造价接近 19 亿人民币的 X 射线太空望远镜升空，除了搭载日本自己的仪器外，它还搭载了几台美国和加拿大宇航局的仪器。到 3 月 26 日时，卫星突然开始不停地旋转，在高速旋转之下，甩飞了太阳能电池板，甩飞了各种设备，最后造成设备解体，整个望远镜完全报废。根据相关调查显示，造成事故的原因是程序写反了，即当望远镜发生异常进行高速旋转时，应该往旋转的反方向喷气，减慢其旋转速度，但是电脑给出的指令却是顺着旋转方向喷气，这就进一步加快了旋转速度，最终导致了望远镜解体。由于这条程序指令一周多前没有经过完整的测试就上传到望远镜上，因此导致这次事故的发生。

（四）影响数据质量的因素

影响数据质量的因素有很多，既有技术方面的因素，又有管理方面的因素。无论是哪个方面的因素，其结果均表现为数据没有达到预期的质量指标。数据收集是指从用户需求或者实际应用出发，收集相关数据，这些数据可以由内部人员手工录入，也可以从外部数据源批量导入。在数据收集阶段，影响数据质量的因素主要包括数据来源和数据录入。通常，数据来源可分为直接来源和间接来源。数据的直接来源主要包括调查数据和实验数据，它们是由用户通过调查或观察以及实验等方式获得的第一手资料，可信度很高。间接来源是收集来自一些政府部门或者权威机构公开出版或发布的数据和资料，这些数据也称为二手数据。在互联网时代，由于获取数据和信息非常方便和快速，二手数据逐渐成为主要的数据来源。但是，一些二手数据的可信度并不高，存在诸如数据错误、数据缺失等质量问题，因此在使用时需要进行充分评估。

数据整合的最终目标是建立集各类业务数据为一体的数据仓库，为市场营销和管理决策提供科学依据。在数据整合阶段，最容易产生的质量问题是数据集成错误。将多个数据源中的数据合并入库是常见的操作，这时需要解决数据库之间的不一致或冲突的质量问题，在实例级主要是相似重复问题，在模式级主要是命名冲突和结构冲突。为了解决多个数据源之间的不一致和冲突，在基于多个数据源的数据集成过程中可能导致数据异常，甚至引入新的异常。因此，数据集成是数据质量问题的一个重要来源。

数据建模是一种对现实世界各类数据进行抽象的组织形式，继而确定数据的使用范围、数据自身的属性以及数据之间的关联和约束。数据建模可以记录商品的基本信息，如形状、尺寸和颜色等，同时也反映了业务处理流程中数据元素的使用规律。好的数据建模可以用合适的结构将数据组织起来，减少数据重复并提供更好的数据共享；同时，数据之间约束条件的使用可以保证数据之间的依赖关系，防止出现不准确、不完整和不一致的数据质量问题。

数据分析（处理）是指用适当的统计分析方法对收集来的大量数据进行分析，提取有用信息和形成结论而对数据加以详细研究和概括总结的过程，这一过程也是质量管理体系的支持过程。测量错误是数据分析阶段的常见质量问题，它包括三类问题：一是测量工具不合适，引起数据不准确或者异常；二是无意的人为错误，如方案问题（如不合适的抽样方法）以及方案执行中的问题（如测量工具误用等）；三是有意的人为舞弊，即出于某种不良意图的造假，这类数据可以直接导致信息系统决策错误，同时也会造成严重后果和不良社会影响。

数据发布和展示是将经处理和分析后的数据以某一种形式（表格和图表等）展现给用户，帮助用户直观地理解数据价值及其所蕴含的信息和知识，同时提供数据共享。相比较而言，数据发布和展示阶段的质量问题要比前面几个阶段少，数据表达质量不高是这一阶段存在的主要问题，展示数据的图表不容易理解、表达不一致或者不够简洁都是一些常见的质量问题。

数据备份是容灾的基础，严格来说，数据备份阶段并不存在质量问题，它只是为数据使用提供一个安全和可靠的存储环境。一旦数据遭受破坏不能正常使用，便可以利用备份好的数据进行完整、快速的恢复。

（五）大数据时代数据质量面临的挑战

目前，数据质量面临着如下一些挑战：

（1）数据来源的多样性，大数据时代带来了丰富的数据类型和复杂的数据结构，增加了数据集成的难度。以前，企业常用的数据仅仅涵盖了自己业务系统所生成的数据，如销售、库存等数据，现在，企业所能采集和分析的数据已经远远超过这一范畴。大数据的来源非常广泛，主要包括四个途径：一是来自互联网和移动互联网产生的数据量，二是来自物联网所收集的数据，三是来自各个行业（医疗、通信、物流、商业等）收集的数据，四是科学实验与观测得到的数据。这些来源造就了丰富的数据类型。不同来源的数据在结构上差别很大，企业要想保证从多个数据源获取结构复杂的大数据并有效地对其进行整合，是一项异常艰巨的任务。来自不同数据源的数据之间存在着冲突、不一致或相互矛盾的现象。在数据量较小的情形下，可以通过人工查找或者编写程序查找；当数据量较大时可以通过 ETL（ETL 是用来描述将数据从来源端经过抽取、转换、加载至目的端的过程）或者 ELT 就能实现多数据源中不一致数据的检测和定位，然而这些方法在 PB 级甚至 EB 级的数据量面前却显得力不从心。

（2）数据量巨大，难以在合理时间内判断数据质量的好坏。2011年，全球被创建和被复制的数据总量为1.8ZB。要对这么大体量的数据进行采集、清洁、整合，最后得到符合要求的高质量数据，这在一定时间内是很难实现的。因为大数据中非结构化数据的比例非常高，从非结构化类型转换成结构化类型再进行处理需要花费大量时间，这对现有处理数据质量的技术来说是一个极大的挑战。对于一个组织和机构的数据主管来说，在传统数据下，数据主管可管理大部分数据，但是，在大数据环境下，数据主管只能管理相对更小的数据。

（3）由于大数据的变化速度较快，有些数据的"时效性"很短。如果企业没有实时收集所需的数据或者在处理这些收集到的数据时耗费了很长的时间，那么有可能得到的就是"过期的"、无效的数据，在这些数据上进行的处理和分析，就会出现一些无用的或者误导性的结论，最终导致政府或企业的决策失误。

四、大数据的特征

业界将大数据的特征归纳为4个"V"：Volume（大量）、Variety（多样）、Value（价值）、Velocity（快速）。

1. 数据体量巨大（Volume）

大数据一般指10TB（1TB=1024GB）规模以上的数据量。产生如此庞大的数据量，一是因为各种仪器的使用，让我们可以感知到更多的事物，这些事物部分乃至所有的数据都被存储起来；二是因为通信工具的使用，让人们能够全天候沟通联系，交流的数据量也因为机器—机器（M2M）方式的出现而成倍增长；三是因为集成电路的成本不断降低，大量事物拥有了智能化的成分。

2. 数据种类繁多（Variety）

如今，传感器的种类不断增多，智能设备、社交网络等逐渐盛行，数据的类型也变得越发复杂，不但包括传统的关系数据类型，还包括以文档、电子邮件、网页、音频、视频等形式存在的、未加工的、非结构化的和半结构化的数据。

3. 价值密度低（Value）

虽然数据量呈现指数增长的趋势，但隐藏在海量数据中有价值的信息没有对应增长，海量数据反而加大了我们获得有用信息的难度。以视频监控为例，长达数十小时的监控过程，有价值的数据可能只有几秒钟而已。

4. 流动速度快（Velocity）

一般来讲，我们所理解的速度是指数据的获取、存储以及挖掘有效信息的速度。但我们目前处理的数据已经从 TB 级上升到了 PB 级，因为"海量数据"以及"超大规模数据"同样具有规模大的特点，所以强调数据是快速动态变化的，形成流式数据则成为大数据的重要特征，数据流动的速度之快以至于很难再用传统的系统去处理。

大数据的"4V"特征表明其数据海量，使得大数据分析更复杂、更追求速度、更注重实际的效益。

第二节　大数据分析的发展情况

1989 年在美国底特律召开的第十一届国际人工智能联合会议专题讨论会上，"数据挖掘中的知识发现（KDD）"的概念首次被提出来。1995 年召开了第一届知识发现与数据挖掘国际学术会议，KDD 国际会议由于与会人员的不断增多发展为年会。1998 年在美国纽约举行了第四届知识发现与数据挖掘国际学术会议，会议期间进行了学术上的讨论，有 30 多家软件公司展示了自己的产品。例如，SPSS 股份公司展示了自己开发的基于决策树的数据挖掘软件 Clementine；IBM 公司展示了自己开发的用来提供数据挖掘解决方案的 Intelligent Miner；Oracle 公司展示了自己开发的 Darwin 数据挖掘套件；此外还有 SGI 公司的 Mine Set 和 SAS 公司的 Enterprise 等。

2012 年 3 月，美国政府公布"大数据研发计划"，旨在改进和提高人们从复杂、海量的数据中获取知识的能力，发展收集、储存、保留、管理、分析和共享海量数据所需的核心技术，继集成电路和互联网之后，大数据成为目前信息科技所关注的重点。

在大数据方面，国内起步稍晚于国外，而且还没有形成整体力量，企业使用数据挖掘技术也尚未形成趋势。不过值得欣慰的是，近几年我国的大数据业务也出现了朝气蓬勃的发展态势。

目前，国内主要开展的是数据挖掘相关算法、实际应用及有关理论方面的研究，涉及行业较广，包括零售、制造、电信、金融、医疗、制药等行业及科学领域，主要集中在公司、部分高等院校以及研究所，在 IT 等新兴领域，浪潮、华为、阿里巴巴、百度等企业也纷纷参与其中，强有力地促进了我国大数据技术的进步。

第三节　大数据生命周期

大数据生命周期是指某个集合的大数据从产生到销毁的过程。企业在大数据战略的基础上定义大数据范围，确定大数据的采集、存储、整合、呈现与使用、分析与应用、归档与销毁的流程，并根据数据和应用的状况，对该流程进行持续优化。大数据生命周期管理与传统的数据生命周期管理虽然在流程上比较相似，但出发点不同，导致二者存在较大的差别。传统数据生命周期管理注重的是数据的存储、备份、归档、销毁各环节，如何在节省成本的基础上，保存有用的数据。目前数据的获得和存储成本已经大大降低，因此大数据生命周期管理应以数据价值为导向，对不同价值的数据，需要采取不同类型的采集、存储、分析与使用策略。

一、大数据采集

(一) 大数据采集范围

为满足企业或组织不同层次的管理与应用的需求，数据采集分为三个层次。第一，业务电子化。它主要实现对于手工单证的电子化存储，并实现流程的电子化，确保业务的过程被真实记录。本层次的数据采集重点关注数据的真实性，即数据质量。第二，管理数据化。在业务电子化的过程中，企业逐步学会了通过数据统计分析来对企业的经营和业务进行管理。因此，对数据的需求不仅仅满足于记录和流程的电子化，而且要求对企业内部信息、企业客户信息、企业供应链上下游信息实现全面的采集，并通过数据集市、数据仓库等平台的建立，实现数据的整合，建立基于数据的企业管理视图。本层次的数据采集重点关注数据的全面性。第三，数据化企业。在大数据时代，数据化的企业从数据中发现和创造价值，数据已经成为企业的生产力。企业的数据采集向广度和深度两个方向发展。在广度方面，包括内部数据和外部数据，数据范围不仅包括传统的结构化数据，也包括文本、图片、视频、语音、物联网等非结构化数据。在深度方面，不仅对每个流程的执行结果进行采集，也对流程中每个节点执行的过程信息进行采集。本层次的数据采集重点关注数据价值。

(二) 大数据采集策略

大数据采集的扩展，也意味着企业成本和投入的增加。因此需要结合企业本身的战略和业务目标，制定大数据采集策略。企业的大数据采集策略一般有两种。第一种，尽量多地采集数据，并整合到统一平台中。该策略认为，只要是与企业相关的数据，都应当尽量采集并集中到大数据平台中。该策略的实施一般需要两个条件：其一，需要较大的成本投入，内部数据的采集、外部数据的获取都需要较大的成本投入，同时将数据存储和整合到数据平台上，也需要较大的基础设施投入；其二，需要有较强的数据专家团队，能够快速地甄别数据并发现数据的价值，如果无法从数据中发现价值，较大的投入无法快速得到回报，就无法持续。第二种，以业务需求为导向的数据采集策略。当业务或管理提出数据需求时，再进行数据采集并整合到数据平台。该策略能够有效避免第一种策略投入过大的问题，但是完全以需求为导向的数据采集，往往无法从数据中发现"惊喜"，在目标既定的情况下，数据的采集、分析都容易出现思维限制。对于完全数字化的企业，如互联网企业，建议采用第一种大数据采集策略。对于目前尚处于数字化过程中、成本较紧、数据能力成熟度较低的企业，建议采用第二种大数据采集策略。

（三）大数据采集的安全与隐私

数据采集的安全与隐私主要涉及三个方面的问题。第一，数据采集过程中的客户与用户隐私。大数据时代的数据采集，更多涉及客户与用户的隐私。从企业应用的角度来说，为避免法律风险，在大数据采集的过程中，如果涉及客户和用户隐私的采集，应注意：告知客户和用户哪些信息被采集，并要求客户和用户进行确认；客户和用户信息的采集应用于为客户提供更好的产品与服务；向客户和用户明确所采集的信息不会提供给第三方（法律要求的除外）；向客户和用户明确他们在企业平台上发布的公开信息，如言论、照片、视频等，不在隐私保护的范围之内。如果发布的内容涉及版权问题，需自行维权。第二，数据采集过程中的权限。企业通过客户接触类系统和业务流程类系统采集的数据，为了应用于企业级的管理决策，一般会传送到数据类平台进行处理（如数据仓库、数据集市、大数据平台等），这个过程也是数据采集过程的一部分。在此过程中，存在数据权限问题。第三，数据采集过程中的安全管理。企业应为数据采集制定相应的安全标准。数据采集类系统需要根据采集数据的安全级别，实现相应级别的安全保护。在数据采集的过程中，必须确保被采集的数据不会被窃取和篡改。在数据从源系统采集到数据平台的过程中，也需要确保数据不被窃取和篡改。

（四）大数据采集的时效

数据采集的时效越快，其产生的数据价值就越大。从管理者的角度，如果通过数据能实时地了解到企业的经营情况，就能够及时地做出决策；从业务的角度，如果能够实时地了解客户的动态，就能够更有效地为客户提供合适的产品和服务，提高客户满意度；从风险管理的角度看，如果能够通过数据及时发现风险，企业就能够有效地避免风险和损失；从技术发展的角度来看，随着目前大数据计算技术的日渐成熟，对所有数据进行实时化采集已经成为可能，但在实际应用过程中，建议企业充分考虑数据实时化采集的成本。数据被实时化采集并传送到数据平台，会给计算系统带来较大的压力，从而提升计算成本。因此，哪些数据需要实时化采集，哪些数据可以批量采集，需要根据业务目标来划分优先级。

（五）大数据清理

大数据清理的目的主要有两种：一种是无关数据的清理，另一种是低质量数据的清理。比较通俗地讲，就是清理垃圾数据。大数据环境下的数据清理，与传统的数据清理有所区别。对传统数据而言，数据质量是一个很重要的特性，但对于大数据而言，数据可用性变得更为重要。传统意义的垃圾数据，也可以"变废为宝"。对于不同的可用性数据，数据应建立不同的质量标准，如应用于财务统计的数据和应用于分析的数据，在质量标准上应有所不同。有些用途的数据必须严格禁止垃圾数据进入；有些用途的数据需要讲求数据的全面性，但对质量的要求不是那么高；有些用途的数据，如审计与风险，甚至需要专门关注垃圾数据，从一些不符合逻辑的数据中发现问题。因此，在大数据应用中不建议直接清理垃圾数据，而应将数据质量进行分级。不同质量等级的数据，满足不同层次的应用需求。

二、大数据存储

（一）数据的热度

大数据时代，首先意味着数据的容量在急剧扩大，这给数据存储和处理的成本带来了很大的挑战。采用传统的统一技术来存储和处理所有数据的方法将不再适用，而应针对不同热度的数据采用不同的技术进行处理，以优化存储和处理成本并提升可用性。所谓数据的热度，即根据数据的价值、使用频次、使用方式的不同，将数据划分为热数据、温数据和冷数据。热数据一般指价值密度较高、使用频次较高、支持实时化查询和展现的数据；冷数据一般指价值密度较低，使用频次较低，用于数据筛选、检索的数据；而温数据介于两者之间，主要用于数据分析。

（二）数据的存储与备份要求

不同热度的数据，应采用不同的存储和备份策略。冷数据，一般包含企业所有的结构化和非结构化数据，它的价值密度较低，存储容量较大，使用频次较低，一般采用低成本、低并发访问的存储技术，并要求能够支持存储容量的快速和横向扩展。因此，对冷数据建议采用低成本、低并发、大容量、可扩展的技术。如谷歌、阿里、腾讯等企业，一般都会和硬件厂商一起研发低成本的存储硬件，用于存储冷数据。温数据一般包含企业的结构化数据和将非结构化数据进行结构化处理后的数据，存储容量偏大，使用频次中等，一般用于业务分析。由于业务分析会涉及数据之间的关联计算，对计算性能和图形化展示性能的要求较高。但该类数据一般为可再生的数据（即通过其他数据组合或计算后生成的数据），对于数据获取时效性和备份要求不高。因此，对于温数据建议采用较为可靠的、支持高性能计算的技术（如内存计算），以及支持可视化分析工具的平台。热数据一般包含经过处理后的高价值数据，用于支持企业的各层级决策，访问频次较高，要求较强的稳定性，需要一定的实时性。数据的存储要求能够支持高并发、低延时访问，并能确保稳定性和高可靠性。因此，对于热数据一般要求采用支持高性能、高并发的平台，并通过高可用技术，实现高可靠性。

（三）基于云的大数据存储

云计算能够提供可用的、便捷的、按需的网络访问，接入可配置的计算资源池（服务器、存储、应用软件、平台）。这些资源能够快速提供，只需要投入很少的管理工作。针对大数据规模巨大、类型多样、生成和处理速度极快等特征，云计算对于大数据来讲，是一个非常好的解决方案。但使用云计算进行大数据的存储与整合时，必须考虑以下几点。

（1）安全性。由于数据是企业的重要资产，因此不管采用何种技术，都必须确保数据的安全性。在使用公有云的情况下，企业必须考虑自己的数据是否会被另外一个运行于同样公有云中的组织或者个人未经允许访问，从而造成数据泄露；在使用私有云的情况下，同样需要考虑私有云的安全性，在隔绝入侵者的同时，也需要考虑内部的安全性，确保私有云上未经授权的用户不能访问数据。另外，数据是否可以放在云上，尤其是公有云上，也会受到法律法规的限制。如某些行业（如金融行业）的数据保密要求较高，国家和主管机构会有相应的法律法规和安全规范对数据的存储进行限制。

（2）时效性。数据存储在云上的时效性有可能低于本地存储，原因是物理设施的速度较慢，数据穿越云安全层的时效较差，网络传输的时效较慢。对于时效性要求较高或者数据量特别大的企业来讲，上述三个限制条件可能是实质性的，而且会带来高昂的网络费用。

（3）可靠性。配置在云上的基础设施一般为廉价的通用设备，因此发生故障的概率也较企业的专用设备更高，一般企业对于关键数据都有相应的高可用方案、备份方案和灾备方案。为保证云上数据的可靠性，云平台必须通过几余的方式来确保数据不会丢失。数据越关键，配置的副本数量就会越多，需要租用的成本就会越高。同时，多个副本也会带来一些安全问题，当企业弃用云服务时，如何确保数据的所有副本都被删除，也是企业在启用云服务之前必须考虑的问题。

三、大数据整合

（一）批量数据的整合

传统的数据整合一般采用 ETL 方式，即抽取、转换、加载。随着数据量的加大，以及数据平台自身数据处理技术的发展，目前较为通用的方式为 ELT 方式，即抽取、加载、转换、整合。

（1）数据抽取。在进行数据抽取和加载之前，需要定义数据源系统与数据平台之间的接口，形成数据平台的接任模型文档。从源系统中抽取数据一般分为两种模式：抽取模式和供数模式。从技术实现角度来讲，抽取模式是较优的，即由数据平台通过一定的工具来抽取源系统的数据。但是从项目角度来讲，建议采用源系统供数模式，因为抽取数据对源系统的影响，如果都由数据平台项目来负责，有可能会对数据平台项目带来重大的风险，最终导致数据平台项目失败。

（2）数据加载。随着大数据并行技术出现，数据库的计算能力大大加强，一般都采用先加载后转换的方式。在数据加载过程中，应该对源数据和目标数据进行数据比对，以确保抽取加载过程中的数据一致性，同时设置一些基本的数据校验规则，对于不符合数据校验规则的数据，应该退回源系统，由源系统修正后重新供出。通过这样的方式，能够有效地保证加载后的数据质量。在完成数据加载后，系统能够自动生成数据加载报告，报告本次加载的情况，并说明加载过程中的源系统的数据质量问题。在数据加载的过程中，还需要注意数据版本管理。

（3）数据转换。数据转换分为简单映射、数据转换、计算补齐、规范化四种类型。简单映射就是在源系统和目标系统之间一致地定义和格式化每个字段，只需在源系统和目标系统之间进行映射，就能把源系统的特定字段复制到目标表的特定字段。数据转换，即将源系统的值转换为目标系统中的值，最典型的案例就是代码值转换。计算补齐，在源数据丢失或者缺失的情况下，通过其他数据的计算，经过某种业务规则或者数据质量规则的公式，推算出缺失的值，进行数据的补齐工作。规范化，当数据平台从多个数据系统中采集数据的时候，会涉及多个系统的数据，不同系统对于数据会有不同的定义，需要将这些数据的定义整合到统一的定义之下，遵照统一的规范。

（4）数据整合。将数据整合到数据平台之后，需要根据应用目标进行数据的整合，将数据关联起来并提供统一的服务。传统数据仓库的数据整合方式主要有：建立基于不同数据域的实体表和维表；建立统一计算层；生成面向客户、面向产品、面向员工的宽表，用于数据挖掘。在大数据时代，这三种数据整合方式仍然适用。通过不同的方式将数据关联起来，通过数据的整合为数据统计、分析和挖掘提供服务。

（二）实时数据的整合

大数据的一个重要要求是速度。在大数据时代，数据应用者对于数据的时效性也提出了新的要求，如企业的管理者希望能够实时地通过数据看到企业的经营状况；销售人员希望能够实时地了解客户的动态，从而发现商机，快速跟进；电子商务网站也需要能够快速地识别客户在网上的行为，实时地做出产品的推荐。实时数据的整合要比成批处理数据的整合复杂一些，抽取、加载、转换等常用步骤依然存在，只是它们以一种实时的方式进行数据处理。第一，实时数据的抽取。在实时数据抽取过程中，必须实现业务处理和数据抽取的松耦合。业务系统的主要职责是进行业务的处理，数据采集的过程不能影响业务处理的过程。实时数据抽取一般不采用业务过程中同步将数据发送到数据平台的方式，因为一旦采用同步发送失败或超时，就会影响到业务系统本身的性能。第二，实时数据的加载。在实时数据加载过程中，需要对数据完整性和质量进行检查。对于不符合条件的数据，需要记录在差异表中，最终将差异数据反馈给源系统，进行数据核对。实时数据加载一般采用流式计算技术，快速地将小数据量、高频次的数据加载到数据平台上。第三，实时数据的转换。实时数据转换与实时加载程序一般为并行的程序，对于实时加载完的数据，通过轮询或者触发的方式进行数据转换处理。

四、大数据呈现与使用

（一）数据可视化

数据可视化旨在借助图形化手段，清晰有效地传达与沟通信息。数据可视化利用图形、图像处理、计算机视觉以及用户界面，通过表达、建模以及对立体、表面、属性以及动画的显示，对数据加以可视化解释。数据可视化依赖于相应的工具。传统的数据可视化工具包括 Excel、水晶报表、Report 等报表工具，包括 Cognos（是在 BI 核心平台之上，以服务为导向进行架构的一种数据模型）等多维数据分析工具，也包括 SAS（统计分析软件）等图形展示工具。新一代的基于大数据的数据可视化工具如 Pentaho（开源商务智能软件）等工具，集成了报表、多维分析、数据挖掘、Adhoc（点对点模式）分析等多项功能，并支持图形化的展示。未来将会有更多的数据可视化产品和服务公司出现。

（二）**数据可见性的权限管理**

数据的展示需要进行权限管理，不同的人员可见的数据不同。数据可见性的权限管理应该考虑以下五个方面。第一，内外部可见性不同。企业对于内部和外部人员提供的数据可见性不同，对于客户或者供应商来讲，应该只能看到与自己相关的数据，以及企业允许其看到的数据，不可以看到其他客户和供应商的数据。第二，不同层级可见性不同。企业的高层、中层和一线员工能见到的数据的范围不同，数据的可见权限需要按照不同的层级进行划分。第三，不同部门可见性不同。不同部门可见的数据不同，一个部门如果需要看到其他部门的数据，应该获取数据所属部门的授权或者更高层的授权。第四，不同角色可见性不同。在同一部门中，不同的角色可见的数据不同，数据的可见性应该按照不同的角色进行授权。第五，数据分析部门的特殊权限及安全控制。数据分析部门由于需要看到整体和细节的数据，因此需要特殊的授权，如签订保密协议和技术手段等。

（三）**数据展示与发布的流程管理**

企业应制定统一的流程，对数据的展示和发布进行管理。需要将以下数据纳入统一管理：企业上报上级主管部门的数据；上市企业进行信息披露的数据；企业级的数据指标，尤其是 KPI 指标；企业级的数据指标口径。企业应明确上述数据或指标的主管责任部门，所有上述数据或指标，需要由主管责任部门统一发布，其他部门或人员无权进行发布。同时，企业内的部门级指标应向企业指标主管责任部门进行报备，并设立部门内指标管理岗位进行统一的管理。

（四）数据的展示与发布

数据是现代企业的重要资产，企业对其拥有的各类数据数量、范围、质量情况、指标口径、分析成果等也应该进行展示和发布。企业应该明确数据资产的主管责任部门，制定数据资产的管理办法。数据资产的主管责任部门负责对数据资产的状况进行展示和发布。元数据管理平台是数据资产管理的重要工具，对于各类数据的状况，建议通过技术元数据和业务元数据记录，并进行展示。

（五）数据使用管理

1. 数据使用的申请与审批

数据的使用一般分为系统内的使用和系统外的使用。系统内的使用包括通过应用软件或者工具，对数据进行统计、分析、挖掘，所有对于数据的查看和处理都在系统内进行，能够进行的操作也通过系统得到了相应的授权。系统外的使用，是指为了满足数据应用的要求，将数据提取出系统，在系统外对数据进行相关处理，这一类的数据使用需要制定相应的流程进行申请和审批。对于不同类型的数据，需要有不同的审批流程。其中，审批流程中应该包括人员的审批。

2. 数据使用中的安全管理

对于提取出系统进行使用的数据，在数据使用的过程中，需要注意以下事项。第一，对于敏感数据需要进行脱敏处理。如客户身份识别信息、客户联系方式等信息属于敏感信息，在提取数据时应该进行脱敏处理。数据脱敏的方式可以分为直接置换，或采用不可逆的加密算法等。第二，对于数据的保存与访问，需要遵照国家的保密法规、企业的保密规定以及企业的信息安全标准。企业应该对保密和敏感信息制定相应的标准，对该类信息的存放、访问和销毁的场所、人员、时间等进行详细的规定。第三，对于不能脱敏，但在处理过程中必须使用的真实数据，企业需要建立专用的访问环境，该环境区别于生产环境，具有可访问性和操作性，但是同时具有不能将数据带离环境的特性。

3. 数据的退回与销毁

在以下几种情况下，存在数据的退回处理：第一，使用方发现提取的数据不能满足使用的需求，需退回数据，重新进行提取；第二，使用方对于提取的数据进行了处理，处理的数据对于源数据有价值，将处理过的数据交回，用于对源数据进行修正或补充；第三，涉及一定密级的数据，使用完成后，按照保密流程进行数据的退回处理。数据退回后，对于涉及密级或者敏感性的数据，应将保存在系统外的数据备份进行销毁，避免数据的泄露。对数据存放的设备，必须通过一定的技术手段，将数据进行彻底的删除，确保其无法复原。

五、大数据分析与应用

（一）数据分析

数据分析就是采用数据统计的方法，从数据中发现规律，用于描述现状和预测未来，从而指导业务和管理行为。从应用的层次上讲，数据分析分为以下五个层次。第一，静态报表，是最传统的数据分析方法，甚至在计算出现之前，已经形成了这样的分析方法，通过编制具有指标口径的静态报表，实现对事物状况的整体性和抽象性的描述。第二，数据查询，即数据检索，以确定性或者模糊性的条件，检索所需要的数据，查询结果可能是单条或多条记录，可以是单类对象，也可以是多种对象的关联。在数据库技术出现后即可支持数据的查询。第三，多维分析结合商业智能的核心技术，可以多角度、灵活动态地进行分析。多维分析由"维"（影响因素）和"指标"（衡量因素）组成。基于多维的分析技术，人们可以立体地看待数据，可以基于维度对数据进行"切片"和"切块"分析。第四，特设分析，是针对特定的场景与对象，通过分析对象及对象的关联对象，得出关于对象的全景视图。客户立体化视图和客户关系分析是典型的特设分析。特设分析还可以用于审计和刑侦。第五，数据挖掘是指从大量的数据中，通过算法搜索隐藏在其中的信息的过程，用于知识和规律的发现。企业应根据业务的发展需求以及实际的技术和数据的情况，确定要实现的数据分析层次。

（二）数据应用

大数据可以通过分析结果的呈现为企业提供决策支持，也可以将分析与建模的成果转化为具体的应用集成到业务流程中，为业务直接提供数据支持。大数据应用一般分为两类。第一类，嵌入业务流程的数据辅助功能。在业务流程中嵌入数据的功能，嵌入的深度在不同的场景下是不同的。在某些场景下，基于数据分析与建模结果形成的业务结果，将变为具体的业务规则或推荐规则，深入地嵌入业务流程中。典型的案例就是银行的反洗钱应用，以及信用卡的反欺诈应用。通过数据分析与建模，发现洗钱或者信用卡欺诈的业务规律，并建立相应的防范规则，当符合相应规则的业务发生时，就一定会触发相应的反洗钱或者防欺诈的流程。在某些场景下，嵌入的程度是较浅的，如电子商务网站的关联产品推荐，仅仅为客户提供产品推荐功能，辅助客户进行决策，并不强制要求购买。第二类，以数据为驱动的业务场景。一些基于数据的应用离开数据分析和建模的结果，应用场景也无法发生。如精准营销的应用，如果没有数据分析与建模的支持，精准营销就不会发生。又如，基于大数据的刑侦应用，如果没有基于大数据的扫描与刑侦相关的数据模型，以及大数据的特设分析应用，就无法正常进行。又如，电子商务网站的比价应用，如果不能采集各电商网站的报价数据，并通过大数据技术进行同一产品识别和价格排序，就无法实现比价功能，这些都是以数据为驱动的业务场景。在未来，以数据为驱动的业务场景将越来越多，没有数据、没有数据分析能力的企业，将无法在这些场景中进行竞争。

六、大数据归档与销毁

(一) 数据归档

在存储成本已显著降低的情况下，企业希望在技术方案的能力范围内尽量存储更多的数据。但面对大数据时代数据的急剧增长，数据归档仍然是数据管理必须考虑的问题。在归档过程中，需要考虑数据压缩与格式转换的问题。在数据热度很低的情况下，从成本的角度，应该考虑对数据进行压缩，压缩可以通过手工，也可以通过一些数据库层级或者硬件层级的工具进行。数据压缩会导致访问困难，因此企业在明确哪些数据可以压缩的时候，必须有明确的策略。随着技术的发展，压缩数据时应尽量选择可选择性恢复的数据压缩方案。尤其是非结构化数据的归档，主要应该关注向数据注入有序的和结构化的信息，以方便数据的检索和选择性恢复。

(二) 数据销毁

随着存储成本的进一步降低，越来越多的企业采取了"保存全部数据"的策略。因为从业务和管理以及数据价值的角度上讲，谁也无法预料未来会使用到什么数据。但随着数据量的急剧增长，从价值成本分析的角度来看，存储超出业务需求的数据，未必是一个好的选择。有时候一些历史数据也会导致企业面临更多的法律风险，因此数据的销毁还是很多企业应该考虑的问题。对于数据的销毁，企业应该有严格的管理制度，建立数据销毁的审批流程，并制作严格的数据销毁检查表。只有通过检查表检查并通过流程审批的数据，才可以被销毁。

七、大数据治理实施

在大数据治理实施阶段，主要关注实施目标和动力、实施关键要素以及实施过程。

（一）大数据治理实施的目标和动力

1. 大数据治理实施的目标

大数据治理实施的目标分为直接目标和最终目标。实施大数据治理的直接目标是建立大数据治理的体系，即围绕大数据治理的实施阶段、阶段成果、关键要素等，建立一个完善的大数据治理体系，既包括支撑大数据治理的战略蓝图和阶段目标，也包括岗位职责和组织文化、流程和规范以及软硬件环境。实施大数据治理的最终目标是通过大数据治理为企业的利益相关者带来价值，这种价值具体体现在三个方面，即服务创新、价值实现、风险管控。

（1）直接目标：建立战略蓝图和阶段目标、岗位职责和组织文化、流程和规范以及软硬件环境。其中重点介绍软硬件环境、流程和规范、阶段目标。首先，需要建立大数据治理的软硬件环境。以大数据质量管理的软硬件环境的搭建为例，在传统的数据存储过程中，往往把数据集成在一起，而大数据的存储在很多情况下都是在其原始存储位置组织和处理数据，不需要大规模的数据迁移。此外，大数据的格式不统一，数据的一致性差，必须使用专门的数据质量检测工具，这就需要搭建专门的质量管理的软硬件环境。该软硬件环境能够支持海量数据的质量管理，而且能够满足用户及时性需求，需要考虑离线计算、近实时计算和实时计算等技术的配置。其次，需要建立完善的大数据治理实施流程体系和规范。完善的流程是保障大数据治理制度化的重要措施。以某国有大型能源企业开展的大数据治理实施工作为例，这家公司在近几年开始实施大数据治理，经过不断的探索，建立了大数据治理的三大流程：数据标准管理流程、数据需求和协调流程、数据集成和整合流程，形成了大数据治理常态化工作的规范。最后，需要制定大数据治理实施的阶段目标。大数据治理是一个持续不断的完善过程，但不是一个永无止境的任务。大数据治理必须分阶段的逐步开展，每一个阶段都应该制定一个切实可行的目标，保证工作的有序性和阶段性。

明确的阶段目标能够促使大数据治理实施按质、按量地顺利完成。

（2）最终目标：建立完善的治理体系，从而确保服务创新、价值实现和风险管控。组织拥有诸多利益相关者，如管理者、股东、员工、顾客等。而"价值实现"对不同的利益相关者而言其意义并不相同，甚至有时候会产生冲突。从长远的角度看，实施大数据治理就是利用最重要的数据资源，提高企业资源的利用效率，在可接受的风险下，实现收益的最大化。价值实现包含多种形式，譬如企业的利润和政府部门的公共服务水平。大数据治理会降低企业的运营成本，为企业带来利润。随着信息化建设的发展，企业已经建设了包括数据仓库、报表平台、风险管理、客户关系管理在内的众多信息系统，为日常经营管理提供管理与决策支持。但是由于各种原因，在信息资源标准体系建设、信息共享、信息资源利用等方面仍存在许多不足。例如，数据量大导致管理困难，客户数据分散在多个源系统，缺乏统一的管理标准，引起数据缺失、重复或者不一致等，严重影响业务发展。大数据治理可以帮助企业完善信息资源治理体系，实现数据的交换与共享的管理机制，有效整合行业信息资源，降低数据使用的综合成本。风险管控是大数据治理实施的重要价值之一。大数据治理发掘了大数据的应用能力，提高了组织数据资产管理的规范程度，降低了数据资产管控的风险。例如，大数据治理可以提高数据的可用性、持续性和稳定性，避免由于错误操作引发的系统运维事故。服务创新是指利用组织的资源，形成不同于以往的服务形式和服务内容，满足用户的服务需求或者提升用户的服务体验。在大数据治理的背景下，充分发挥大数据资产的价值，可以实现服务内容和形式的创新。

2. 大数据治理实施的动力

大数据治理实施的动力来源于业务发展和风险合规的需求，这些需求既有内部需求，又有外部需求，主要分为四个层次：战略决策层、业务管理层、业务操作层和基础设施层。第一，战略决策层负责确定大数据治理的发展战略以及重大决策。该层主要由组织的决策者和高层管理人员组成。

第二，业务管理层负责企业的具体运作和管理事务。从人员角度看，该层可以是项目经理、部门主管或者部门经理。业务管理层实施大数据治理的动力在于提升管理水平，降低大数据的运营成本，提高大数据的客户服务水平，控制大数据管理的风险等。第三，业务操作层主要负责某些具体工作或业务处理活动，不具有监督和管理的职责。第四，基础设施层是指一个完整的、适合整个大数据应用生命周期的软硬件平台。大数据治理实施需要建立一个统一、融合、无缝衔接的内部平台，用以连接所有的业务相关数据，从而让数据能够被灵活部署、分析、处理和应用。对该层次而言，大数据治理能够实现基础设施的规范、统一的管理，为大数据的业务操作、业务管理和战略决策提供基础保障。

（二）大数据治理实施的关键要素

1.实施目标

根据业务发展需求，设立合理的实施目标，以指导大数据治理实施的顺利完成。从长远发展的角度看，大数据治理的实施目标需要与大数据治理价值实现蓝图相关联。大数据治理价值实现蓝图指明了大数据治理工作的前景和作用，是大数据治理实施的重要前提。只有从价值实现的角度思考大数据治理，才能够充分发挥大数据治理实施的价值。大数据价值实现蓝图是一个循序渐进的过程，从支持企业战略转型、业务模式创新的战略层面制定大数据治理的目标，规划中长期的治理蓝图，将会促进大数据治理项目实施目标与企业大数据治理的长期目标保持一致。

2.企业文化

企业文化是在一定的条件下，企业生产经营和管理活动中创造的具有该企业特色的精神财富和物质形态。为了促进大数据治理的成功实施，企业管理者应该努力营造一种重视数据资产，充分挖掘数据价值的企业价值观，可以称之为"数据文化"。这种"数据文化"体现在以下三个方面。首先，培养一种"数据即资产"的价值观。最初，数据纯粹是数据，报表提交给管理者之后，就没有其他作用了。但多种数据融合后，能够让企业的管理者重新认识产品、了解客户需求，优化营销，因此数据就变得有价值了，成了一种资产，甚至可以交易、合作、变现。鉴于此，大数据治理可以从发挥价值的角度出发，让企业重新审视自身的数据资源，并培养"数据即资产"的企业价值观，不断发现新的大数据治理需求，引导大数据治理实施工作的开展。其次，倡导一种创新跨界的企业文化。以往的企业经营，注重发挥人力、物力、财力资源的价值，而大数据治理则充分发挥数据的价值，推动新业务的形成和发展。因此在实施大数据治理时，应倡导创新跨界的企业文化，启发员工和管理者从创新跨界的角度，发挥数据资产的价值，触发产品和服务创新。最后，倡导建立"基于数据分析开展决策"的企业文化。对企业的决策者和管理者而言，大数据治理需要建立一种"基于数据开展决策"的管理规范，而这种企业文化的倡导，能够引导、号召企业的决策者和管理者有意识地建立这样的管理规范，促进大数据治理实施活动顺利进行。

（三）大数据治理实施的过程

从项目管理的角度看，大数据治理实施应着重关注七个阶段，各个阶段的具体内容介绍如下。第一阶段，机遇识别阶段。对组织而言，大数据治理的实施并不是越快越好，而是应该寻找恰当的时机，发现组织中有针对性的具体问题，力争通过实施大数据治理，获得立竿见影的阶段性成果。大数据治理是一项复杂且需要不断改进的工作，对企业而言工作量巨大，如果不采用局部突破的方法，就很难获取阶段性成果，因此识别机遇，寻找到合适的阶段性任务，对大数据治理实施而言非常重要。第二阶段，现状评估阶段。大数据治理的现状评估调研包括三个方面：首先是对外调研，即了解业界大数据有哪些最新的发展，行业顶尖企业的大数据应用水平，行业内主要竞争对手的大数据应用水准；其次，开展内部调研，包括管理层、业务部门和大数据治理部门自身，以及组织的最终用户对大数据治理业务的期望；最后，自我评估，了解自己的技术、人员储备情况。在此基础上进行对标，做出差距分析及分阶段的大数据治理成熟度评估。第三阶段，制定实施目标。大数据治理阶段目标的制定是大数据治理过程的灵魂和核心，能够指引组织大数据治理的发展方向。大数据治理的阶段目标，没有统一的模板，但有一些基本的要求：既能简明拒要地阐述问题，又能涵盖内外利益相关者的需求；清晰地描述所有利益相关者的愿景和目标；目标经过努力是可达成的。第四阶段，制订实施方案。制定大数据治理方案包括涉及的流程和范围、阶段性成果、成果衡量标准、治理时间节点等内容。大数据治理实施方案提供了一个从上层设计到底层实施的指导说明，帮助企业实施大数据治理。第五阶段，执行实施方案。按部就班地执行大数据治理规划中提出的操作方案，建立大数据治理体系，包括建立软硬件平台、规范流程、建立起相应的岗位，明确职责并落实到人。实施治理方案的阶段性成果就是建立初步的大数据治理制度和运作体系。第六阶段，运行与测量。组建专门的运行与绩效测量团队，制定一系列策略、流程、制度和考核指标体系来监督、检查、协调多个相关职能部门，从而优化、保护和利用大数据，保障大数据作为一项组织战略资产能真正发挥其价值。第七阶段，评估与监控。建立大数据治理的运行体系后，需要监控大数据治理的运行状况，评估大数据治理的成熟度。换句话说，就是把实施前制定的目标与实施后达到的具体效果进行比对，发现实施过程中可能存在的偏差，检验实施前制定的目标是否合理。若发现问题，应及时予以解决。

第二章　大数据采集和分析

第一节　大数据采集

大数据的数据采集是在确定用户目标的基础上，针对该范围内所有结构化、半结构化和非结构化的数据的采集。采集后对这些数据进行处理，从中分析和挖掘出有价值的信息。在大数据的采集过程中，其主要特点和所面临的挑战是成千上万的用户同时进行访问和操作而引起的高并发数。

一、大数据采集概述

大数据出现之前，计算机所能够处理的数据都需要前期进行相应的结构化处理，并存储在相应的数据库中。但大数据技术对于数据的结构要求大大降低，互联网上人们留下的社交信息、地理位置信息、行为习惯信息、偏好信息等各种维度的信息都可以实时处理，传统的数据采集与大数据的数据采集对比，如表2-1所示。

表 2-1 传统的数据采集与大数据的数据采集对比

数据情况	传统的数据采集	大数据的数据采集
数据来源	来源单一，数据量相对大数据较小	来源广泛，数据量巨大
数据类型	结构单一	数据类型丰富，包括结构化、半结构化、非结构化
数据处理	关系型数据库和并行数据库	分布式数据库

二、大数据采集的数据来源

按照数据来源划分，大数据的三大主要来源为商业数据、互联网数据与物联网数据。其中，商业数据来自企业 ERP 系统、各种 POS 终端及网上支付系统等业务系统；互联网数据来自通信记录及 QQ、微信、微博等社交媒体；物联网数据来自射频识别装置、全球定位设备、传感器设备、视频监控设备等。

（一）商业数据

商业数据是指来自企业 ERP 系统、各种 POS 终端及网上支付系统等业务系统的数据，是现在最主要的数据来源渠道。

世界上最大的零售商沃尔玛每小时收集到 2.5PB 数据，存储的数据量是美国国会图书馆的 167 倍。沃尔玛详细记录了消费者的购买清单、消费额、购买日期、购买当天天气和气温，通过对消费者的购物行为等非结构化数据进行分析，发现商品关联，并优化商品陈列。沃尔玛不仅采集这些传统商业数据，还将数据采集的触角伸入了社交网络。当用户在 Facebook 和 Twitter 谈论某些产品或者表达某些喜好时，这些数据都会被沃尔玛记录下来并加以利用。

Amazon（亚马逊）公司拥有全球零售业最先进的数字化仓库，通过对数据的采集、整理和分析，可以优化产品结构，开展精确营销和快速发货。另外，Amazon 的 Kindle 电子书城中积累了上千万本图书的数据，并完整记录着读者们对图书的标记和笔记，若加以分析，Amazon 能从中得到哪类读者对哪些内容感兴趣，从而能给读者做出准确的图书推荐。

（二）互联网数据

互联网数据是指网络空间交互过程中产生的大量数据，包括通信记录及 QQ、微信、微博等社交媒体产生的数据，其数据复杂且难以被利用。例如，社交网络数据所记录的大部分是用户的当前状态信息，同时还记录着用户的年龄、性别、所在地、教育、职业和兴趣等。互联网数据具有大量化、多样化、快速化等特点。

1. 大量化

在信息化时代背景下网络空间数据增长迅猛，数据集合规模已实现从 GB 到 PB 的飞跃，互联网数据则需要通过 ZB 表示。在未来互联网数据的发展中还将实现近 50 倍的增长，服务器数量也将随之增长，以满足大数据存储。

2. 多样化

互联网数据的类型多样化，例如结构化数据、半结构化数据和非结构化数据互联网数据中的非结构化数据正在飞速增长，据相关调查统计，在 2012 年年底非结构化数据在网络数据总量中占 77% 左右。非结构化数据的产生与社交网络以及传感器技术的发展有着直接联系。

3. 快速化

互联网数据一般情况下以数据流形式快速产生，且具有动态变化性特征，其时效性要求用户必须准确掌握互联网数据流才能更好地利用这些数据。

互联网是大数据信息的主要来源，能够采集什么样的信息、采集到多少信息及哪些类型的信息，直接影响着大数据应用功能最终效果的发挥。

而信息数据采集需要考虑采集量、采集速度、采集范围和采集类型，信息数据采集速度可以达到秒级以上；采集范围涉及微博、论坛、博客、新闻网、电商网站、分类网站等各种网页；而采集类型包括文本、数据、URL、图片、视频、音频等。

（三）物联网数据

物联网是指在计算机互联网的基础上，利用射频识别、传感器、红外感应器、无线数据通信等技术，构造一个覆盖世界上万事万物的 The Internet of Things，也就是实现物物相连的互联网络。其内涵包含两个方面意思：一是物联网的核心和基础仍是互联网，是在互联网基础之上延伸和扩展的一种网络；二是其用户端延伸和扩展到任何物品与物品之间，进行信息交换和通信。物联网的定义是：通过射频识别（RFID）装置、传感器、红外感应器、全球定位系统、激光扫描器等信息传感设备，按约定的协议，把任何物品与互联网相连接，以进行信息交换和通信，从而实现智慧化识别、定位、跟踪、监控和管理的一种网络体系。

物联网数据是除了人和服务器之外，在射频识别、物品、设备、传感器等节点产生的大量数据。包括射频识别装置、音频采集器、视频采集器、传感器、全球定位设备、办公设备、家用设备和生产设备等产生的数据。物联网数据有以下特点：

（1）物联网中的数据量更大。物联网的最主要特征之一是节点的海量性，其数量规模远大于互联网；物联网节点的数据生成频率远高于互联网，如传感器节点多数处于全时工作状态，数据流是持续的。

（2）物联网中的数据传输速率更高。由于物联网与真实物理世界直接关联，很多情况下需要实时访问、控制相应的节点和设备，因此需要高数据传输速率来支持。

（3）物联网中的数据更加多样化。物联网涉及的应用范围广泛，包括智慧城市、智慧交通、智慧物流、商品溯源、智能家居、智慧医疗、安防监控等；在不同领域、不同行业，需要面对不同类型、不同格式的应用数据，因此物联网中数据多样性更为突出。

（4）物联网对数据真实性的要求更高。物联网是真实物理世界与虚拟信息世界的结合，其对数据的处理以及基于此进行的决策将直接影响物理世界，因此物联网中数据的真实性显得尤为重要。

以智能安防应用为例，智能安防行业已从大面积监控布点转变为注重视频智能预警、分析和实战，利用大数据技术从海量的视频数据中进行规律预测、情境分析、串并侦查、时空分析等。在智能安防领域，数据的产生、存储和处理是智能安防解决方案的基础，只有采集足够有价值的安防信息，通过大数据分析以及综合研判模型，才能制定智能安防决策。

所以，在信息社会中，几乎所有行业的发展都离不开大数据的支持。

三、大数据采集的技术方法

数据采集技术是信息科学的重要组成部分，已广泛应用于国民经济和国防建设的各个领域，并且随着科学技术的发展，尤其是计算机技术的发展与普及，数据采集技术具有更广阔的发展前景。大数据的采集技术为大数据处理的关键技术之一。

（一）系统日志采集方法

很多互联网企业都有自己的海量数据采集工具，多用于系统日志采集，如 Hadoop 的 Chukwa，Cloudera 的 Flume，Facebook 的 Scribe 等。这些系统采用分布式架构，能满足每秒数百 MB 的日志数据采集和传输需求。例如，Scribe 是 Facebook 开源的日志收集系统，能够从各种日志源上收集日志，存储到一个中央存储系统（可以是 NFS、分布式文件系统等）上，以便于进行集中统计分析处理。它为日志的"分布式收集，统一处理"提供了一个可扩展的、高容错的方案。

（二）对非结构化数据的采集

非结构化数据的采集就是针对所有非结构化的数据的采集，包括企业内部数据的采集和网络数据采集等。企业内部数据的采集是对企业内部各种文档、视频、音频、邮件、图片等数据格式之间互不兼容的数据采集。

网络数据采集是指通过网络爬虫或网站公开 API 等方式从网站上获取互联网中相关网页内容的过程，并从中抽取出用户所需的属性内容。互联网网页数据处理，就是对抽取出来的网页数据进行内容和格式上的处理、转换和加工，使之能够适应用户的需求，并将之存储下来，供以后使用。该方法可以将非结构化数据从网页中抽取出来，将其存储为统一的本地数据文件，并以结构化的方式存储。它支持图片、音频、视频等文件或附件的采集，附件与正文可以自动关联。除了网络中包含的内容之外，对于网络流量的采集可以使用 DPI 或 DFI 等带宽管理技术进行处理。

网络爬虫是一种按照一定的规则，自动地抓取万维网信息的程序或者脚本。是一个自动提取网页的程序，它为搜索引擎从万维网上下载网页，是搜索引擎的重要组成。

网络数据采集和处理的整体过程如图 2-1 所示，包含 4 个主要模块：网络爬虫（Spider）、数据处理（Data Process）、URL 队列（URL Queue）和数据（Data）。

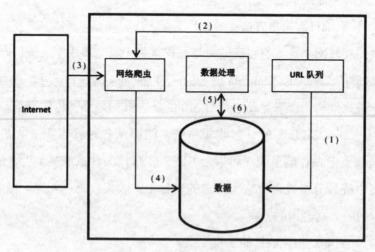

图2-1　网络数据采集和处理流程

这4个主要模块的功能如下：

（1）网络爬虫：从Internet上抓取网页内容，并抽取出需要的属性内容。

（2）数据处理：对爬虫抓取的内容进行处理。

（3）URL队列（URL Queue）：为爬虫提供需要抓取数据网站的URL。

（4）数据：包含Site URL、Spider Data和Dp Data。其中，Site URL是需要抓取数据网站的URL信息；Spider Data是爬虫从网页中抽取出来的数据；Dp Data是经过数据处理之后的数据。

整个网络数据采集和处理的基本步骤如下：

（1）将需要抓取数据的网站的URL信息（Site URL）写入URL队列。

（2）爬虫从URL队列中获取需要抓取数据的网站的Site URL信息。

（3）爬虫从Internet抓取与Site URL对应的网页内容，并抽取出网页特定属性的内容值。

（4）爬虫将从网页中抽取出的数据（Spider Data）写入数据库。

（5）Dp读取Spider Data，并进行处理。

（6）Dp将处理之后的数据写入数据库。

目前网络数据采集的关键技术为链接过滤，其实质是判断一个链接（当前链接）是不是在一个链接集合（已经抓取过的链接）里。在对网页大数据的采集中，可以采用布隆过滤器（Bloom Filter）来实现对链接的过滤。

（三）其他数据采集方法

对于企业生产经营数据或学科研究数据等保密性要求较高的数据，可以通过与企业或研究机构合作，使用特定系统接口等相关方式采集数据。

尽管大数据技术层面的应用可以无限广阔，但由于受到数据采集的限制，能够用于商业应用、服务于人们的数据要远远小于理论上大数据能够采集和处理的数据。因此，解决大数据的隐私问题是数据采集技术的重要目标之一。现阶段的医疗机构数据更多来源于内部，外部的数据没有得到很好的应用。对于外部数据，医疗机构可以考虑借助如百度、阿里、腾讯等第三方数据平台解决数据采集难题。在医疗领域，通过大数据的应用可以更加快速清楚地预测到疾病发展的趋势，这样在大规模暴发疾病的同时能够提前做好预防措施和医疗资源的储蓄和分配，优化医疗资源。

四、大数据的预处理

要对海量数据进行有效的分析，应该将这些来自前端的数据导入到一个集中的大型分布式数据库，或者分布式存储集群，并且可以在导入基础上做一些简单的清洗和预处理工作。导入与预处理过程的特点和挑战主要是导入的数据量大，通常用户每秒钟的导入量会达到百兆，甚至千兆级别。

根据大数据的多样性，决定了经过多种渠道获取的数据种类和数据结构都非常复杂，这就给之后的数据分析和处理带来了极大的困难。通过大数据的预处理这一步骤，将这些结构复杂的数据转换为单一的或便于处理的结构，为以后的数据分析打下良好的基础。由于所采集的数据里并不是所有的信息都是必需的，而是掺杂了很多噪声和干扰项，因此还需要对这些数据进行去噪和清洗，以保证数据的质量和可靠性。常用的方法是在数据处理的过程中设计一些数据过滤器，通过聚类或关联分析的规则方法将无用或错误的离群数据挑出来过滤掉，防止其对最终数据结果产生不利影响，然后将这些整理好的数据进行集成和存储。现在一般的解决方法是针对特定种类的数据信息分门别类地放置，可以有效地减少数据查询和访问的时间，提高数据提取速度。大数据处理流程如图2-2所示。

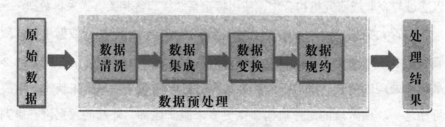

图2-2　大数据处理流程

大数据预处理的方法主要包括：数据清洗、数据集成、数据变换和数据规约。

（一）数据清洗

数据清洗是在汇聚多个维度、多个来源、多种结构的数据之后，对数据进行抽取、转换和集成加载。在这个过程中，除了更正、修复系统中的一些错误数据之外，更多的是对数据进行归并整理，并储存到新的存储介质中。

1.单数据源定义层

违背字段约束条件（日期出现 1 月 0 日）、字段属性依赖冲突（两条记录描述同一个人的某一个属性，但数值不一致）、违反唯一性（同一个主键 ID 出现了多次）。

2.单数据源实例层

单个属性值含有过多信息、拼写错误、空白值、噪声数据、数据重复、过时数据等。

3.多数据源的定义层

同一个实体的不同称呼（笔名和真名）、同一种属性的不同定义（字段长度定义不一致、字段类型不一致等）。

4.多数据源的实例层

数据的维度、粒度不一致（有的按 GB 记录存储量，有的按 TB 记录存储量；有的按照年度统计，有的按照月份统计）、数据重复、拼写错误。

此外，还有在数据处理过程中产生的二次数据，包括数据噪声、数据重复或错误的情况。数据的调整和清洗涉及格式、测量单位和数据标准化与归一化。数据不确定性有两方面含义：数据自身的不确定性和数据属性值的不确定性。前者可用概率描述，后者有多重描述方式，如描述属性值的概率密度函数，以方差为代表的统计值等。

对于数据质量中普遍存在的空缺值、噪声值和不一致数据的情况，可以采用传统的统计学方法、基于聚类的方法、基于距离的方法、基于分类的方法和基于关联规则的方法等来实现数据清洗。传统的数据清洗和大数据清洗方法的对比如表 2-2 所示。

表 2-2 传统的数据清洗和大数据清洗方法的对比

项目方法	传统的数据清洗	大数据清洗			
	统计学	聚类	距离	分类	关联规则
主要思想	将属性当作随机变量，通过置信区间来判断值的正误	根据数据相似度将数据分组，发现不能归并到分组的孤立点	使用距离度量来量化数据对象之间的相似性	训练一个可以区分正常数据和异常数据的分类模型	定义数据之间的关联规则，不符合规则的数据被认为是异常数据
优点	可以随机选取	对多种类型的数据有效，具有普适性	比较简单易算	结合了数据的偏好性	可以发现数据值的关联性
缺点	参数模型复杂时需要多次迭代	有效性高度依赖于使用的聚类方法，对于大型数据集开销较大	如果距离都较近或平均分布，无法区分	得到的分类器可能过拟合	强规则不一定是正确的规则

在大数据清洗中，根据缺陷数据类型可分为异常记录检测、空值的处理、错误值的处理、不一致数据的处理和重复数据的检测。其中异常记录检测和重复记录检测为数据清洗的两个核心问题。

（1）异常记录检测包括解决空值、错误值和不一致数据的方法。

（2）空值的处理一般采用估算方法，例如采用均值、众数、最大值、最小值、中位数填充。但估值方法会引入误差，如果空值较多，会使结果偏离较大。

（3）错误值的处理通常采用统计方法来处理，例如偏差分析、回归方程、正态分布等。

（4）不一致数据的处理主要体现为数据不满足完整性约束。可以通过分析数据字典、元数据等，整理数据之间的关系进行修正。不一致数据通常是由于缺乏数据标准而产生的。

（5）重复数据的检测算法可以分为基于字段匹配的算法、递归的字段匹配算法、Smith-Waterman 算法、基于编辑距离的字段匹配算法和改进余弦相似度函数。

这些算法的对比如表 2-3 所示。

表 2-3　重复数据的检测算法对比

算法	基本的字段匹配算法	递归的字段匹配算法	Smith-Waterman 算法	基于编辑距离的字段匹配算法	Cosine 相似度函数
优点	直接的按位比较	可以处理子串顺序颠倒及缩写的匹配情况	性能好，不依赖领域知识，允许不匹配字符的缺失，可以识别字符串缩写的情况	可以捕获拼写错误、短单词的插入和删除错误	可以解决经常性使用单词插入和删除导致的字符串匹配问题
缺点	不能处理子字段排序的情况	时间复杂度高，与具体领域关系密切，效率较低	不能处理子串顺序颠倒的情形	对单词的位置交换、长单词的插入和删除错误，匹配效果差	不能识别拼写错误

大数据的清洗工具主要有 Data Wrangler 和 Google Refine 等。Data Wrangle 是一款由斯坦福大学开发的在线数据清洗、数据重组软件。主要用于去除无效数据，将数据整理成用户需要的格式等。Google Refine 设有内置算法，可以发现一些拼写不一样但实际上应分为一组的文本。除了数据管家功能，Google Refine 还提供了一些有用的分析工具，例如排序和筛选。

（二）数据集成

在大数据领域中，数据集成技术也是实现大数据方案的关键组件。大数据集成是将大量不同类型的数据原封不动地保存在原地，而将处理过程适当地分配给这些数据。这是一个并行处理的过程，当在这些分布式数据上执行请求后，需要整合并返回结果。大数据集成是基于数据集成技术演化而来的，但其方案和传统的数据集成有着巨大的差别。

大数据集成狭义上讲是指如何合并规整数据，广义上讲数据的存储、移动、处理等与数据管理有关的活动都称为数据集成。大数据集成一般需要将处理过程分布到源数据上进行并行处理，并仅对结果进行集成。因为，如果预先对数据进行合并会消耗大量的处理时间和存储空间。集成结构化、半结构化和非结构化的数据时需要在数据之间建立共同的信息联系，这些信息可以表示为数据库中的主数据或者键值，非结构化数据中的元数据标签或者其他内嵌内容。

数据集成时应解决的问题包括数据转换、数据的迁移、组织内部的数据移动、从非结构化数据中抽取信息和将数据处理移动到数据端。

（1）数据转换是数据集成中最复杂和最困难的问题，所要解决的是如何将数据转换为统一的格式。需要注意的是要理解整合前的数据和整合后的数据结构。

（2）数据的迁移是将一个系统迁移到另一个新的系统。在组织内部，当一个应用被新的所替换时，就需要将旧系统中的数据迁移到新的应用中。

（3）组织内部的数据移动是多个应用系统需要在多个来自其他应用系统的数据发生更新时被实时通知。

（4）从非结构化数据中提取信息。当前数据集成的主要任务是将结构化的、半结构化或非结构化的数据进行集成。存储在数据库外部的数据，如文档、电子邮件、网站、社会化媒体、音频及视频文件，可以通过客户、产品、雇员或者其他主数据引用进行搜索。主数据引用作为元数据标签附加到非结构化数据上，在此基础上就可以实现与其他数据源和其他类型数据的集成。

（5）将数据处理移动到数据端。将数据处理过程分布到数据所处的多个不同的位置，这样可以避免集余。

目前，数据集成已被推至信息化战略规划的首要位置。要实现数据集成的应用，不光要考虑集成的数据范围，还要从长远发展角度考虑数据集成的架构、能力和技术等方面内容。

（三）数据变换

数据变换是将数据转换成适合挖掘的形式。数据变换是采用线性或非线性的数学变换方法将多维数据压缩成较少维数的数据，消除它们在时间、空间、属性及精度等特征表现方面的差异，如表 2-4 所示。

表 2-4　数据变换方法分类

数据变换方法分类	作用
数据平滑	去噪，将连续数据离散化
数据聚集	对数据进行汇总
数据概化	用高层概念替换，减少复杂度
数据规范化	使数据按比例缩放，落入特定区域
属性构造	构造出新的属性

数据变换涉及如下内容：

（1）数据平滑。清除噪声数据，去除源数据集中的噪声数据和无关数据，处理遗漏数据和清洗脏数据。

（2）数据聚集。对数据进行汇总和聚集，例如，可以聚集日门诊量数据，计算月和年门诊数。

（3）数据概化。使用概念分层，用高层次概念替换低层次原始数据。

（4）数据规范化。将属性数据按比例缩放，使之落入一个小的特定区间，如 [0.0，1.0]。规范化对于某些分类算法特别有用。

（四）数据规约

数据规约是从数据库或数据仓库中选取并建立使用者感兴趣的数据集合，然后从数据集合中滤掉一些无关、偏差或重复的数据。数据归约的主要方法如表 2-5 所示。

表 2-5　数据规约方法分类

数据规约方法分类	技术
维归约	数据选择方法等
数据压缩	小波变换、主成分分析、分形技术
数值归约	回归、直方图、聚类等
离散化和概念分层	分箱技术、基于滴的离散化等

（1）维归约。通过删除不相关的属性（或维）减少数据量。这样不仅压缩了数据集，还减少了出现在发现模式上的属性数目。

（2）数据压缩。应用数据编码或变换，得到源数据的归约或压缩表示。数据压缩分为无损压缩和有损压缩。

（3）数值归约。数值归约通过选择替代的、较小的数据表示形式来减少数据量。

（4）离散化和概念分层。概念分层通过收集并用较高层的概念替换较低层的概念来定义数值属性的一个离散化。

第二节　大数据分析

在大数据时代，人们要掌握大数据分析的基本方法和分析流程，从而探索出大数据中蕴含的规律与关系，解决实际业务问题。

一、大数据分析概述

通过对相应领域大数据的分析，才能挖掘出适合该领域业务的有价值的信息从而更好地促进相应业务的发展。所以对不同领域大数据的分析尤为重要，是各个领域今后发展的关键所在。

（一）大数据分析

大数据分析是指对规模巨大的数据进行分析。其目的是通过多个学科技术的融合，实现数据的采集、管理和分析，从而发现新的知识和规律。我们来看个案例来初步认识大数据分析：美国福特公司利用大数据分析促进汽车销售。分析过程如图 2–3 所示。

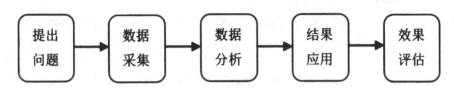

图2-3　福特公司促进汽车销售的大数据分析流程

（1）提出问题。用大数据分析技术来提升汽车销售业绩。一般汽车销售商的普遍做法是投放广告，动辄就是几百万，而且很难分清广告促销的作用到底有多大。大数据技术不一样，它可以通过对某个地区可能会影响购买汽车意愿的源数据进行收集和分析，如房屋市场、新建住宅、库存和销售数据、这个地区的就业率等；还可利用与汽车相关的网站上的数据用于分析，如客户搜索了哪些汽车、哪一种款式、汽车的价格、车型配置、汽车功能、汽车颜色等。

（2）数据采集。分析团队搜索采集所需的外部数据，如第三方合同网站、区域经济数据、就业数据等。

（3）数据分析。对采集的数据进行分析挖掘，为销售提供精准可靠的分析结果，即提供多种可能的促销分析方案。

（4）结果应用。根据数据分析结果实施有针对性的促销计划，如在需求量旺盛的地方有专门的促销计划，哪个地区的消费者对某款汽车感兴趣，相应广告就送到其电子邮箱和地区的报纸上，非常精准，只需要较少费用。

（5）效果评估。跟传统的广告促销相比，通过大数据的创新营销，福特公司花了很少的钱，做了大数据分析产品，也叫大数据促销模型，大幅度地提高了汽车的销售业绩。

（二）大数据分析的基本方法

大数据分析可以分为 5 种基本方法。

1. 预测性分析

大数据分析最普遍的应用就是预测性分析，从大数据中挖掘出有价值的知识和规则，通过科学建模的手段呈现出结果，然后可以将新的数据带入模型，从而预测未来的情况。

例如，麻省理工学院的研究者约翰·古塔格和柯林·斯塔尔兹创建了一个计算机预测模型来分析心脏病患者丢弃的心电图数据。他们利用数据挖掘和机器学习在海量的数据中筛选，发现心电图中出现 3 类异常者一年内死于第二次心脏病发作的概率比未出现者高 1—2 倍。这种新方法能够预测出更多的、无法通过现有的风险筛查被探查出的高危患者。

2. 可视化分析

不管是对数据分析专家还是普通用户，对于大数据分析最基本的要求就是可视化分析，因为可视化分析能够直观地呈现大数据特点，同时能够非常容易被用户所接受，就如同看图说话一样简单明了。可视化可以直观地展示数据，让数据自己说话，让观众听到结果。数据可视化是数据分析工具最基本的要求。

3. 大数据挖掘算法

可视化分析结果是给用户看的，而数据挖掘算法是给计算机看的，通过让机器学习算法，按人的指令工作，从而呈现给用户隐藏在数据之中的有价值的结果。大数据分析的理论核心就是数据挖掘算法，算法不仅要考虑数据的量，也要考虑处理的速度。目前在许多领域的研究都是在分布式计算框架上对现有的数据挖掘理论加以改进，进行并行化、分布式处理。

常用的数据挖掘方法有分类、预测、关联规则、聚类、决策树、描述和可视化、复杂数据类型挖掘（Text、Web、图形图像、视频、音频）等。有很多学者对大数据挖掘算法进行了研究和文献发表。例如，有文献提出对适合慢性病分类的 C4.5 决策树算法进行改进，对基于 MapReduce 编程框架进行算法的并行化改造。有文献提出对数据挖掘技术中的关联规则算法进行研究，并通过引入了兴趣度对经典 Apriori 算法进行改进，提出了一种基于 MapReduce 的改进的 Apriori 医疗数据挖掘算法。有文献提出在高可靠安全的 Hadoop 平台上，结合传统分类聚类算法的特点给出一种基于云计算的数据挖掘系统的设计方案。

4. 语义引擎

数据的含义就是语义。语义技术是从词语所表达的语义层次上来认识和处理用户的检索请求。

语义引擎通过对网络中的资源对象进行语义上的标注，以及对用户的查询表达进行语义处理，使得自然语言具备语义上的逻辑关系，能够在网络环境下进行广泛有效的语义推理，从而更加准确、全面地实现用户的检索。大数据分析广泛应用于网络数据挖掘，可从用户的搜索关键词来分析和判断用户的需求，从而实现更好的用户体验。

例如，一个语义搜索引擎试图通过上下文来解读搜索结果，它可以自动识别文本的概念结构。如你搜索"选举"，语义搜索引擎可能会获取包含"投票""竞选""选票"的文本信息，但是"选举"这个词可能根本没有出现在这些信息来源中。也就是说语义搜索可以对关键词的相关词和类似词进行解读，从而扩大搜索信息的准确性和相关性。

5. 数据质量和数据管理

数据质量和数据管理是指为了满足信息利用的需要，对信息系统的各个信息采集点进行规范，包括建立模式化的操作规程，原始信息的校验，错误信息的反馈、矫正等一系列的过程。大数据分析离不开数据质量和数据管理，高质量的数据和有效的数据管理，无论是在学术研究还是在商业应用领域，都能够保证分析结果的真实和有价值。

例如，假设一个银行的客户文件中有 50 万个客户。银行计划向所有客户以邮寄方式直接发送新产品的广告。如果客户文件中的错误率是 10%，包括重复的客户记录、过时的地址等，假如邮寄的直接成本是 5.00 美元（包括邮资和材料费），则由于糟糕数据而产生的预期损失是：50 万客户 ×0.10×5 美元，即 25 万美元。可见在充满"垃圾"的大数据环境中也只能提取出毫无意义的"垃圾"信息，甚至导致数据分析失败，因此数据质量在大数据环境下显得尤其重要。

综上所述，如果进行更加深入的大数据分析，还需要更加专业的大数据分析手段、方法和工具的运用。

（三）大数据处理流程

整个处理流程可以分解为提出问题、数据理解、数据采集、数据预处理、数据分析、分析结果的解析等，如图 2-4 所示。

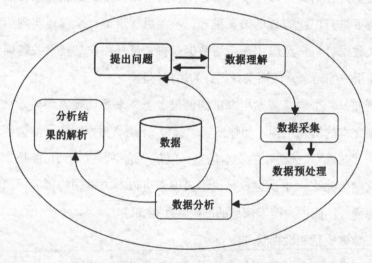

图2-4 大数据分析处理流程

1. 提出问题

大数据分析就是解决具体业务问题的处理过程，这需要在具体业务中提炼出准确的实现目标，也就是首先要制定具体需要解决的问题，如图 2-5 所示。

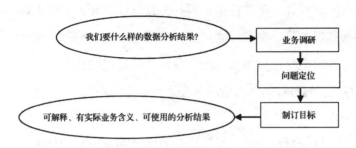

图2-5　提出问题制订分析目标

2. 数据理解

大数据分析是为了解决业务问题，理解问题要基于业务知识，数据理解就是利用业务知识来认识数据。如：大数据分析"饮食与疾病的关系""糖尿病与高血压的发病关系"，这些分析都需要对相关医学知识有足够的了解才能理解数据并进行分析。只有对业务知识有深入的理解才能在大数据中找准分析指标和进一步会衍生出的指标，从而抓住问题的本质挖掘出有价值的结果（图 2-6）。

图2-6　理解数据获得分析指标

3. 数据采集

传统的数据采集来源单一，且存储、管理和分析数据量也相对较小，大多采用关系型数据库和并行数据库即可处理。大数据的采集可以通过系统日志采集方法、对非结构化数据采集方法、企业特定系统接口等相关方式采集。例如利用多个数据库来接收来自客户端（Web，App 或者传感器等）的数据，电商会使用传统的关系型数据库 MySQL 和 Oracle 等来存储每一笔事务数据，除此之外，Redis 和 MongoDB 这样的 NoSQL 非结构化数据库也常用于数据的管理。

4. 数据预处理

如果要对海量数据进行有效的分析，应该将数据导入一个集中的大型分布式数据库，或者分布式存储集群，并且可以在导入基础上做一些简单的清洗和预处理工作。也有一些用户会在导入时对数据进行流式计算，来满足部分业务的实时计算需求。导入与预处理过程的特点和挑战主要是导入的数据量大，每秒钟的导入量经常会达到百兆，甚至千兆级别。

5. 数据分析

数据分析包括对结构化、半结构化及非结构化数据的分析。主要利用分布式数据库，或者分布式计算集群来对存储于其内的海量数据进行分析，如分类汇总、基于各种算法的高级别计算等，涉及的数据量和计算量都很大。

6. 分析结果的解析

对用户来讲最关心的是数据分析结果的解析，对结果的理解可以通过合适的展示方式，如可视化和人机交互等技术来实现。

二、大数据分析的主要技术

大数据分析的主要技术有深度学习、知识计算及可视化等，深度学习和知识计算是大数据分析的基础，而可视化在数据分析和结果呈现的过程中均起作用。

（一）深度学习

1. 认识深度学习

深度学习是一种能够模拟出人脑的神经结构的机器学习方式，从而能够让计算机具有人一样的智慧。其利用层次化的架构学习出对象在不同层次上的表达，这种层次化的表达可以帮助解决更加复杂抽象的问题。在层次化中，高层的概念通常是通过低层的概念来定义的，深度学习可以对人类难以理解的底层数据特征进行层层抽象，从而提高数据学习的精度。让计算机模仿人脑的机制来分析数据，建立类似人脑的神经网络进行机器学习，从而实现对数据进行有效表达、解释和学习，这种技术在将来无疑是具有无限前景的。

2. 深度学习的应用

近几年，深度学习在语音、图像以及自然语言理解等应用领域取得一系列重大进展。在自然语言处理等领域主要应用于机器翻译以及语义挖掘等方面，国外的 IBM、Google 等公司都快速进行了语音识别的研究；国内的阿里巴巴、科大讯飞、百度、中国科学院自动化研究所等公司或研究单位，也在进行深度学习在语音识别上的研究。

深度学习在图像领域也取得了一系列进展。如微软推出的网站 how-old，用户可以上传自己的照片估龄。系统根据照片会对瞳孔、眼角、鼻子等 27 个面部地标点展开分析，判断照片上人物的年龄。百度在此方面也做出了很大的成绩，由百度牵头的分布式深度机器学习开源平台日前正式面向公众开放，该平台隶属于名为"深盟"的开源组织，该组织核心开发者来自百度深度学习研究院（IDL）、微软亚洲研究院、华盛顿大学、纽约大学、中国香港科技大学、卡耐基·梅隆大学等知名公司和高校。

（二）知识计算

1. 识知识计算

知识计算是从大数据中首先获得有价值的知识，并对其进行进一步深入的计算和分析的过程。也就是要对数据进行高端的分析，需要从大数据中先抽取出有价值的知识，并把它构建成可支持查询、分析与计算的知识库。知识计算是目前国内外工业界开发和学术界研究的一个热点。知识计算的基础是构建知识库，知识库中的知识是显式的知识。通过利用显式的知识，人们可以进一步计算出隐式知识。知识计算包括属性计算、关系计算、实例计算等。

2. 知识计算的应用

目前，世界各个组织建立的知识库多达 50 余种，相关的应用系统更是达到了上百种。如维基百科等在线百科知识构建的知识库 DBpedia，YAG，Omega，WikiTax-onomy；Wolfram 的知识计算平台 Wolfram Alpha；Google 创建了至今世界最大的知识库，名为 Knowledge Vault，它通过算法自动搜集网上信息，通过机器学习把数据变成可用知识，目前，Knowledge Vault 已经收集了 16 亿件事实。知识库除了改善人机交互之外，也会推动现实增强技术的发展，Knowledge Vault 可以驱动一个现实增强系统，让我们从头戴显示屏上了解现实世界中的地标、建筑、商业网点等信息。知识图谱泛指各种大型知识库，是把所有不同种类的信息连接在一起而得到的一个关系网络。这个概念最早由 Google 提出，提供了从关系的角度去分析问题的能力，知识图谱就是机器大脑中的知识库。

在国内，中文知识图谱的构建与知识计算也有大量的研究和开发应用，如心房颤动知识图谱、心肌炎知识图谱、中药人参知识图谱。具有代表性的有中国科学院计算技术研究所的 OpenKN，中国科学院数学研究院提出的知件（Knowware），上海交通大学最早构建的中文知识图谱平台 zhishi.me，百度推出了中文知识图谱搜索，搜狗推出的知立方平台，复旦大学 GDM 实验室推出的中文知识图谱展示平台等。这些知识库必将使知识计算发挥出更大的作用。

通过知识图谱建立事物之间的关联，扩展用户搜索结果，可以发现更多内容。例如，利用百度的知识图谱搜索"达·芬奇"，会得到其生平介绍和他的画作等相关内容。

（三）可视化

可视化是帮助大数据分析用户理解数据及解析数据分析结果的有效方法。可以帮助人们分析大规模、高维度、多来源、动态演化的信息，并辅助做出实时的决策。大数据可视化的主要手段有数据转换和视觉转换。其主要方法有：①对信息流压缩或者删除数据中的冗余来对数据进行简化。②设计多尺度、多层次的方法实现信息在不同的解析度上的展示。③把数据存储在外存，并让用户可以通过交互手段方便地获取相关数据。④新的视觉隐喻方法以全新的方式展示数据。如"焦点＋上下文"方法，它重点对焦点数据进行细节展示，对不重要的数据则简化表示，例如鱼眼视图。

Plaisant 提出了空间树，这是一种树形浏览器通过动态调整树枝的尺寸来使其最好地适配显示区域。

三、大数据分析处理系统简介

由于大数据来源广泛、种类繁多、结构多样且应用于众多不同领域，所以针对不同业务需求的大数据，应采用不同的分析处理系统。

（一）批量数据及处理系统

1.批量数据

批量数据通常是数据体量巨大，如数据从 TB 级别跃升到 PB 级别，且是以静态的形式存储。这种批量数据往往是从应用中沉淀下来的数据，如医院长期存储的电子病历等。对这样数据的分析通常使用合理的算法，才能进行数据计算和价值发现。大数据的批量处理系统适用于先存储后计算，实时性要求不高，但数据的准确性和全面性要求较高的场景。

2.批量数据分析处理系统

Hadoop 是典型的大数据批量处理架构，由 HDFS 负责静态数据的存储，并通过 MapReduce 将计算逻辑、机器学习和数据挖掘算法实现。MapReduce 的工作原理实质是先分后合的处理方式，Map 进行分解，把海量数据分割成若干部分，分割后的部分发给不同的处理机进行联合处理，而 Reduce 进行合并，把多台处理机处理的结果合并成最终的结果，如图 2-7 所示。

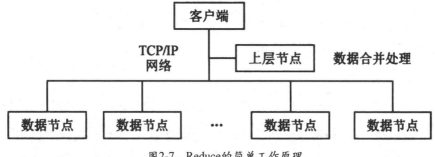

图2-7　Reduce的简单工作原理

（二）流式数据及处理系统

1. 流式数据

流式数据是一个无穷的数据序列，序列中的每一个元素来源不同，格式复杂，序列往往包含时序特性。在大数据背景下，流式数据处理常见于服务器日志的实时采集，将 PB 级数据的处理时间缩短到秒级。数据流中的数据格式可以是结构化的、半结构化的甚至是非结构化的，数据流中往往含有错误元素、垃圾信息等，因此流式数据的处理系统要有很好的容错性及不同结构的数据分析能力，还能完成数据的动态清洗、格式处理等。

2. 流式数据分析处理系统

流式数据处理有 Twitter 的 Storm，Facebook 的 Scribe，Linkedin 的 Samza 等。其中 Storm 是一套分布式、可靠、可容错的用于处理流式数据的系统。其流式处理作业被分发至不同类型的组件，每个组件负责一项简单的、特定的处理任务。

Storm 系统有其独特的特性：

（1）简单的编程模型。Storm 提供类似于 MapReduce 的操作，降低了并行批处理与实时处理的复杂性。

（2）容错性。在工作过程中，如果出现异常，Storm 将以一致的状态重新启动处理以恢复正确状态。

（3）水平扩展。Storm 拥有良好的水平扩展能力，其流式计算过程是在多个线程和服务器之间并行进行。

（4）快速可靠的消息处理。Storm 利用 ZeroMQ 作为消息队列，极大地提高了消息传递的速度，任务失败时，它会负责从消息源重试消息。

（三）交互式数据及处理系统

1. 交互式数据

交互式数据是操作人员与计算机以人机对话的方式一问一答的对话数据，操作人员提出请求，数据以对话的方式输入，计算机系统便提供相应的数据或提示信息，引导操作人员逐步完成所需的操作，直至获得最后处理结果。交互式数据处理灵活、直观，便于控制。采用这种方式，存储在系统中的数据文件能够被及时处理修改，同时处理结果可以立刻被使用。

2. 交互式数据分析处理系统

交互式数据处理系统有 Berkeley 的 Spark 和 Google 的 Dremel 等。Spark 是一个基于内存计算的可扩展的开源集群计算系统。针对 MapReduce 的不足，即大量的网络传输和磁盘 V／O 使得效率低效，Spark 使用内存进行数据计算以便快速处理查询实时返回分析结果。Spark 提供比 Hadoop 更高层的 API，同样的算法在 Spark 中的运行速度比 Hadoop 快 10—100 倍。Spark 在技术层面兼容 Hadoop 存储层 API，可访问 HDFS，HBAS，Sequence File 等。Spark-Shell 可以开启交互式 Spark 命令坏境，能够提供交互式查询。

（四）图数据及处理系统

1. 图数据

图数据是通过图形表达出来的信息含义。图自身的结构特点可以很好地表示事物之间的关系。图数据中主要包括图中的节点以及连接节点的边。在图中，顶点和边实例化构成各种类型的图，如标签图、属性图、语义图以及特征图等。大图数据是无法使用单台机器进行处理的，但如果对大图数据进行并行处理，对于每一个顶点之间都是连通的图来讲，难以分割成若干完全独立的子图进行独立的并行处理，即使可以分割，也会面临并行机器的协同处理以及将最后的处理结果进行合并等一系列问题。这需要图数据处理系统选取合适的图分割以及图计算模型来满足要求。

2. 图数据分析处理系统

图数据处理有一些典型的系统，如 Google 的 Pregel 系统，Neo4j 系统和微软的 Trinity 系统。Trinity 是 Microsoft 推出的一款建立在分布式云存储上的计算平台，可以提供高度并行查询处理、事务记录、一致性控制等功能。Trinity 主要使用内存存储，磁盘仅作为备份存储。

Trinity 有以下特点：

（1）数据模型是超图。在超图中，一条边可以连接任意数目的图顶点，此模型中图的边称为超边，超图比简单图的适用性更强，保留的信息更多。

（2）并发性。Trinity 可以配置在一台或上百台计算机上，Trinity 提供了一个图分割机制。

（3）具有数据库的一些特点。Trinity 是一个基于内存的图数据库，有丰富的数据库特点。

（4）支持批处理。Trinity 支持大量在线查询和离线批处理，并且支持同步和不同步批处理计算。

总之，面对大数据，各种处理系统层出不穷，各有特色。总体来说，数据处理平台多样化，国内外的互联网企业都在基于开源性面向典型应用的专用化系统进行开发。

第三章　科学数据与资源共享

第一节　国内外发展研究

大数据不仅代表了技术的更新与进步，还极大地改变了社会发展的方式。在大数据时代，无论是国家，还是机构、企业，其竞争力都将主要取决于拥有的数据规模及对数据分析、运用的能力。因此，推动大数据的发展具有重大的战略意义。

一、国外发展现状

从 2011 年开始，世界主要国家政府相继发布战略计划或报告。达沃斯世界经济论坛、联合国、麦肯锡、国际数据公司等机构和组织也在进行相关的研究后发布了研究报告。2012 年 2 月在瑞士召开的达沃斯世界经济论坛中，大数据是讨论的主题之一。这个论坛上发布的一篇题为《大数据，大影响》(Big Data，Big Impact) 的报告宣称，数据已经成为一种新的经济资产类别，就像货币或黄金一样。《福布斯》杂志直接指出，"这一年（2012 年）最热的技术趋势当属大数据"。

二、国内发展现状

（一）国家政策力推大数据产业前行

2016 年 10 月 9 日，中共中央政治局第三十六次集体学习中提出要建设"一体化"的国家大数据中心，将多个相互分隔、互不协调的数据中心，采取技术业务和数据融合的手段，跨层级、跨地区、跨系统地有机融合为一个整体，最终形成具有协同效力、一体化的国家级大数据平台。在此过程中，国家发展和改革委员会（以下简称"发改委"）、国家自然科学基金委员会科学技术部（以下简称"科技部"）、工业和信息化部（以下简称"工信部"）都在积极推进大数据的相关工作，通过项目引导、产业促进等相关手段，推动大数据产业的健康有序发展。在省市层面，各个省市出台的大数据产业发展政策，为大数据研究和应用的落地提供了有效的保障。

（二）新兴团体建立促进大数据发展

在学术界和工业界，大数据战略报告、会议论坛、专家委员会、联盟、产业基金如雨后春笋般出现。这些联盟的成立一般都是通过联合各方资源，多方合作共建，以促进产业发展和技术创新为目标，构建"官、产、学、研、用"为一体的公共技术和服务平台。在紧扣大数据产业发展的关键环节，给予大数据人才、大数据企业和大数据创新项目全面的支持，通过整合产业链上的数据供应方企业，以及有大量数据处理能力和需求的公司、咨询类公司和金融服务机构，从支撑行业管理工作、推动开展应用试点、促进业内交流合作、推动行业技术创新、搭建产业合作桥梁等多个方面，完善大数据产业发展环境，并推动产业的快速发展。

第二节　科学数据的组织与元数据标准

科学数据的元数据（简称"科学元数据"）即以科学数据为描述对象

的元数据，是对科学数据开展描述、组织、出版等工作的重要工具。近年来，科学数据成为继文献之后又一重要的科学研究资源。科学数据的管理、长期保存、共享以及开放存取等备受各界关注。科学元数据是科学数据组织和管理的重要工具，也是重要的研究和实践内容。科学元数据描述框架是科学元数据的总体性、指导性框架，是优化科学数据描述和组织的重要保障。

一、科学元数据的研究现状

在科学数据的组织、管理和共享等工作中，良好的科学元数据描述框架对于保证科学数据有序组织和深入揭示，确保不同科学数据仓储之间资源描述的一致性和互操作性等都具有至关重要的作用，能够为不同资源系统之间的互操作、资源整合、跨库检索等奠定基础。

（一）科学元数据描述框架的研究和实践

当前研究与实践领域均着重开展元数据内容标准的研究、制定与实践，而对科学元数据描述框架的研究和实践相对较少，主要集中于科学元数据描述框架的功能需求、科学元数据描述框架的实践探索以及其与科学元数据标准的关系等方面。元数据描述框架相比元数据内容标准，其承担的指导性和框架性作用更强，不局限于特定领域的术语系统限制。科学元数据描述框架多对特定学科领域或数据仓储的专门元数据内容标准具有框架性的指导作用，能够从较高的层面实现科学元数据内容标准之间的协调和互操作。

（二）元数据在科学数据共享中的应用

科学数据共享一直以来都是科学研究领域极为重视的问题，而元数据是数据共享的重要技术手段和实现途径。随着科学数据共享的备受关注以及不同学科领域、地域范围的科学数据共享项目纷纷启动，科学元数据标准建设成为关键性的工作内容。2013 年，网络与信息技术研究与发展项目针对科学数据共享及相关元数据领域的问题与策略进行了详细的探讨。当前科学数据共享的实践和研究多集中在特定的学科领域，因此特定学科领域的元数据标准的研究和实践最为突出。

（三）科学数据管理中的元数据应用

近年来，元数据在科学数据管理中的应用也逐渐成为研究的热点问题。科学元数据被广泛应用在科学数据共享平台搭建、科学数据管理、科学数据仓储建设等领域，当前研究多从元数据的元素拓展、技术完善、互操作等微观方面以及元数据在科学数据各项管理工作的实例应用角度进行研究，缺乏综合性的针对科学元数据描述框架的研究。

二、科学元数据的描述框架

科学数据资源是科学研究的重要产出，也是后续研究展开的前期基础，为了便于科学数据的存储、共享、管理和再利用，构建并完善科学元数据描述框架是科学数据组织和管理的基础性条件，也是保证科学研究持续发展的重要工作。科学元数据描述框架由基础元数据标准体系、取值系统，适用于特定系统的应用文档、处理人机可读的语言工具以及顶层的元数据功能构成，此描述框架在系统的整体环境约束下形成，既适应系统环境对科学元数据的要求，又支撑整个系统的正常运作和长期发展。科学元数据的描述框架基本由元数据标准、取值系统、概念／数据模型、编码系统和适应特定系统的内容标准即应用文档组成。

（一）基础层

1.元数据内容标准

元数据内容标准是对科学数据不同描述方面的规范，通过元数据元素体现对科学数据的描述，是对科学数据进行元数据描述的基础。现有的科学元数据标准较为丰富，既有综合性的科学元数据标准，又有面向特定学科领域或特定系统的学科性科学元数据标准。科学元数据标准的元素设定为科学数据的描述方面奠定了基础。北卡罗来纳大学图书馆人员认为应当从通用信息（标题、作者、日期、资助、关键词、识别符、范围）、获取信息（获取权限、版权）和技术信息（文档格式、文档列表、文档数量）三个方面对科学数据资源进行描述。

2. 元数据内容标准类型

传统意义上的对科学数据内容、作者等信息进行描述的元数据标准并不能完全包含科学数据描述的全部所需元素，科学元数据根据其元素描述科学数据的不同方面而隶属于不同类别。对元数据标准的类型划分有以下几种观点：阿高纳（Agone）等将元数据划分为描述元数据、术语和条件元数据、管理数据、内容排序元数据、保存元数据、关联／关系元数据、结构元数据七类；对于科学数据的全面描述，既可通过不同类型科学元数据标准的整合完成，也可通过一套完善的科学元数据标准实现。当前学科或领域描述元数据和综合性元数据兼具，同时不同的科学元数据标准具备的数据描述功能和层次不同。从科学元数据的功能来看，传统的元数据标准类型划分同样适用于科学元数据。科学元数据的标准可划分为描述（Descriptive）元数据、结构（Structure）元数据、管理（Administrative）元数据和技术（Technical）元数据，其中管理元数据包含了利用元数据和保存元数据的信息。

3. 元数据标准的元素选择

不同的元数据标准从多个角度选择不同的元数据描述元素，不同的元素从功能方面考虑应该归属于不同的元数据标准类别。根据利德（Lide）的观点，可将科学数据划分为实验性数据、发现性数据、统计性数据，对不同类型的科学数据同样需要从不同角度进行描述。马修斯（Matthews）等认为，在科学元数据领域，最重要的描述实体包括与调查相关的对象（如研究或项目）、调查者、主题、出版物、样本、数据集、数据文档和参数等。通常在进行元数据标准的选择和元素的选择时，多以对科学数据的可检索性为最重要的目的，因此考虑最多的是描述性元数据。

4. 取值系统

取值系统也可称为科学数据描述的权威文档，是科学元数据进行描述时，不同的元素可参考和可取值的规范性词表等，当前最具操作性的包括受控词表、本体等规范性的词表和取值来源，此外还包括了用户生成内容。受控词表是传统元数据进行信息描述时最通用的取值系统，在科学元数据的描述中，受控词表同样是最具操作性的取值系统，特别具有学科针对性的受控词表如医学领域的医学主题词表、生物学领域的国家生物信息基础设施生物多样性叙词表等为相关领域科学数据的描述提供了大量可用的规范权威文档。本体词表逐渐成为科学数据描述的取值系统，如书目本体（The Bib liographic Ontology，BIBO）被应用于对科学数据所关联的文献资源的描述，而用户生成内容本身质量控制将继续完善，其作为取值系统的操作有待进一步研究。

（二）应用层

科学元数据标准、取值系统等都是科学元数据描述的基础，因此缺乏针对性，需要特定的应用文档以满足特定系统和环境的需求，同时为科学数据描述的执行者提供操作指南。在此基础上，需要特定的语言或工具实现元数据描述记录的生成、保存和互操作等工作。

1. 应用文档

元数据应用文档或者应用规范是为适应特定的系统和环境而建立的可操作性的文档，从多样化的元数据标准（命名空间）中吸纳并集成数据元素，从而适应特定的系统需求。通过应用文档可以方便元数据执行者和命名空间管理者理解元数据标准之间的关系以及利用和完善元数据标准的方法。根据都柏林核心元数据应用规范和新加坡框架，应用文档基本包括系统功能需求、领域模型、描述元素集、元数据描述规范和准则、元数据编码语法规范以及取值系统的界定等内容。

完善的系统功能需求应当比较全面的反映科学数据系统或科学数据仓储创建者、元数据记录的创建者、科学数据的使用者等对元数据的需求，同时便于数据系统或仓储对科学数据的组织、保存、检索和复用等功能的发挥。领域模型通过正式或非正式的框架形式规定最基本的实体元数据及其关系，是特定科学数据系统或仓储进行元数据描述的基本框架，规定了科学数据的不同方面以及不同方面之间的关系。描述元素集对元数据记录中的描述与陈述进行结构性的规范和约束此外，元数据描述规范和准则指导如何应用该应用文档以及属性如何在应用环境中得以适用，而编码语法规范定义元数据描述记录的语法规范。英国图书馆网络工程事务所通过对科学数据应用文档进行研究，认为当前存在多种类型的科学数据应用文档，通过对若干科学数据应用文档以及其数据模型的分析指出，严谨的、可通用的科学元数据应用文档在考虑广泛应用性的同时，还需考虑应用实例的需求，而简单的数据模型通常更具实用性。尼科斯·迪亚曼托普洛斯（Nikos Diamantopoulos）等以 DC（都柏林核心元数据）元数据应用规范为范本，研究建立针对农业数字资源的元数据应用规范；尼科斯·马努塞尔（Nikos Manouselis）等通过对比联合国粮食及农业组织（FAO）的 Ag-LR 应用文档和希腊雅典大学农业信息学实验室 Egov LOM 应用文档以及不同应用文档在数据仓储中的运用情况，提出恰当的元数据应用文档可以提升资源检索和获取的效率，同时可以增强不同仓储之间的互操作。弗里森（Friesen）等以澳大利亚和加拿大为例，探讨教育资源的科学元数据创建经验。生物学领域的科学数据仓储，在 DC 元数据的基础之上，结合 DWC 元数据，以 XML 为主要语言或工具，形成了较为完善的元数据应用文档，被称为科学元数据的"良好实践"。科学元数据的应用文档应当考虑科学数据或科学数据文档以及与其相关的文献资源两方面的描述和组织。

　　在多样化科学数据应用文档并存的情况下，对具有更为广泛适用性的应用文档需要继续探索，现有不同科学元数据应用文档之间的互操作也需要解决。与此同时，随着科学数据越来越重要，其与相关资源的关联也有待揭示，因此需要对领域模型进行发展和完善，从而满足数据的存储、数据出版前后的评价、科学数据通过不同渠道进行开放存取乃至整个科学研究生命周期对于科学元数据的需求。

2. 语言和工具

语言和工具是实现科学元数据对科学数据进行描述的模式语言，是生成科学元数据记录的编码标准和规范。当前多数科学元数据通过 XML 通用语言来实现其语法表达。在地理科学领域，瑞新阳等将 XML 技术应用于科学元数据的呈现、存储、检索和交互，通过分布式元数据服务器（Distributed Metadata Server，DIMES）对 XML 格式元数据的收割确保元数据记录的树状语义结构，实现在分布式环境中科学数据的存储与共享；斯科特·詹森先生（Scott Jensen）等认为，XML 格式的科学元数据记录有利于实现数据复用，同时有助于科学元数据的管理，在此基础上研究了 XMCCat 元数据库，用以实现科学元数据的存储、查询。申德勒（Schindler）等以 XML 格式元数据记录为基础，建立通用且弹性的地理元数据门户，以实现对 XML 格式元数据记录的收割，同时可实现元数据记录的检索。

随着语义网技术的发展，越来越多的研究和实践将视角转向语义技术在科学元数据中的应用。西尔维娅·斯特凡诺娃（Silvia Stefanova）等认为，语义网技术是科学数据、科学信息和知识交换的通用媒介技术，能够对科学数据提供元数据描述的标准，通过 RDF、OWL 等工具可以对元数据属性的结构和内容等进行描述以形成本体。萨提亚·萨胡（Satya Sahoo）等认为，科学元数据是有效管理科学数据的来源信息，而语义来源信息则是以领域本体为基础，实现软件对科学数据的正确理解的媒介和工具，语义框架包括了表达性的信息和领域本体两部分。

3. 元数据记录生成与管理

（1）元数据记录生成

在应用文档／规范的指导之下，可实现特定系统、数据仓储或项目平台的元数据记录生成。科学元数据记录的生成方式有多种，既可自动生成也可通过人工手动输入生成，还可通过同时采用元数据自动收割系统与取值系统的方式实现元数据记录的收割获取，当前以半自动化的元数据记录生成方式为主。科学元数据元素具有区别于传统文献资源的特殊性，如科学数据所涉及的作者可能包括科学数据所属文章的作者及引用特定科学数据的作者和科学数据的生产者，文章的作者可能是科学数据的生产者，也可能是科学数据的引用者，在进行元数据记录生成中需要进行特殊考虑，如设定两种类型的作者元素或者通过人工处理的方式以保证元数据记录的准确性。

（2）元数据的管理

元数据记录生成或者收割之后需要进行完善的存储和管理。科学元数据记录并不是一次生成之后就一成不变，科学元数据记录还因为科学数据的历史沿革等情况而有所变化，因此需要对元数据记录进行妥善的管理。此外，对科学元数据的管理还包括元数据功能需求满足情况的调查与反馈、元数据元素的调整、元数据应用情况评价、元数据的功能拓展等。如DAMES项目系统既可对社会科学数据集进行元数据记录的生成，又可实现对元数据的利用、转换和检索等操作。金元（WonKim）等认为元数据是对科学数据的语义进行描述的工具，当前元数据管理系统能够满足基本的元数据管理的功能需求，但其针对性和适应性方面仍需提升。科学元数据是科学数据进行描述的重要工具，科学元数据描述框架是实现元数据对科学数据描述和组织的指导性框架。科学元数据描述框架需要在特定的系统环境和项目需求之下发挥作用，同时需要进行进一步具体化和适应性的充实与完善，从而实现对具体项目和数据仓储的建设。

三、科学数据管理相关机构对元数据的重视

在科学数据管理的实践过程中，众多从事科学数据管理研究或科学数据管理实践与指导工作的组织机构纷纷成立，此类机构在科学数据管理的发展中承担着重要作用，同时积极推进着科学数据管理相关的元数据工作与研究。

众多专门进行科学数据管理相关工作和研究的专门机构，都将元数据作为重要的研究和实践内容。数据保存与服务中心（DCC）发布的《科学数据管理手册》，针对科学数据管理实践的需要，从元数据的概况、存档元数据、元数据自动生成、学习对象元数据、保存元数据、科学数据元数据六个部分对科学数据管理相关的元数据问题进行了阐述。锐迪科微电子（RDA）成立了元数据标准目录工作小组（Metadata Standards Directory Working Group），致力于科学数据的元数据的建设、执行和利用等工作，将建成一个能够应对框架性、基础性挑战的合作而开放的元数据标准目录作为最终工作目标。该工作小组自成立以来，为保证科学数据共享对元数据的基本需求，在元数据对科学数据共享的重要性的宣传，受控词表的推荐，元数据的收割、解释与映射等方面开展了研究与实践。

第三节　科学数据管理与共享的绩效评估

一、评估指标的构建

随着我国科学数据共享工程的启动，国家科技基础条件平台建设项目的稳步持续推进，科学数据共享服务发展成效显著，有关其共享绩效评估的研究与实践已引起学者与业界的高度重视与关注。2011年，科技部与财政部制定了《国家科技基础条件平台运行服务绩效考核指标》，重点考察科技平台的服务数量与服务成效，重视用户评价的反馈，突出科技平台的共享作用，该指标分为4个一级指标、12个二级指标。《国家医药卫生科学数据共享网评估指标体系》包括3个一级指标、8个二级指标和16个三级指标。3个一级指标分别是数据中心资源、数据中心标准和数据中心站点。董诚、赵伟与涂勇从机构的保障能力、科学数据自身条件、对外服务能力和综合效能4个方面构建了我国科学数据机构共享绩效评估指标体系，该指标体系包括 18 个二级指标。李海燕和崔蒙设计了医药卫生科学数据共享工程质量评估模式与指标体系框架，此框架包括 4 个一级指标和 12 个二级指标，4 个一级指标为资源建设质量、共享标准符合性、平台建设质量及项目管理水平。此外，赵伟、彭洁和屈宝强等利用"可见性—可得性—可用性"三维评价模型对国内不同类型和区域的科技资源信息开放共享程度进行了评价。

二、数据保存与共享经济效益识别与评估

在 e-Science 环境下，随着以数据为中心的科研模式的建立，科学数据共享的重要性已被广泛认可。一方面，数据共享是进行验证性分析和二次分析的关键，一些重要的科研发现就是建立在对已有数据再次分析的基础上；另一方面，数据保存与共享也有助于节省科研成本，提升科研效率。英国研究信息网络（RIN）和联合信息系统委员会（JSC）共同资助的一项研究显示：数据中心在现代基础研究中扮演着重要角色，大多数用户认为数据中心在一定程度上增强了本领域科研人员的共享意识，数据中心最大的好处是提高了研究效率。不仅如此，各国政府和科研机构都认识到了科学数据保存与共享的重要性，纷纷加大了对其的投入。如国际科技数据委员会（CODATA）推动开展了一系列卓有成效的数据共享国际合作项目，由联合国教科文组织（UNESCOO）、国际科学理事会（ICSU）、经济合作与发展组织（OECD）等共同资助的"全球科学信息共有先导"计划（GCSI），旨在通过对当前数据存取与共享优秀实践的研究与分析，增进对数据存取成本与收益的理解和认识。此外，JSC 资助成立了数据保存与服务中心（DCC），旨在为英国高等教育和研究机构的数据保存实践提供建议和帮助；英国的 7 个研究理事会都独自或联合建设了数据存储中心，并要求受其资助的科研成果在项目完成时提交到指定的数据中心进行保存。美国国会图书馆资助实施了"国家数字信息基础设施与保存项目"（NDIIPP），

为数字保存与管理提供指导与帮助。澳大利亚设立了"国家数据服务中心"（ANDS），开展有关科学数据保存与共享的研究，并为相关实践活动提供指导和咨询。瑞典也设立了"瑞典国家数据服务中心"（SND），为人文社会科学和卫生科学的研究者提供数据获取的服务。

尽管世界范围内的数据保存与共享实践如火如荼，但也面临着越来越严峻的困境。一方面，数据保存与共享投入巨大但效益并不十分明显，或者说其效益要经过若干年后才能逐渐显现出来。另一方面，相关调查显示，如果不是科研管理与资助机构的要求，科研人员特别是人文社会科学领域的科研人员并不愿意主动共享所拥有的数据：一是因为这些学科的数据收集周期较长，难度较大，科研人员对于自己花费大量时间和精力获得的数据有着较强的拥有感，从心理上不愿意无偿共享；二是这些数据资料也是科研人员赖以获得研究优势的基础，一旦共享，自己的科研优势地位将很快失去。在这种条件下，数据共享的资助者和决策者不得不重新审视数据共享的成本与效益，他们迫切需要知道在进行数据保存时哪些是必要的投入、哪些措施可以节省成本、共享效益如何等。而无论是对于决策者还是科研人员来说，如果能对数据保存与共享的成本与效益进行量化评估，并从经济学角度证明数据共享的效益大于数据保存的成本，无疑能说服他们更好地支持数据保存与共享。在这里，笔者拟在借鉴国内外有关研究成果的基础上，提出科学数据保存与共享的成本与效益评估的模型框架，从而为相关研究和实践提供理论支撑与参考。

三、数据保存与共享成本评估模型

关于数据保存与共享的成本与效益评估的研究，国内尚没有相关研究成果。一些学者开展了政府和图书馆的绩效评估研究，对评估的概念、原理、原则、绩效评估指标体系、评估方法进行了探讨。这类研究的思路是首先确定考察的指标体系以及各指标的权重，在此基础上得出考察对象在每个指标上的相应得分，最终得出考察对象的综合绩效。这些研究仅对考察对象的产出情况进行评估，以此比较多个考察对象之间的相对优劣，没有对其成本投入与产出效益进行对比研究。国外在这方面已开展了一些相关研究，如由荷兰乌得勒支大学图书馆、荷兰代尔夫特理工大学图书馆及荷兰科学信息服务研究所共同开展的"Roquade"项目对数字信息保存的成本从元数据生成、管理与质量控制、技术架构三个方面进行考察。还有学者提出了一种基于活动成本的模型用于评估数据长期保存所需要的成本。我们将对较有代表性的几个数据保存成本评估模型进行考察，在此基础上提出数据保存成本评估方法。

（一）LIFE 项目提出的信息资源生命周期模型

LIFE（Life Cycle Information for E-Literature）项目的目标是提供一个框架，供图书馆和高等教育机构评估和识别数字资源长期保存的成本。LIFE 模型的成本因素主要有以下几个。

（1）资源建设成本，即购买或创建资源所需要的成本。

（2）资源获取成本，即资源选择、提交、知识产权与许可、审查等产生的成本。

（3）资源导入成本，质量保证、元数据抽取和创建、组织和存储、已有资源目录的更新、建立索引等产生的成本。

（4）资源保存成本，主要是仓储提供、存储管理、资源部分、数据更新与维护等成本。

（5）内容保存成本，主要包括制订保存计划、开展保存行动、迁移和导入数字资源、评估和移除资源、资源揭示等成本。

（6）获取成本，包括提供访问、访问控制以及用户支持等方面的成本。LIFE 模型较全面地考虑了数字资源长期保存过程中涉及的各种成本，且该模型基于国际标准"开放档案信息系统"（OAS）的参考模型，即将数字信息的保存分为"创建与导入"（Ingest）、"存储与管理"（Archival storage and data management）、"访问与获取"（Access）三个阶段进行考察，有着较广泛的适用性，为图书馆和相关研究机构开展数字资源保存提供了成本分析和评估框架。

（二）基于数据保存周期的成本评估模型

比格里（Beagrie）等提出并完善了一个用于评估数据存储成本的模型（以下简称"Beagrie 模型"），包括 4 个一级指标、13 个二级指标和若干个三级指标。Beagrie 模型全面细致地考虑了数据存储过程中可能涉及的各种成本因素，为科研资助与管理机构进行数据存储库的建设提供了评估成本的依据。然而，Beagrie 模型也存在着以下不足：

（1）该模型是为科研资助者和科研管理机构评估科研数据长期保存所需要的成本而提出的，并没有将科研人员提交、存储数据和用户检索、获取数据过程中所产生的成本考虑进去。而这些因素恰恰是影响数据中心是否受用户支持、能否长期生存发展的重要因素。

（2）该模型虽然对数据存储库的构建及数据存储与维护过程中可能产生的成本进行了全面细致的考虑，但由于指标划分过细，给模型的实际应用带来了不便。例如，模型中"存档阶段"下共细分为 8 个二级指标，每个二级指标下进一步细分出若干个三级指标，但我们发现，实际评估时难以做到一一对应，因此，可以考虑减少指标的细分度，只保留二级指标或一级指标，以便提高模型的适用性。

（三）基于社会效益的数据保存与共享成本评估模型

珍妮（Jenny）、苏珊娜（Suzanne）和奥本海姆（Oppenheim）等通过对实际数据共享活动进行深入分析指出，虽然 Beagrie 模型较全面地涵盖了数据保存过程中可能产生的各种成本，但没有考虑到用户向数据中心提交数据和检索获取数据过程中的成本。因此，他们对 Beagrie 模型进行了扩展，将用户存储和访问获取的成本包含在模型中，较全面地包含了数据保存与共享活动中可能产生的各种成本。我们认为可以在其基础上进行适当调整以构建科学数据保存与共享成本评估模型。

四、数据保存与共享效益识别模型

与科学数据保存与共享的成本相比，数据保存与共享的成本更加难以识别和确认。一是由于数据保存与共享产生的效益可能以各种不同的形式呈现，如成本的节省、研究效率的提升、数据深度分析带来的新发现等，这些效益难以用经济数字来衡量；二是数据保存与共享产生的效益难以立刻显现，这意味着对于识别和确定数据保存与共享的经济社会效益，要进行长期跟踪观测，而这也是较为困难的。

（一）基于效益分类的数据共享效益识别模型

Beagrie 等将数据保存与共享的效益划分为三个维度进行考察，即直接效益与间接效益、短期利益与长期利益、私人利益和公共利益，有助于全面总结和分析科学数据共享产生的效益。然而，该模型仅仅为人们提供了一个分析与识别数据共享价值的框架，并没有提出量化效益的具体指标与方式。因而有待进一步明确量化指标，提高模型的实用性。

（二）基于成本节省的数据共享效益识别模型

尽管识别数据保存与共享带来的经济社会效益非常困难，然而，有研究者指出，可以通过一些间接的方式进行识别，如从数据保存与共享给科研人员带来的成本节省的角度进行测定，为人们进行数据保存与共享效益分析提供了一种分析思路。通过以上分析，我们可以得出以下结论：一方面，数据保存与共享的成本主要由政府或科研机构资助的数据中心承担，但科研人员在使用过程中同样也会产生成本，如数据整理与提交、数据搜索与评估、数据下载获取过程中产生的时间和精力等成本，因而，我们应全面考虑数据保存与共享所产生的成本；另一方面，相对于数据保存与共享的成本，数据共享所产生的效益较难量化评估，但人们可以从用户通过数据共享带来的成本节省途径对其进行识别和量化。

五、数据保存与共享效益评估模型构建

借鉴前人的研究成果，我们构建了数据共享效益识别评估模型。模型中数据中心的成本主要有：数据存储与共享平台开发建设的成本，数据收集、选择、整理与导入成本，数据保存和维护成本，数据中心员工工资和管理成本，等等。为了便于计算，我们将其归纳为两个方面：平台开发建设成本（包括数据收集、选择、整理与导入成本）和每年用于管理和维护的年度成本。用户成本包括数据准备和提交成本，检索、选择、评估与获取成本等。为便于计算，我们也将其归纳为两个方面：数据准备与提交成本、数据检索与获取成本。另外，假设用户能够在数据共享平台中找到所需数据，就不需要重新收集、调查或通过实验得到数据，从而大大节省了科研成本，因而可以将数据收集与创建成本作为节省成本来计算。众所周知，数据保存与共享的效益要经过一段时间后才能显现出来。因而，我们进一步做以下假设：假设考察年限为年。在 y 年期间平均每年有 5 位用户成功利用数据中心的数据有效节省了自己的科研成本，并且假设每位用户用于检索和获取数据的平均成本为 C4。其他用户也会进行查找但没有找到所需要的数据，这部分用户也付出了成本，为了计算方便，将他们的成本归入那些成功获取数据的用户的平均成本中。数据共享中心一旦建成，就会有科研人员自愿或在科研资助管理机构的要求下将新产生的科学数据提交到数据中心，从而产生更大的社会经济效益。

第四章　大数据治理

第一节　大数据治理概述

一、大数据治理的背景

数据、信息与知识数据是客观事实经过获取、存储和表达后得到的结果，通常以文本、数字、图形、图像、声音和视频等表现形式存在。

信息（information）是包含上下文语境的数据（data with context），没有上下文的数据是毫无意义的，人们通过解释上下文来创造有意义的信息。元数据，即描述数据的数据（包括数据的各种属性和描述信息），可以帮助创建上下文，所以管理元数据对提高信息质量有直接帮助。上下文通常包括：数据元素和相关术语的业务含义；数据表达的格式；数据所处的时间范围；数据与特定用法的相关性。

知识是对情境的理解、意识、认知和识别，以及对其复杂性的把握。知识的获取涉及许多复杂的过程，如感知、交流、分析和推理等，它可能是关于理论的，也可能是关于实践的。知识是构成人类智慧的最根本要素。

数据、信息和知识的关系就蕴含在概念的表述中，总结如下：信息是一种特殊类型的数据，数据是信息的基本构成元素；知识是一种特殊类型的信息，信息是知识的基本构成元素；信息和知识本质上都是数据，数据是信息和知识的基本构成元素和基础。

二、大数据概念的提出及特征

（一）"大数据"概念的提出

"大数据（big data）"这一概念最早出现在 20 世纪 80 年代著名未来学家阿尔文·托夫勒所著的《第三次浪潮》一书中，他将"大数据"热情地赞颂为"第三次浪潮的华彩乐章"，但受限于当时的信息技术条件，这种局面直至 21 世纪第一个十年的末期才逐渐出现。

（二）大数据的基本特征

当前，业界较为统一的认识是"大数据"具有四个基本特征：大量（volume）、多样（variety）、时效（velocity）、价值（value），即"4V"特征。

上述特征使"大数据"区别于"超大规模数据（very large data）""海量数据（massive data）"等传统数据概念，后者只强调数据规模，而前者不仅用来描述大量的数据，还具有类型多样、速度极快、价值巨大等特征，以及通过数据分析、挖掘等专业化处理提供不断创新的应用服务并创造价值的能力。一般来说，超大规模数据是指 GB 级的数据，海量数据是指 TB 级的数据，而大数据则是指 PB 及其以上级（EB／ZB／YB）的数据。

三、大数据治理的基本概念

（一）数据治理的定义

虽然以规范的方式来管理数据资产的理念已经被广泛接受和认可，但是光有理念是不够的，还需要组织架构、原则、过程和规则，以确保数据管理的各项职能得到正确的履行。

以企业财务管理为例，会计负责管理企业的金融资产，并接受财务总监的领导和审计员的监督；财务总监负责管理企业的会计、报表和预算工作；审计员负责检查会计账目和报告。数据治理扮演的角色与财务总监、审计员类似，其作用就是确保企业的数据资产得到正确有效的管理。

由于切入视角和侧重点不同，业界给出的数据治理定义已有几十种，到目前为止还未形成一个标准统一的定义。其中，DMBOK、COBIT 5、DGI和IBM数据治理委员会等权威研究机构提出的定义最具代表性，并被广泛接受和认可。

需要特别说明的是，COBIT 5中给出的不是数据治理定义，而是信息治理。因为这两个术语实际上是同义词，就像数据管理与信息管理一样，所以大众更认可采用COBIT 5的信息治理定义作为数据治理定义。

（二）大数据治理的定义

大数据是近年来才兴起的一个新学科，作为它的一个分支，大数据治理更是一个崭新的研究领域。经过广泛的文献调研，目前该领域的研究成果很少。对于"大数据治理"这一概念的定义，也基本都是在"数据治理"现有定义的基础上，将"数据"替换为"大数据"，稍作改变得来。这样的定义显然是不严谨、不完整和不准确的，没有揭示出"大数据治理"的完整内涵和本质特征。

目前，业界比较权威的"大数据治理"定义是由国际著名的数据治理领域专家桑尼尔·索雷斯（Sunil Soares）在2012年10月出版的专著 *Big Data Governance : An Emerging Imperative* 中提出的。

1.Sunil Soares 给出的大数据治理定义

大数据治理（big data governance）是广义信息治理计划的一部分，它通过协调多个职能部门的目标来制定与大数据优化、隐私和货币化相关的策略。

该定义可以从六个方面做进一步的解读：（1）大数据治理应该被纳入现有的信息治理框架内；（2）大数据治理的工作就是制定策略；（3）大数据必须被优化；（4）大数据的隐私保护很重要；（5）大数据必须被货币化，即创造商业价值；（6）大数据治理必须协调好多个职能部门的目标和利益。

该定义提出了大数据治理的重点关注领域，即大数据的优化和隐私保护，以及服务所创造的商业价值；明确了大数据治理的工作内容就是协调多个职能部门制定策略；同时希望国际信息治理组织将其纳入现有的信息治理框架内，促进它的标准化进程。

Sunil Soares 给出的定义非常清晰和简洁，抓住了大数据治理的主要特征，但也有一些不足，主要体现在以下两点：一是认为大数据治理的方法就是制定策略，这一提法显然不够全面；二是没有将大数据治理提升到体系框架的高度。因此，本书在 Sunil Soares 定义的基础上，给出了更为全面的定义。

2. 笔者给出的大数据治理定义

大数据治理是对组织的大数据管理和利用进行评估、指导和监督的体系框架。它通过制定战略方针、建立组织架构、明确职责分工等，实现大数据的风险可控、安全合规、绩效提升和价值创造，并能够提供不断创新的大数据服务。

（三）大数据治理与数据治理的辩证关系

1. 服务创新

大数据的核心价值是不断发展创新的数据服务，通过架构、质量、安全等要素的提升，为企事业单位、政府和国家及社会创造更大的业务价值，而对大数据进行大数据治理，又能够显著推动大数据的服务创新。因此，服务创新是大数据治理和数据治理最本质的区别。

2. 隐私

与数据治理相比，由于大数据的规模庞大、类型多样、生成和处理速度极快，隐私保护在大数据治理中的地位和作用越来越重要。大数据治理中的隐私保护应着重于以下几点：第一，制定可接受的敏感数据使用政策，制定适用于不同大数据类型、行业和国家的规则；二是制定政策，监控特权用户对敏感大数据的访问，建立有效机制，确保政策的落实；第三，识别敏感大数据；第四，在业务词库和元数据中标记敏感大数据；第五，对元数据中敏感的大数据进行适当的分类。

3.组织

数据治理组织需要将大数据纳入整体框架的开发和设计中，以改进和提升组织结构。这涉及以下几个方面：一是当现有角色不足以承担大数据责任时，设立新的大数据角色；二是明确新大数据角色的岗位职责，并与现有角色的岗位职责互补；三是组织中应包括对大数据有独特看法的新成员（如大数据专家），并给予适当的角色和职位；四是关注大数据存储、质量、安全和服务对组织和角色的影响。

4.大数据质量

由于大数据存在的特殊性，大数据的质量管理与传统意义上的大数据治理中的数据质量管理，在本质上存在着较大的差别。为了能够有效地解决大数据质量问题，大数据治理应该采取以下的措施：首先，建立大数据的质量维度；其次，创建大数据质量管理的理论框架；再次，指派大数据管理的负责人员，并且同时开发质量管理需求的矩阵，矩阵的主要内容有关键数据元素、数据质量的问题以及大数据治理的业务规则；最后，利用大数据的结构化资源和非结构化资源来提高稀疏结构化数据的质量。

5.大数据生命周期

由于大数据规模的庞大，对于大数据的生命周期的管理，大数据治理应该采取与其相适应的规则才能够达到有效管理的目的，以便于降低其法律风险以及IT开销。在遵循国家的相关法律法规的前提下，应从以下几个方面对大数据生命周期进行重点关注：第一，明确大数据的基本性质，如采集的范围、采集的策略以及采集的规范程度；第二，将大数据纳入其中以扩充其保存的期限；第三，根据大数据热度的不同，采取不同的存储和备份策略；第四，对于大数据的归档，应该采取具有恢复性的功能；第五，对大数据进行压缩并且归档；第六，对实时数据流进行相应的管理。

6.元数据

大数据与现有元数据库的集成是大数据治理成败的关键因素之一。为了解决集成的问题，在大数据治理过程中应该采用以下方法：第一，扩展现有的元数据角色，将大数据纳入其中；第二，建立一个包括大数据术语的业务词库，并将其集成到元数据库中；第三，将 Hadoop 数据流和数据仓库中的技术元数据纳入元数据库中。

第二节　大数据治理框架与架构

一、大数据治理的框架

（一）大数据治理框架的定义

大数据治理框架从全局的角度出发描述了大数据治理的主要内容，从原则维度、范围维度、实施和评估维度三个方面展现了大数据治理的总体图景。

（1）原则维度提供了大数据治理应遵循的主要和基本指导原则，即战略一致、风险可控、运营合规和绩效提升。

（2）范围维度描述了大数据治理的关键域，这些领域是大数据治理决策者应该做出决策的关键域。这个维度包含七个关键域：战略、组织、大数据质量、大数据安全、隐私和合规、大数据服务创新、大数据生命周期和大数据架构。这七个关键域是大数据治理的主要决策域。

（3）实施和评估维度描述了大数据治理实施和评估过程中需要重点关注的关键问题。该维度包括四个部分：支持因素、实现过程、成熟度评估和审计。

根据原则维度的四项指导原则，组织能够持续稳定地推进范围层面七个重点域的大数据治理工作，并在实施和评估层面按照方法论推进。

（二）大数据治理的原则

1.战略一致

在大数据治理的整个的发展过程中，为了能够满足大数据组织持续发展的战略需要，大数据应该与组织保持战略一致的策略。为了能够保证大数据治理的战略的一致性，组织的领导者们应该关注以下的问题。

（1）制定大数据治理的相关的政策目标及策略方针，以便于大数据治理能够应对其遇到的机会和挑战，同时也能够符合大数据治理的组织的目标。

（2）充分了解大数据治理的过程，以确保大数据治理能够达到预期的目标。

（3）对大数据治理的过程进行全面的评估，用以确保大数据治理的目标在不断变化的过程中一直与组织的战略目标相一致。

2. 风险可控

为了能够实现大数据治理的风险可控，组织在大数据治理的过程中应该采取如下措施。

（1）制定相关的风险防范措施的政策及策略，以便将大数据治理的风险降低到可承受的范围内。

（2）对于关键性的风险进行严密的监控和管理，以便降低风险对组织的影响。

（3）以风险管理制度以及政策来对大数据产生的风险进行相应的审查。

3. 运营合规

为了使大数据治理的过程中满足运营合规的要求，其组织应采取如下措施。

（1）为了了解大数据治理的相关要求，应建立长期的机制、制定相应的沟通政策，并向所有的相关人员传达运营合规的相关要求。

（2）基于评估、审计等通用方式，对大数据生命周期的相关内容进行合规性的监控，如生命周期的运行环境、隐私等内容。

（3）在能够保证符合相关的法律法规的前提下，在大数据治理的过程中合理融入合规性评估。

4. 绩效提升

为了能够在大数据治理过程中能够实现绩效的提升，组织应采取如下措施。

（1）为了使大数据能够符合组织战略发展的需要，应该对资源进行合理性分配，如按照业务的优先等级划分资源。

（2）以组织发展为基础，加强对大数据业务的支持并对资源合理化分配，使大数据能够满足业务发展的要求。

（3）为了保证在大数据治理活动的整个过程中充分实现组织的绩效目标，应该对大数据治理的过程及结果进行充分的评估。

（三）大数据治理的范围

大数据治理范围包括：战略，组织，大数据质量，大数据安全、隐私与合规，大数据生命周期和大数据架构。

大数据治理的六大重点领域不仅是大数据管理活动的实施领域，也是大数据治理的重点领域。大数据治理通过对这六个关键领域的管理活动进行有效的评估、指导和监督，以确保管理活动达到治理要求。因此，大数据治理与大数据管理具有相同的适用范围。

1. 战略

在大数据时代，大数据战略在组织战略的规划中占有越来越重要的地位，大数据时代的到来为组织的战略转型带来的不只是挑战还有机遇。因此，组织在制定大数据战略时，其制定的最终的目标就是服务的创新和价值的创造，并且能够根据开展业务的模式、组织的框架、文化信息的发展程度等相关因素及时地对战略规划进行有效的调整。

在大数据的环境下，大数据战略的含义与传统意义上的数据战略有着很大的区别。大数据战略的治理活动主要包括以下内容：

（1）培养大数据环境下的战略思维和价值驱动文化。

（2）对大数据的治理能力进行全面的评估，其评估的内容主要是基于大数据当前和未来的能力要求是否建立了相应的业务战略目标。从资源和技术的角度形成有效的分析，分析大数据的能力是否能够对大数据的战略转型起支撑作用。对大数据专家以及专家团队的价值和能力进行全面的评估。

（3）指导和确定组织制定与大数据治理的总体目标和总体战略相一致的大数据战略。

（4）对大数据管理层和执行层进行监督，以确保其能够充分实现大数据的战略目标。同时确保和监督业务战略中是否充分考虑了组织符合当前和未来发展趋势的大数据战略目标和业务的需求。

2. 组织

在大数据的环境下，战略能够通过不同的途径影响组织的架构，如授权、决策权以及控制等因素，其中控制是通过监督员工完成组织的战略目标为依据的，而授权和决策权则是直接对组织的架构进行影响的。组织为了实现大数据治理的目标以及提高组织内部的协调性，应该在组织建立之初就明确其治理的组织框架。

大数据治理组织的确立应根据不同的情况采取不同的措施，主要包括以下的活动内容：

（1）根据组织内部业务开展的不同情况，明确组织内部的职责分配模型（RACI），简而言之，就是组织内部明确自己的责任制度，要明确划分组织的结构框架、相关的职责以及负责的人员等，如负责人员、审批人员、咨询人员和通知人员等。

（2）对传统的数据处理的适用范围以及相关的章程进行合理的扩充，使大数据治理的相关人员和职责能够更加明确。

（3）将大数据的利益相关人员和大数据治理的专家人员共同纳入大数据治理组织委员会，以扩充组织委员会的成员组成和明确相应的职责。

（4）对IT治理行业以及传统的数据治理行业的角色进行适当的扩充，增加大数据治理的职责和角色。

3. 大数据质量

大数据质量管理是大数据治理变革过程中的一项关键性的流程支撑。随着大数据技术的发展，其业务的侧重点也在发生着转变，整体的战略布局也在进行着适当的调整，因此在变化的同时也对大数据治理的能力提出了更高的要求。

大数据的质量管理是一个持续的、不断变化的过程，它以大数据的质量标准来制定相应规格参数以及业务需求，同时确保大数据质量能够遵守这些标准。而传统的质量管理与大数据质量管理存在较大的差异，前者主要的侧重点是对风险的控制，其根据的是传统数据自身的数据质量标准进行的数据的标准化以及数据的清洗和整合的过程，但是由于数据的一些其他因素的影响，其在数据的来源、数据的处理频率、数据的多样化、数据的可信程度、数据的位置分析、数据的清晰时间等因素上存在着较大的差异。因此，大数据管理的侧重点是数据清洗后的整合过程、分析过程以及利益的利用过程等。

大数据质量管理主要包括以下内容：一是大数据质量的分析，二是大数据质量问题跟踪，三是大数据合规性的监控。组织可以通过大数据的自动化过程以及人工合成的手段来实现对大数据质量问题的分析与问题的跟踪，通过业务的需求方式、业务规则数据的识别异常进而排除异常数据而实现的。对于大数据质量的合规管理则是通过已经定义完成的大数据质量的规则进行的合规性的检查和监控，例如，针对大数据质量服务的水平进行的合规性的检测和监督等。

随着大数据的发展，组织对大数据质量的管理活动也在发生适应性的改变，其主要内容包括以下两个方面：

（1）对大数据质量服务的等级进行合理性的评估，同时将大数据的管理服务内容及相关人员纳入大数据管理的流程。

（2）明确大数据质量管理策略的指导内容以及评估方式、范围和所需要的资源；确定大数据质量分析的维度标准、分析的规则以及关键绩效度量指标的规则，以便为大数据质量分析提供适应的标准以及参考的依据。

4. 大数据安全、隐私与合规

大数据的大规模、高速和多样性极大地放大了传统数据的安全性、隐私性和合规性问题，给大数据带来了前所未有的安全性、隐私性和合规性挑战。大数据安全、隐私和合规管理是指对大数据安全规范和政策的规划、制定和实施进行相应程度的管理，其目的是确保大数据资产在使用过程中有适当的认证、授权、访问和审计等控制措施。

建立有效的大数据安全政策和流程，确保正确的人以正确的方式使用和更新数据，并限制所有不符合要求或未经授权的访问和更新，以满足大数据利益相关者的隐私要求和合规要求。大数据使用的安全可靠程度，将直接影响客户、供应商、监管机构和组织内其他相关使用人员的信任。

在大数据时代，随着数据量的不断增长，企业面临着数据被盗、滥用或未经授权泄露的严峻挑战。因此，组织需要采取控制措施，防止未经授权使用顾客的个人信息，并满足相关的合规要求。

（1）组织可以采取以下的措施来保护其有效的机密数据资产。

①可以采取对大数据生命周期进行分级别和分类别的有效数据保护政策。

②为有效地降低未经授权的访问以及机密数据的错误使用的次数，可以采取有效控制风险评估的措施。

（2）组织可以采取以下措施来帮助组织实施风险评估和安全识别的保护措施。

①创建大数据安全风险分析防控范围。

②创建大数据安全威胁模型。

③分析大数据安全风险的防范措施。

④采取正确的大数据风险防护措施。

⑤对现有安全控制措施的有效性进行有效评估。

（3）上述所采取的措施为大数据保护的基础防范措施，除此之外，组织应进行其他相应的处理措施，具体措施如下。

①对大数据的安全、隐私以及合格规范的要求进行有效的指导和适当的评估，也就是要根据大数据的服务业务需求、大数据技术的基础措施、

大数据的合规要求等方面进行大数据安全、隐私以及合规流程和规范性的具体明确和要求。

②以大数据的安全、隐私、合规要求为基础措施对大数据的安全策略、防控标准以及技术规范进行有效的指导和评估。

③对大数据的安全、隐私、合规管理的具体细节进行有效的指导和数据评估。具体细节主要包括定义适用范围、大数据的组织结构，大数据的职责、权限和角色等。

④对大数据用户的具体认证、授权、访问以及审计的活动进行严格的监督和检查，尤其是要对特殊用户的机密信息及文件进行访问和使用的控制和监督。

⑤对大数据的认证、授权、访问的权利进行审计，特别是对涉及用户隐私方面数据的监管和保护等方面的监督管理。

5. 大数据生命周期

大数据生命周期是指大数据从产生、获取到销毁的全过程。大数据生命周期管理是指组织在明确大数据战略的基础上，定义大数据范围，确定大数据采集、存储、整合、呈现与使用、分析与应用、归档与销毁的流程，并根据数据和应用的状况，对该流程进行持续优化。

传统数据的生命周期管理以节省存储成本为出发点，注重的是数据的存储、备份、归档和销毁，重点放在节省成本和保存管理上。在大数据时代，云计算技术的发展显著降低了数据的存储成本，使数据生命周期管理的目标发生了变化。大数据生命周期管理重点关注如何在成本可控的情况下，有效地管理并使用大数据，从而创造更多的价值。

针对大数据生命周期的治理活动主要有如下几种。

（1）指导和评估大数据范围的定义，即根据业务需求、使用规则、类型特征等对大数据范围进行明确定义。

（2）指导和评估大数据生命周期管理，包括大数据生命周期管理的定义、范围、组织架构、职责、权限和角色等。

（3）指导和评估大数据采集的范围、规范和要求，如大数据采集的策略、规范、时效，以及采集过程中的信息安全、隐私与合规要求。

（4）指导和评估大数据的存储、备份、归档和销毁策略，以及大数据聚合与处理的方法。

（5）指导和评估大数据建模、分析、挖掘的策略和规范。

（6）指导和评估大数据的可视化规范，明确可视化的权限、数据展示与发布流程管理，以及数据资产的展示与发布。

（7）监督大数据生命周期管理的合规性和绩效情况。

6. 大数据架构

大数据的架构就是从系统涉及实现的视角下，以查看的数据资源和数据流为表现层对大数据进行的系统描述以及软件架构的系统描述等。数据架构对信息系统中的主要内容进行适当的定义和诠释，如数据的表示与描述、数据的存储、数据分析的方法以及过程、数据的交换机制以及数据的接口等。

（1）大数据的架构主要是由大数据基础资源层、大数据的管理与分析层、大数据的应用与服务层三个方面组成的。

①所谓大数据基础资源层是大数据构架的基础，其位置是在大数据架构的最底层，主要包括的内容是大数据的基础设施的资源、文件的分布系统以及非关系型数据和数据资源的管理等。

②大数据的管理与分析分层是大数据的核心内容，其位置位于大数据的中间层结构中，其主要包括的内容是数据仓库、元数据、主数据与大数据的分析系统等。

③大数据的应用与服务层是使用大数据具体价值的体现，它主要包括大数据接口技术、大数据的可视化技术、大数据的交易与共享、基于开放交易平台的数据的应用以及大数据的可用工具的描述等。

（2）相对于传统的数据架构，大数据架构在以下两个方面存在不同：

①从技术的视角看，大数据架构不仅关注数据处理和管理过程中的元

数据、主数据、数据仓库、数据接口技术等，更关注数据采集、存储、分析和应用过程中的基础设施的虚拟化技术、分布式文件、非关系型数据库、数据资源管理技术，以及面向数据挖掘、预测、决策的大数据分析和可视化技术等。

②从应用的视角看，大数据架构会涉及更多维度和因素，更关注大数据应用模式、服务流程管理、数据安全和质量等方面。

（3）大数据环境下产生了不同的数据架构治理活动，主要包括以下几种：

①指导大数据架构管理，如明确组织的大数据需求、分类、术语规则和模型（包括技术模型和应用模型）等。

②评估大数据架构管理，根据大数据的需求、术语和规则定义，评估技术和应用模型在定义、逻辑、物理等方面的一致性，评估与组织业务架构的一致性。

③监督大数据架构管理的有效性，确保其按照既定的组织架构规范执行，从而指导大数据的技术与业务整合，使大数据资产发挥价值。

大数据的核心价值就在于能够持续不断地开发出以"决策预测"为代表的各种不断创新的大数据服务，进而为企业、机构、政府和国家创造商业和社会价值。

可以通过以下途径来实现大数据的服务创新。

（1）从解决问题的角度来看，利用大数据技术可以实现创新服务。大数据技术提供了一种分析和解决问题的方法。组织在发展过程中遇到问题时，可以考虑利用大数据技术进行系统全面的分析，找到问题的症结所在，妥善解决问题。在解决问题的过程中，可以获得基于大数据的服务创新。

（2）从数据集成的角度来看，利用大数据技术可以实现服务创新。大数据技术的目的就是从多个数据源的海量、多样的数据中迅速获得所需要的信息。通过引入和开发数据挖掘和分析工具，实现数据资源的加强和整合，为组织提供创新的大数据服务。

（3）使用大数据技术从深入洞察的角度进行服务创新。通过大数据可以深入洞察业务领域的微妙变化，发现特色资源，进而利用大数据技术挖掘个性化服务价值。

（4）从大数据安全、个人隐私的角度进行服务创新。在数据共享、数据公开的大趋势下，数据安全和个人隐私成为服务创新的发力点，如数据物理安全、数据容灾备份、数据访问授权、数据加解密、数据防窃取等都需要新的服务来保证。

（四）大数据治理的实施与评估

1.大数据治理促成因素

大数据治理促成因素（enabling factors）是指对大数据治理的成功实施起到关键促进作用的因素，主要包括三个方面：环境与文化、技术与工具、流程与活动。

（1）环境与文化

环境主要包括大数据环境、大数据技术环境、大数据技能与知识环境、大数据组织与文化环境以及大数据的战略环境等。外部环境与法规遵循、涉众需求等因素密切相关。为了能够满足大数据的合规要求，要求组织必须遵守相关的法律法规以及行业间的行为规范。因为合规是大数据进行发展的必须驱动力，因此，大数据要能够满足管理合规的必须要求。

（2）技术与工具

大数据治理的技术与工具是大数据对其进行评估的有效依据和治理的基础保障。优秀的大数据治理技术与工具也能够提高大数据治理的速率，同时还能够降低大数据治理所产生的费用以及成本。对于大数据治理的技术与工具，组织应该关注以下内容：

①系统的识别技术和访问控制技术可以防止系统终端信息的保护程度，以防止个人信息被非法访问，其内容包括一些设计的授权机制来对访问的信息进行检验，通过访问技术检验的结果来识别用户的访问权限的合法性等相关信息。

②大数据保护技术的全面实施。在组织中全面共享的大数据的机密文件需要组织给予最严格的保护措施，以防止被非法的、未经授权的和第三方用户窃听或拦截。组织要在大数据的整个生命周期中对大数据的相应部分进行不同级别的系统安全配置，主要包括数据库、文档的管理系统等。

③审计技术与报告工具的整体应用。组织使用审计技术与报告工具进行合理控制的主要目的就是既能够遵守大数据治理的规范同时又能够满足用户的基本需求。大数据系统通过审计技术和报告工具的控制被访问的状态，通过对可以活动的操作，来减轻系统的负担同时也能够提高问题的处理策略。

（3）流程与活动

流程是对组织完成的战略目标同时产生期望结果的实践和活动的具体的描述。流程会对组织的实践活动进行产生有效的影响，而对业务流程的优化则会大大提高用户与大数据之间的沟通效率。治理目标、促进风险管控、服务创新以及价值的创造是治理流程关注的主要目标。

组织可参照通用的流程模型来设计大数据治理流程，其中的概念具体描述如下：

①定义主要发挥的是对流程概述的描述。

②目标是对流程的目的的主要描述。

③实践的主要内容是大数据治理的有关元素。

④活动是大数据实践的重要组成部分，有效的实践活动主要包括多个活动，其大致可以分为计划活动、开发活动、控制活动、运营活动四种类型。

⑤输入与输出包括的主要内容有大数据所扮演的角色、责任、RACI映射表等相关的因素。

⑥技术与工具是大数据能够正常运行的基础保障和有效措施。

⑦绩效监控通过指标来监测流程是否按照设计正常运行。

2. 大数据治理的实施过程

实施大数据治理的目标是能够为组织创造价值，其具体的表现形式主要包括收益的获取、风险的管控以及资源的优化等。但是能够影响大数据治理合理实施的因素还有很多，其中最为重要的三个因素分别是：大数据治理过程中所需要解决的关键问题，解决每个问题时所需要的关键步骤和过程，解决问题的过程中所重点关注的要素。

（1）问题是推动大数据治理实施的关键力量，大数据治理的每个过程中都需要解决相应特定的问题。因此，大数据治理实施的框架结构应当说明定义的每个过程中需要解决的问题，而问题的解决也是衡量该阶段是否成功的主要标志。

（2）大数据治理框架的实施要对大数据治理的生命周期进行明确的描述，需要让参与者能够清晰地认识到大数据治理是一个闭环的并且在不断优化的过程。

（3）大数据治理框架的有效实施要明确在大数据治理的过程中各个阶段的重点工作，从而将大数据治理实施的参与者将抽象化的工作内容转变成为可以具体落实的工作。

3. 成熟度评估

这里介绍大数据治理成熟度评估的模型、内容和方法，通过成熟度评估可以了解组织大数据治理的当前状态和差距，为大数据治理领导层提供决策依据。

（1）评估模型

成熟度模型可以帮助组织了解大数据治理的现状和水平，识别大数据治理的改进路径。组织沿着指定的改进路径改进可以促进大数据治理向高成熟度转变。改进路径包括五个阶段。

①初始阶段。组织为大数据质量和大数据整合定义了部分规则和策略，但仍存在大量冗余和劣质数据，容易造成决策错误，进而丧失市场机会。

②提升阶段。组织开始进行大数据治理，但治理过程中存在很多不一致的、错误的、不可信的数据，而且大数据治理的实践经验只在部门内得到积累。

③优化阶段。从第二阶段向第三阶段转换是个转折点，组织开始认识和理解大数据治理的价值，从全局角度推进大数据治理的进程，并建立起自己的大数据治理文化。

④成熟阶段。组织建立了明确的大数据治理战略和架构，制定了统一的大数据标准。大数据治理意识和文化得到显著提升，员工开始接受"大数据是组织重要资产"的观点。在这个阶段，识别和理解当前的运营状态是重要的开始，组织开始系统地推进大数据治理相关工作，并运用大数据治理成熟度模型来帮助提高大数据治理的成熟度。

⑤改进阶段。通过推行统一的大数据标准，将组织内的流程、职责、技术和文化逐步融合在一起，建立起自适应的改进过程，利用大数据治理的驱动因素，改进大数据治理的运行机制，并与组织的战略目标保持一致。

（2）评估内容

大数据治理成熟度的评估内容主要集中在以下几个方面：

①大数据隐私。大数据包含了大量的各种类型的隐私信息，它为组织带来机遇的同时，也正在侵犯个人或社区的隐私权，所以必须对组织的大数据隐私保护状况进行评估，并提出全面系统的改进方案。

②大数据的准确性。大数据是由不同系统生成或整合而来的，所以必须制定并遵守大数据质量标准。因某一特殊目的而采集的大数据很可能与其他大数据集不兼容，这可能会导致误差及一系列的错误结论。

③大数据的可获取性。组织需要建立获取大数据的技术手段和管理流程，从而最大限度地获取有价值的数据，为组织的战略决策提供依据。

④大数据的归档和保存。组织需要为大数据建立归档流程，提供物理存储空间，并制定相关的管理制度来约束访问权限。

⑤大数据监管。未经授权的披露数据会为组织带来极大的影响，所以组织需要监管大数据的整个生命周期。

⑥可持续的大数据战略。大数据治理不是一蹴而就的，需要经过长期的实践积累。因此，组织需要建立长期、可持续的大数据治理战略，从组

织和战略层面上保障大数据治理的连贯性。

⑦大数据标准的建立。组织在使用大数据的过程中需要建立统一的元数据标准。大数据的采集、整合、存储和发布都必须采用标准化的数据格式，只有这样才能实现大数据的共享和再利用。

⑧大数据共享机制。由于数据在不同系统和部门之间实时传递，所以需要建立大数据共享和互操作框架。通过协作分析技术，对大数据采集和汇报系统进行无缝隙整合。

（3）评估方法

①定义评估范围。在评估启动前，需要定义评估的范围。组织可从某一特定业务部门来启动大数据治理的成熟度评估。

②定义时间范围。制定合理的时间表是成熟度评估前的重要任务，时间太短不能达成预期的目标，太长又会因为没有具体的成果而失去目标。

③定义评估类别。根据组织的大数据治理偏好，可以从大数据治理成熟度模型分类的子集开始，这样可降低评估的难度。例如，可以首先关注某一个部门，这样安全和隐私能力就不在评估范围内（因为这两项能力需要在组织范围内考虑）；也可以只关注结构化数据，其他非结构化的内容就不用关注了。

④建立评估工作组并引入业务部门和 IT 部门的参与者。业务部门和 IT 部门的配合是进行大数据治理成熟度评估的前提条件。合适的参与者可以确保同时满足多方的需求，同时最大化大数据治理的成果。IT 参与者应该包括数据管理团队、商业智能和数据仓库领导、大数据专家、文档管理团队、安全和隐私专家等。业务参与者应该包括销售、财务、市场、风险和其他依赖大数据的职能部门。评估工作组的主要工作是建立策略、执行分析、产生报告、开发模型和设计业务流程。

⑤定义指标。建立关键绩效指标来测量和监控大数据治理的绩效。在建立指标的过程中需要考虑组织的人员、流程和大数据等相关内容。在监控过程中要定期对监控结果进行测量，然后向大数据治理委员会和管理层

汇报。每三个月要对业务驱动的关键绩效指标进行测量，每年要对大数据治理成熟度进行评估。具体过程包括：

　　a.从业务角度理解关键绩效指标；

　　b.为大数据治理定义业务驱动的关键绩效指标；

　　c.定义大数据治理技术关键绩效指标；

　　d.建立大数据治理成熟度评估仪表盘；

　　e.组织大数据治理成熟度研讨会。

　　⑥与利益相关者沟通评估结果。在完成大数据治理成熟度评估后，需要将结果汇报给IT部门和业务部门的利益相关者，这样可以在组织内对关键问题建立共识，进而与管理者讨论后期计划。

　　⑦总结大数据治理成熟度成果。完成评估后，应该对每个评估类别进行状态分析，形成最终的评估总结。一是对当前状态的评估，二是对期望状态的评估，三是对当前与期望状态的差距的评估。

　　总之，大数据治理审计工作意义重大，它能够全面评价组织的大数据治理情况，客观评价大数据治理生命周期管理水平，从而提高组织大数据治理风险控制能力，满足社会和行业监管的需要。大数据治理审计的实施具有重要的社会价值和经济意义，符合审计工作未来的发展趋势。

二、大数据架构

（一）大数据架构的基本概念

1.架构与架构设计

　　架构是一个很广泛的话题，既可上升到管理与变革层面，也可沉淀到具体领域的应用和技术中，因为架构不仅仅是一种理念，更是一种实践的产物。

　　在信息科学领域，普遍采用"架构"的历史并不是很长，但在使用方法上则遵循了相同的规则。ISO／IEC 42010《系统和软件工程：架构描述》

定义架构是"一个系统的基本组成方式和遵循的设计原则，以及系统组件与组件、组件与外部环境的相关关系"。在软件工程领域，架构被定义为"一系列重要决策的集合，包含软件的组织，构成系统的结构元素及其接口选择，以及这些元素在相互协作中明确表现出的行为等"。

从上面的定义分析可知，架构是在理解和分析业务模型的基础上，从不同视角和层次去认识、分析和描述业务需求的过程。通过架构研究，能实现复杂领域知识的模型化，确定功能和非功能的要求，为不同的参与者提供交流、研发和实现的基础，每一类参与者都会结合架构的参考模型，形成各自的架构视图。在软件工程领域，影响最大的是菲利普·克鲁赫滕（Philippe Kruchten）在 1995 年 IEEE Software 上发表的 The 4+1 View Model of Architecture 论文，该论文最先提出了"4+1"的视图方法，引起了业界的极大关注。

在软件和系统工程领域，架构通常需要遵循以下设计原则和方法。

（1）分层原则。这里的层是指逻辑上的层次，并非物理上的层次。目前，大部分的应用系统都分为三层，即表现层、业务层和数据层。在层次设计过程中，每一层都要相对独立，层与层之间的耦合度要低，每一层横向要具有开放性。

（2）模块化原则。分层原则确定了纵向之间的划分，模块化确定了每一层不同功能间的逻辑关系，避免不同层模块的嵌套，以及同层模块间的过度依赖。

（3）设计模式和框架的应用。在不同的应用环境、开发平台、开发语言体系中，设计模式和框架是解决某一类问题的经验总结，设计模式和框架的应用在架构设计中能达到事半功倍的效果，是软件工程复用思想的重要体现。

2. 数据和数据架构

数据是客观事实经过获取、存储和表达后得到的结果，通常以文本、数字、图形、图像、声音和视频等表现形式存在。一般来说，数据架构主要包括以下三类规范：

（1）数据模型数据架构的核心框架模型；

（2）数据的价值链分析与业务流程及相关组件相一致的价值分析过程；

（3）数据交付和实现架构包括数据库架构、数据仓库、文档和内容架构，以及元数据架构。

由此可见，数据架构不仅是关于数据的，更是关于设计和实现层次的描述，它定义了组织在信息系统规划设计、需求分析、设计开发和运营维护中的数据标准，对企业基础信息资源的完善和应用系统的研发至关重要。

3. 从数据架构到大数据架构

相对数据架构，大数据架构在以下两个方面存在不同。

（1）从技术的视角看，大数据架构不仅仅关注数据处理和管理过程中的元数据、主数据、数据仓库、数据接口技术等，更多的是关注数据采集、存储、分析和应用过程中的基础设施的虚拟化技术，分布式文件、非关系型数据库、数据资源管理技术，以及面向数据挖掘、预测、决策的大数据分析和可视化技术等。

（2）从应用的视角看，架构设计会涉及更多维度和因素，更多地关注大数据应用模式、服务流程管理、数据安全和质量等方面。

因此，如何结合分层、模块化的原则，以及相关设计模式和框架的应用，聚焦业务需求的本质，建立核心的大数据架构参考模型，明确基础大数据技术架构的系统实现方式、分析基于大数据应用的价值链实现，从而构建完整的大数据交付和实现架构，是大数据架构研究和实现的重点。

（二）大数据架构参考模型

1. 大数据基础资源层

（1）大数据基础设施

大数据基础设计层面包括的内容主要是大数据的计算、大数据的存储以及大数据的网络资源。从大数据的定义可以知道，大数据的基本特征之一就是数据的量是巨大的，因此，为了能够支撑大数据的巨量资源的优先管理、分析、应用以及服务等方面，要求大数据能够进行大规模的计算、存储以及管理与其相适应的网络基础设施资源。

大数据一体机是当前主要的发展方向。通过预装、预优化的软件，将硬件资源根据软件需求做特定设计，使得软件最大限度地发挥硬件能力。

与大数据一体机对应的是软件定义的兴起，代表了大数据基础设施未来重要的发展方向。从本质上讲，软件定义是希望把原来一体化的硬件设施拆散，变成若干个部件，为这些基础的部件建立一个虚拟化的软件层。软件层对整个硬件系统进行更为灵活、开放和智能的管理与控制，实现硬件软件化、专业化和定制化。同时，为应用提供统一、完备的 API，暴露硬件的可操控成分，实现硬件的按需管理。

软件定义基础设施主要包括硬件的三个层次：网络、存储和计算。

①软件定义网络。强调控制平面和数据平面的分离，在软件层面支持了比传统硬件更强的控制转发能力，实现数据中心内部或跨数据中心链路的高效利用。

②软件定义存储。同样将存储系统的数据层和控制层分开，能够在多存储介质、多租户存储环境中实现最佳的服务质量。

③软件定义计算。将负载信息从硬件抽象到软件层，在异构数据中心的 IT 设备集合中实现资源共享和自适应的优化计算。

（2）分布式文件系统

所谓分布式文件系统就是指文件的管理系统的物理存储模式与存储节点的连接方式，一是直接连接在本店的节点上，二是能够通过计算机的网络系统与节点进行的连接。分布式文件系统的基础设计理论主要是客户机／服务器的服务模式。网络典型的特征就是一个网络可能包含多个用户能够使用的服务器。同时也能够允许一些系统充当客户机和服务器的双重角色。

当前大数据的文件系统主要采用分布式文件系统（DFS）。随着存储技术的发展，数据中心发生了巨大的变化。一方面，文件系统朝着统一管理调度、分布式存储集群的方向发展，存储系统的容量上限、空间效率、访问控制和数据安全有了更高的要求；另一方面，用户对存储系统的使用模式发生了很大的变化，主要表现在两个方面：一是从周期性的批式应用，向交互性的查询和实时的流式应用发展；二是多引擎综合的交叉分析需要更高性能的数据共享。

2. 大数据管理与分析层

大数据管理与分析层的基础是元数据管理进行的主数据分析，以达到大数据的潜在信息和发掘大数据的实际价值，其中包括的主要内容有元数据、主数据以及大数据分析等。

（1）元数据

通常来说，元数据就是数据中的数据，它是有关数据的组织信息、数据域及其相关联的信息。它在数据组织方面有着重要的作用，通常概括起来主要包括信息描述、信息定位、信息搜索、信息评估以及信息的选择等五个方面的作用。

目前，元数据标准的两种主要类型：行业标准和国际标准。行业元数据标准有 OMG 规范、万维网协会（W3C）规范、都柏林核心规范、非结构化数据的元数据标准、空间地理标准、面向领域元数据标准等。目前，国际元数据标准主要是 ISO ／ IEC 11179，通过描述数据元素的标准化来提高数据的可理解性和共享性。

（2）数据仓库

数据库的主要功能有多种，如数据信息的采集、数据的存储与管理、结构化与非结构化数据的管理、实时数据的管理等。关系型数据库是传统数据库管理系统中主流的数据库管理解决方案，而在当前的大数据的环境背景下，以分布式文件管理的数据存储系统成为数据库管理的主要方向，其优点是用于存储的服务器集群设备较为廉价，同时又能够满足容错性、可扩展性以及高并发性等对数据库的需求。

数据库与元数据管理二者之间存在着较深的相互依赖的关系。在数据库的领域中，依据元数据用途的不同将元数据分为两种形式：一种是技术型元数据，另一种是业务型元数据。在数据库运行的过程中，元数据能够提供用户的基本信息，能够起到支持数据系统的管理与维护的作用。

具体而言，元数据机制在数据库的系统运行中，主要支持以下五种系统管理的功能。

第一，元数据能够对数据库中的数据进行具体的描述。

第二，元数据能够定义进入数据库的数据，也能够定义在数据库中产生的数据。

第三，元数据能够记录业务数据的发生和数据发生时间的抽取。

第四，元数据能够记录并检测系统数据一致性的要求以及数据的执行情况。

第五，元数据能够衡量数据的质量。

（3）主数据

所谓的主数据（Master Data，MD）就是指整个计算机系统中所有的共享数据，包括与客户的数据、与供应商的数据、账户及组织相关的数据信息等。主数据在传统的数据管理中主要是基于各个计算机的独立系统进行工作的，相对来说比较分散，而分散的数据容易产生数据的冗余、数据的编码以及表达方式不一致、各个数据不能同步、影响产品研发的进度等缺点。因此针对以上的问题需要对传统数据进行适当的改革和管理，以使整个计算机系统中主数据保持一致性、完整性和可控性。

（4）大数据分析

大数据能够获得有用信息的基础就是其能够对数据进行很多智能的、深入的分析。由于大数据的数量特征、速度特征以及多样性的特征都呈现出迅速且持续的增长复杂性，因此基于大数据分析的分析方法就显得尤为重要了，大数据的分析方式是决定数据资源是否有价值的决定性因素。

大数据分析的核心基础就是大数据的挖掘，数据挖掘可以根据数据的不同类型和不同格式选择不同类型的数据挖掘方法，通过数据挖掘后的数据能够呈现出数据本身的最基本的特点，正是由于有如此多样且精准的数据挖掘的方法才能达到对数据的内部进行深度发掘，也能更好地发掘数据的价值。

智能领域是大数据分析结果的主要应用领域，智能决策分析系统（Decision Support System，DSS）通过人工智能、智能专家系统和智能分析引擎对决策性问题的知识、决策过程中的过程性知识以及求解问题时的推理性知识进行分析和描述，以此解决智能决策领域内的复杂的问题。

4.大数据应用与服务层

大数据不仅促进了基础设施和大数据分析技术的发展，更为面向行业和领域的应用和服务带来巨大的机遇。大数据应用与服务层的主要内容包括：大数据可视化，大数据交易与共享，大数据应用接口以及基于大数据的应用服务等。

在传统的数据可视化的过程中，其操作过程基本都是在程序的后处理中进行的，而超级计算机在进行完数据模拟的操作过程后，其输出的超大量数据以及数据处理的结果保存在相应的磁盘当中，当对这些数据进行可视化的处理时，需要从数据所在的磁盘中进行数据的传输，而输出和输入的瓶颈的限制以及速度问题增加了磁盘数据可视化的难度，从而降低了数据可视化以及数据模拟的效率。在当今的大数据时代，大数据传出的数据的量使这个问题更加的突出。

（三）大数据架构的实现

1.不同视角下的架构分析

当前，无论是电信、电力、石化、金融、社保、房地产、医疗、政务、交通、物流、征信体系等传统行业，还是互联网等新兴行业，都积累了大量数据，如何在相关技术的支撑下，结合数据交易和共享、数据应用接口、数据应用工具等需求，建立并实现大数据架构，是当前研究的重要方向。

大数据架构的研究和实现主要是在领域分析和建模的基础上，从技术和应用两个角度来考虑，具体来说，分为技术架构和应用架构两个视角。

（1）技术架构是指系统的技术实现、系统部署和技术环境等。在企业系统和软件的设计开发过程中，一般根据企业的未来业务发展需求、技术水平、研发人员、资金投入等方面来选择适合的技术，确定系统的开发语言、开发平台及数据库等，从而构建适合企业发展要求的技术架构。

（2）应用架构是从应用的视角看，大数据架构主要关注大数据交易和共享应用、基于开放平台的数据应用（API）和基于大数据的工具应用（APP）。

由大数据架构的分析和应用可知，技术和应用的落地是相辅相成的。在具体架构的落地过程中，可结合具体应用需求和服务模式，构建功能模块和业务流程，并结合具体的开发框架、开发平台和开发语言，从而实现架构的落地。

2.大数据技术架构

大数据技术作为信息化时代的一项新兴技术，技术体系处在快速发展阶段，涉及数据的处理、管理、应用等多个方面。具体来说，技术架构是从技术视角研究和分析大数据的获取、管理、分布式处理和应用等。大数据的技术架构与具体实现的技术平台和框架息息相关，不同的技术平台决定了不同的技术架构和实现。

大数据技术架构主要包含大数据获取技术层、分布式数据处理技术层和大数据管理技术层，以及大数据应用和服务技术层。

（1）大数据获取技术

目前，大数据获取的研究主要集中在数据采集、整合和清理三个方面。数据采集技术实现数据源的获取，然后通过整合和清理技术保证数据质量。

数据采集技术主要是通过分布式爬取、分布式高速高可靠性数据采集、高速全网数据映像技术，从网站上获取数据信息。除了网络中包含的内容之外，对于网络流量的采集可以使用 DPI 或 DFI 等带宽管理技术进行处理。

（2）分布式数据处理技术

分布式计算是随着分布式系统的发展而兴起的，其核心是将任务分解成许多小的部分，分配给多台计算机进行处理，通过并行工作的机制，达到节约整体计算时间，提高计算效率的目的。

（3）大数据管理技术

大数据管理技术主要集中在大数据存储、大数据协同和安全隐私等方面。

①大数据存储技术主要有三个方面：第一，采用 MPP 架构的新型数据库集群，通过列存储、粗粒度索引等多项大数据处理技术和高效的分布式计算模式，实现大数据存储；第二，围绕 Hadoop 衍生出相关的大数据技术，应对传统关系型数据库较难处理的数据和场景，通过扩展和封装 Hadoop 来实现对大数据存储、分析的支撑；第三，基于集成的服务器、存储设备、操作系统、数据库管理系统，实现具有良好的稳定性、扩展性的大数据一体机。

②多数据中心的协同管理技术是大数据研究的另一个重要方向。通过分布式工作流引擎实现工作流调度、负载均衡，整合多个数据中心的存储和计算资源，从而为构建大数据服务平台提供支撑。

③大数据隐私性技术的研究，主要集中于新型数据发布技术，尝试在尽可能少损失数据信息的同时最大化地隐藏用户隐私。但是，数据信息量和隐私之间是有矛盾的，目前尚未出现非常好的解决办法。

（4）大数据应用和服务技术

大数据应用和服务技术主要包含分析应用技术和可视化技术。

①大数据分析应用主要是面向业务的分析应用。在分布式海量数据分析和挖掘的基础上，大数据分析应用技术以业务需求为驱动，面向不同类型的业务需求开展专题数据分析，为用户提供高可用、高易用的数据分析服务。

②可视化通过交互式视觉表现的方式来帮助人们探索和理解复杂的数据。大数据的可视化技术主要集中在文本可视化技术、网络可视化技术、时空数据可视化技术、多维数据可视化技术和交互可视化技术等方面。在技术方面，主要关注原位交互分析（in situ interactive analysis）、数据表示、

不确定性量化和面向领域的可视化工具库。

3.大数据应用架构

大数据应用是其价值的最终体现，当前大数据应用主要集中在业务创新、决策预测和服务能力提升等方面。从大数据应用的具体过程来看，基于数据的业务系统方案优化、实施执行、运营维护和创新应用是当前的热点和重点。

大数据应用架构描述了主流的大数据应用系统和模式所具备的功能，以及这些功能之间的关系，主要体现在围绕数据共享和交易、基于开放平台的数据应用和基于大数据工具应用，以及为支撑相关应用所必需的数据仓库、数据分析和挖掘、大数据可视化技术等方面。

大数据应用架构以大数据资源存储基础设施、数据仓库、大数据分析与挖掘等为基础，结合大数据可视化技术，实现大数据交易和共享、基于开放平台的大数据应用和基于大数据的工具应用。

大数据交易和共享，让数据资源能够流通和变现，实现大数据的基础价值。大数据共享和交易应用是在大数据采集、存储管理的基础上，通过直接的大数据共享和交易、基于数据仓库的大数据共享和交易、基于数据分析挖掘的大数据共享和交易三种方式实现。

基于开放平台的大数据应用以大数据服务接口为载体，使数据服务的获取更加便捷，主要为应用开发者提供特定数据应用服务，包括应用接入、数据发布、数据定制等。数据开发者在数据源采集的基础上，基于数据库和数据分析挖掘，获得各个层次应用的数据结果。

大数据工具应用主要集中在智慧决策、精准营销、业务创新等产品工具方面，这些也是大数据价值体现的重要方面。结合具体的应用需要，用户可以结合相关产品和工具的研发，对外提供相应的服务。

第五章　数据工程与数据挖掘

第一节　数据工程

一、数据

（一）数据的定义与生命周期

1. 数据的定义

数据是对客观事物的性质状态以及相互关系等进行记载的物理符号或物理符号的组合。

2. 数据的生命周期

数据的生命周期可以划分为数据描述、数据获取、数据管理、数据应用四个阶段，每个阶段又包括多项具体的数据活动。

（二）数据的特性

数据的特性是指数据区别于其他事物的本质属性。数据的基本特性主要有客观性、共享性、不对称性、可传递性和资源性。

1. 客观性

数据是描述物质的存在、相互关系、运动状态和变化规律的，它是对客观自然现象和规律的基本理解，反映事物的本质，是客观存在的。

2. 共享性

数据区别于物质能源的一个重要特征是它可以被共同占有、共同享用。根据物能转化定理和物与物交换原则，得到一物或一种形式的能源，便会失去另一物或另一种形式的能源。而数据交换双方不仅不会失去原有的数据，而且还会增加新的数据。

3. 不对称性

数据的不对称性可以从两个方面理解：首先是对客观事物的认识，不同人（或者说对事物认识的主体）有不同的认识程度，因而对某一个客体所获取的数据不尽相同，就造成了不同主体对这个客观事物产生了不同的认识或者说不完全相同的认识；其次是反映客观事物的数据，不能被不同人完全一致地占有，某些人占有的多，某些人占有的少，这就造成了同一事物的数据在不同群体（或人）中具有差异性，从而造成了不对称。由此会产生人们对同一事物的不同认识，当然也就会产生不同的结论。

4. 可传递性

数据依靠各种传播工具实现传递，它可以在不同载体之间、不同区域之间进行传递，在传递过程中数据既可能一成不变，也可能产生了数量的增减或价值的变化。数据在传递过程中不断表现出它的价值。

5. 资源性

人类进入 21 世纪后，信息成为继物质和能量之后的第二大资源，而信息的产生是以数据为基础的，所以数据的资源性特征是显而易见的。

（三）数据与信息、知识、智慧的关系

1. 数据与信息的关系

将数据放到一个语境（context）中，给予它一定的含义，数据就会成为信息，简单地说，信息 = 数据 + 语境。信息普遍存在于自然界、社会以及人的思维之中，是对客观事物本质特征千差万别的反映。信息是对数据的有效解释，信息的载体就是数据。数据是信息的原材料，数据与信息是原料与结果的关系。

例如，"6000"是未经加工的客观事实，它是数据，如果将"6000"放到特定的语义环境中，如"6000米是飞机的飞行高度"，它就是信息，再比如"8000"是数据，而"8000米是山的高度"就是信息。

2. 信息与知识的关系

知识是人们对客观事物运动规律的认识，是经过人脑加工处理过的系统化了的信息，是人类经验和智慧的总结，简单地说，知识 = 信息 + 判断。信息是知识的原材料，信息与知识是原料与结果的关系。

例如，人们将飞机飞行高度与山的高度两条信息之间建立一种联系，加上自己的判断就产生了知识，比如"如果飞机以6000米的飞行高度向高度为8000米的高山飞去，飞机就会撞毁"，这就是知识。

3. 知识与智慧的关系

在了解多方面的知识之后，能够预见一些事情的发生并采取行动，就是智慧，简单地说，智慧 = 知识 + 整合。知识是智慧的原材料，知识与智慧是原料与结果的关系。人类的智慧反映了对知识进行组合、创造及理解知识要义的能力。

例如，根据"如果飞机以6000米的飞行高度向8000米的高山飞去，飞机就会撞毁"这则知识，可以预见飞机撞山事件的发生，并采取行动，"让飞机始终保持在高于山的高度飞行"，这就是智慧。

综上所述，数据、信息、知识、智慧四者之间的关系是一个逐步提炼的过程：通过对数据的认知和解读，数据可以转化为信息；通过对大量信息的体验和学习，并从中提取关于事物的正确理解和对现实世界的合理解释，信息可以转化为知识；通过对知识的整合运用，知识可以转化为智慧。数据→信息→知识→智慧→推动人类社会进一步向前发展，数据是这一转变过程中的基础。

二、数据工程概述

(一) 数据工程产生的背景

数据工程是信息技术发展的产物，其产生的背景主要有以下四个方面。

1. 数据资源的开发和利用成为推动社会发展和进步的重要力量

由于信息技术的发展，数据的资源价值更易发挥，数据的资源特征日益显著。20 世纪五六十年代，由于计算技术的发展和成熟，使得大量数据的收集加工、存储和利用成为可能，致使数据成为可能产生经济和社会效益的重要资源；20 世纪 70 年代以来，计算机软件和硬件技术的发展，使对大量数据的精细加工和促进数据变成信息并加以利用成为可能。当前，由于计算机技术和通信技术的发展，使信息的传播和利用突破了时空的限制，成为社会发展和进步的极为重要的、可共享的资源，对数据资源的开发和利用成为推动社会进步的重要力量。

2. 数据集成与共享的迫切需求

20 世纪 60—70 年代，信息系统应用的主要目标是利用计算机来代替部分联系不那么密切、手的重复性劳动的工作环节，以提高生产或管理效率，这一阶段还没有提出数据集成与共享的需求。

到了 20 世纪八九十年代，各行业在信息系统上进行了巨大的投资，以满足业务处理和管理需要为目标，建立了众多的应用信息系统。由于各个机构是按照职能来组织各个部门，不同的部门使用不同的应用信息系统来协助他们完成规定的职能，导致许多关键的数据被封闭在相互独立的系统中，形成了一个个所谓的"信息孤岛"。

到了 21 世纪，信息技术得到了迅猛的发展，随着各行业的信息化建设向广度和深度扩展，业务需求也在不断变化，需要将众多的"信息孤岛"集成和整合为一个有机整体，实现数据的无缝流动和共享。根据 META Group 的统计，一家典型的大型企业平均拥有 49 个应用系统，33% 的 IT 预算是花在信息系统集成上。可以说信息系统集成是各个行业在信息化建设中不可缺少的环节，而信息系统集成的核心是数据集成和共享。

3. 数据资源建设成为制约信息系统效能发挥的瓶颈

尽管数据总量在不断增加，但是人们在需要应用数据解决实际问题时，却缺少有效数据的支撑。需要花费大量的人力和财力，采取各种手段，千方百计地去抽取、转换和整合数据。在应用数据时，面临的具体问题主要有：不知道哪里有所需要的数据；知道数据存放的位置，但由于技术或组织的原因无法访问数据；知道数据存放的位置，也可以访问，但是缺少语义信息而无法理解数据；数据可以访问，也可以理解，但是同样的信息在不同的位置，其名称、格式、含义却不同。这些问题的存在，导致信息系统缺乏有效数据的支撑，不能发挥信息系统应有的效能，因此数据资源建设成为制约信息系统效能发挥的瓶颈。

数据工程就是在以上这些背景下产生的一门新兴学科。

（二）数据工程的内涵

1. 数据工程的概念

数据工程是以数据作为研究对象、以数据活动为研究内容，以实现数据重用、共享与应用为目标的科学。

从应用的观点出发，数据工程是关于数据生产和数据使用的信息系统工程。数据的生产者将经过规范化处理的、语义清晰的数据提供给数据应用者使用。从生命周期的观点出发，数据工程是关于数据定义、标准化、采集处理、运用、共享与重用存储和容灾备份的信息系统工程，强调对数据的全寿命管理。

从学科发展角度看，数据工程是设计和实现数据库系统及数据库应用系统的理论、方法和技术，是研究结构化数据表示、数据管理和数据应用的一门学科。

2. 数据工程研究的内容

（1）数据管理。数据管理是保证数据有效性的前提。首先要通过合理、安全、有效的方式将数据保存到数据存储介质上，实现数据的长期保存；

然后对数据进行维护管理，提高数据的质量。数据管理研究的主要内容包括数据存储、备份与容灾的技术和方法，以及数据质量因素、数据质量评价方法和数据清理方法。

（2）数据应用。数据资源只有得到应用才能实现其自身价值，数据应用需要通过数据集成、数据挖掘、数据服务、数据可视化、信息检索等手段，将数据转化为信息或知识，辅助人们进行决策。数据应用研究的主要内容包括数据集成、数据挖掘、数据服务、数据可视化和信息检索的相关技术和方法。

（3）数据安全。数据是脆弱的，它可能被无意识或有意识地破坏、修改，因此需要采用一定的数据安全措施，确保合法的用户采用正确的方式在正确的时间对相应的数据进行正确的操作，确保数据的机密性、完整性、可用性和合法使用。

三、数据工程的现状与发展

（一）我国数据工程建设现状

1.科学数据共享工程基本框架和总体功能结构

科学数据共享工程的基本框架包括主体数据库、科学数据中心（网）和门户网站。主体数据库是科学数据共享工程的基本单元，是以为科学数据中心（网）提供系统、可靠的数据内容服务的基础，主要设在二级学科（资源环境科学领域、农业领域、人口与健康领域、基础科学与科学前沿等），能反映相关专业领域的基本数据状况；科学数据中心（网）是主要对各类共享数据及其元数据进行统一维护和管理的数据管理平台，并建立标准化的数据服务系统；门户网站通过元数据技术有机链接各数据中心（网）的主题数据库，为用户提供一站式服务和信息系统。

2.科学数据共享工程标准体系

标准是数据共享的前提和基础，科学数据共享工程制定了一系列的标准，包括指导标准、通用标准和专用标准。

（1）指导标准

指导标准是与标准的制定、应用和理解等方面相关的标准，它阐述了科学数据共享标准化的总体需求、概念、组成和相互关系，以及使用的基本原则和方法等。

（2）通用标准

科学数据共享活动中具有共性的相关标准称为通用标准。通用标准分为三类：数据类标准、服务类标准与建设类标准。

（3）专用标准

专用标准就是根据通用标准制定出来的满足特定领域数据共享需求的标准，重点是反映具体数据特点的数据类标准，如领域元数据内容领域科学数据分类与编码、领域数据模式、领域数据元目录等。

四、数据存储

所谓数据存储就是根据不同的应用环境通过采取合理、安全、有效的方式将数据保存到物理介质上，并能保证对数据实施有效的访问。当前数据存储的主流技术有三种，分别是直接附加存储 DAS（Direct Attached Storage）、网络附加存储 NAS（Network Attached Storage）和存储区域网络 SAN（Storage Area Network）。DAS、NAS 和 SAN 都有自己的适用环境，在短期内还不会出现一种或两种被完全取代的趋势。另外，近几年来席卷全球的金融危机推动了存储虚拟化（Storage Virtualization）和绿色存储的发展。

（一）数据存储介质

数据存储首先要解决的是存储介质的问题。存储介质是数据存储的载体，是数据存储的基础。存储介质并不是越贵越好、越先进越好，要根据不同的应用环境，合理选择存储介质。存储介质的类型主要有磁带、光盘和磁盘三种。

1. 磁带

磁带是存储成本最低、容量最大的存储介质，主要包括磁带机、自动加载磁带机和磁带库。磁带迄今已经有近 60 年的发展历史，尽管新技术、新产品不断冲击磁带，但磁带仍然以它独特的魅力向人们证明了它的不可替代性。

磁带最大的缺点就是速度比较慢，在以下几种情况下可以考虑使用：一是有充足的读写时间，如果对时间不敏感，通过磁盘到磁带的数据存储方式十分稳定，可以充分发挥磁带的优势；二是不需要进行快速的数据恢复工作；三是需要进行离线的大数据量的恢复工作；四是需要长时期、高质量的文档存储；五是需要低成本的解决方案。

2. 光盘

光盘全称是高密度盘（Compact Disk），常见的格式有 VCD（Video Compact Disk）和 DVD（Digital Video Disk）两种，VCD 一般能提供 700MB 左右的空间。DVD 比 VCD 更具优势，因为它的容量要大得多，单面单层容量为 4.7GB，单面双层容量为 8.5GB，双面双层容量为 17GB。另外，蓝光 DVD 技术正在逐步得到认可，一张蓝光 DVD 可提供 30GB—60GB 的存储空间。

光盘具有三个鲜明特点；一是光盘上的数据具有只读性；二是不受电磁的影响；三是光盘容易大量复制。这些特点使得光盘特别适用于对数据进行永久性归档备份。如果数据量大，那么就要用到光盘库，光盘库一般配备有几百张光盘。

3. 磁盘

利用磁盘存储数据时，一般采用独立冗余磁盘阵列 RAID（Redundant Array of Independent Disks）。RAID 将数个单独的磁盘以不同的组合方式形成一个逻辑磁盘，不仅提高了磁盘读取的性能，也增强了数据的安全性。

RAID 不同的组合方式用 RAID 级别来标识，使用最多的 RAID 级别是 RAID0、RAID1、RAID5、RAID6、RAID10。RAID0 的存取速度最快但是没有容错机制，适用于求读取性能的场合。RAID1 中每一个磁盘都有另外一个磁盘作为备份，因此拥有完全的容错机制，适用于备份重要数据的场合。RAID5 虽然读取数据性能高，但是写入数据性能一般，适用于备份数据库中的数据文件。RAID6 能提供两个校验磁盘，其可靠性高于 RAID5，适用于一些对可靠性要求高的场合。RAID10 是 RAID0 和 RAID1 的组合，备份速度快，完全容错，但是成本高。

另外，在数据存储环境中还常用到虚拟磁带库，虚拟磁带库是以 RAID 作为介质，并将 RAID 仿真为磁带库。换而言之，虚拟磁带库就是将 RAID 空间虚拟为磁带空间，能够在传统的备份软件上实现和传统磁带库同样功能的产品。虚拟磁带库的使用方式与物理磁带库几乎相同，由于采用 RAID 作为存储介质数据存取的速度远远高于物理磁带库，同时，RAID 中的数据冗余保护机制使得虚拟磁带库的可用性、可靠性均比物理磁带库高得多。

（二）数据存储技术

1.DAS 存储技术

DAS 也称为服务器附加存储，SAS（Server Attached Storage）是指数据存储设备通过电缆（一般是 SCSI 接口电缆）或光纤通道直接连接在服务器的接口上。在 DAS 中，客户端访问数据的步骤如下：

（1）客户端向服务器发出请求数据的命令。

（2）服务器收到命令后查询缓冲区，如果数据在缓冲区内就把数据直接转发到客户端，否则将请求解析成本地的数据访问命令后发给存储设备。

（3）存储设备在收到命令后将数据发到服务器。

（4）服务器将数据放到缓冲区内，最后将数据转发给客户端。

DAS 最大的优点是简单，容易实现，而且无需专业人员维护，成本低。它能够解决单台服务器存储空间扩展的需求，单台外置存储设备的容量已经从不到 1TB 发展到了 2TB，很多中小型网络只需要一两台服务器，数据量不是很大，在这种情况下，DAS 完全可以满足要求。

DAS 的体系结构决定了其缺点也不少，主要有以下四点：

（1）资源利用率低。在 DAS 中要想访问存储设备中的数据，必须经过服务器转发。这样在大量数据请求的情况下，服务器必然成为数据访问的瓶颈。另外，每台服务器都有数量不等的存储设备，存储容量的再分配比较困难，容易出现有的存储设备空间不够用，有的却有大量存储空间闲置的现象。据美国卡内基·梅隆大学的研究和实验表明，DAS 的资源利用率只有 3%。

（2）可扩展性差。当出现新的应用需求时，存储设备数量上的扩展受限于服务器可以最多连接的设备总数。比如并行 SCSI 总线最多只能连接 15 台设备，FC 在仲裁环的方式下最多可连接 125 台设备。如果原有的服务器不够用，那么只能新增服务器，而且还要为服务器配置存储设备，增加了成本。

（3）可管理性差。数据的管理依赖于特定的平台和操作系统，不利于跨平台管理，数据共享困难。另外，对于整个网络环境下的存储系统，没有集中管理的解决方案。

（4）容灾能力差。存储设备与服务器之间的连接线最大长度受接口的限制，比如采用 Ultra 160 SCSI 接口的数据线连接单个设备时最大长度为 25m，连接一个以上设备时最大长度为 12m。在部署时服务器和存储设备都在一个机房里，数据备份也要在本地进行，一旦出现灾难，数据将无法恢复。这对于将数据视为生命的用户，如银行保险、军队等来说是不能接受的。

2.NAS 存储技术

NAS 是指数据存储设备直接通过网络接口连接到网络上，使用文件共享协议向用户提供跨平台的文件级数据服务。

（1）NAS 的硬件系统

NAS 的硬件系统由控制器部分和存储设备组成。控制器部分主要包括 CPU 内存、磁盘接口和网络接口。NAS 采用了使用范围广的 x86 服务器体系结构，在保证高性能的情况下节约了成本。

磁盘接口一般选用 SATA（Serial Advanced Technology Attachment）、SCSI

（Small Computer System Interface）或 FC（Fiber Channel）。目前这三种接口主流的数据传输率分别是 150MB／s、320MB／s、1GB／s。

网络接口一般采用以太网接口，这主要有两个原因：一是以太网技术经过几十年的发展，使用最为广泛，已经确立了其在局域网中的霸主地位；二是千兆以太网逐步走向普及，数据吞吐率完全可以满足大多数用户的要求。

NAS 的存储设备一般使用 RAID，也有同时使用 RAID 和光盘库的，这样的 NAS 被称为 NAS 光盘镜像服务器，它将光盘库中访问频率最高的数据缓存到磁盘中，从而极大提高了数据访问速度。

（2）NAS 的软件系统

NAS 的软件系统分为五个模块：操作系统、卷管理器、文件系统、文件共享协议和 Web 管理模块。

①操作系统：通常是定制的 Unix、Linux 或者 Windows 系统，这些操作系统针对 NAS 做了专门的优化，其目的有二：一是去掉不必要的功能，从而简化系统；二是为了提高文件的访问效率。

②卷管理器：实现简化集中的数据存储管理功能保证数据的完整性，增强数据的可用性。其主要功能是磁盘和分区的管理，包括磁盘的监测与异常处理和逻辑卷的配置管理等。

③文件系统：提供持久性存储和管理数据的手段，具备日志和快照功能。日志功能是在系统崩溃或掉电重启后恢复文件系统的完整性；快照功能是做好数据的备份。

④文件共享协议：除了支持 FTP 和 HP 协议以外，还支持文件共享协议。文件共享协议主要有两种：一是 Sun（2009 年被 Oracle 公司收购）提出的网络文件系统 NFS（Network File System），二是 Microsoft、EMC 和 NetApp 联合提出的公共互联网文件系统 CIFS（Common Internet File System）。NFS 主要应用于 Unix 系统，而 CIFS 则广泛应用于 Windows 系统。

⑤Web 管理模块：使得系统管理员可以通过 Web 浏览器远程监视和管

理 NAS 设备，比如网络配置、用户与组管理、卷以及文件共享权限等。

（3）NAS 的优点

①容易安装。NAS 产品是即插即用设备，可以直接连接到网络中，只需分配一个 IP 地址即可。

②方便使用和管理。不需要另外安装软件，NAS 设备的设置、升级和管理都可以通过 Web 浏览器实现。

③可跨平台使用。NAS 独立于操作系统平台，可以支持 Windows、Unix、Mac 和 Linux 等平台的文件共享，具有文件服务器的特点。

④性能优越。支持 10 / 100Bast-T、1000Base-SX 光纤接，并且，在 NAS 中，硬件专门为了数据共享进行了优化设计，使存储性能得到最佳发挥。

⑤安全性好。NAS 可通过口令控制来保证其安全性。

⑥可用性好。部件的热交换，冗余的电源或风扇，内部存储设备采用 RAID 技术，以及服务器的快速启动，这些措施都是为了支撑 NAS 的高可用性。

⑦降低费用。由于 NAS 无须设计，维护起来相对容易，因此总拥有成本较低。

（4）NAS 的缺点

①数据的传输能力受限。在 NAS 中传输数据必须通过 LAN，由于 LAN 中存在侦听检测、访问控制等数据的带宽开销，所以不能满足大量连续数据传输的要求。如果 LAN 规模庞大且复杂时，对 NAS 中的数据存取访问会造成 LAN 的堵塞，严重时会导致网络的瘫痪。

②数据的备份能力有限。虽然 NAS 具有远程备份能力，但是它不支持存储设备之间的直接备份，无法脱离网络，因此备份会占用网络的带宽资源，从而影响网络的服务质量。

③NAS 设备之间缺乏沟通。资源在网络中汇集成一个个的信息孤岛，容易造成存储资源的浪费，给管理带来麻烦。

3.SAN 存储技术

SAN 本质上是一个高性能网络，其基本目的是使存储设备与计算机系统或者存储设备与存储设备之间传输数据。主要有两种解决方案：一种是基于光纤通道（Fiber Channel）的 FC SAN；另一种是基于互联网小型计算机系统接口 iSCSI（Internet Small Computer System Interface）协议的 IP SAN。

（1）FC SAN

光纤通道 FC 是一种在系统间进行高速数据传输的技术标准。FC 由于其协议的低消耗，实际可用带宽接近于数据传输带宽，并且具有扩展带宽的能力，现在已成为 SAN 事实标准。FC SAN 占有了 SAN 大部分市场份额。

① FC SAN 的拓扑结构。在配置上 FC SAN 使用三种拓扑结构：点对点、仲裁环和交换式拓扑结构。

第一，点对点。点对点 FC SAN 是三种拓扑结构中最简单的，使用 FC 直接连接两套设备适用于小型的存储系统。

第二，仲裁环。在一个仲裁环中所有设备共享整体带宽，因此设备的数据量越多，每个设备分享到的带宽也就越小。当然在同一个时间点上并不是仲裁环上所有设备都需要传输数据，因此，活跃设备的数量决定了整个仲裁环的带宽。

第三，交换式。交换式拓扑是通过交换环境连接多个系统和设备点对点结构的延伸。交换机负责将数据从源设备传输到目的设备。

② FC SAN 的优点

第一，高速的存储性能。光纤通道的传输速率可以达到 4GB／s，而且整个网络都是围绕数据传输设计的，所以数据存取的速度非常快。

第二，良好的扩展性能。一旦现有容量不能满足要求，可以方便地在光纤交换机上增加阵列来实现对容量的扩充。

第三，稳定的传输性能。由于光纤性能较高，不受电气环境的干扰，在其运行过程中稳定性好。

③ FC SAN 的缺点

第一，部署成本比较高。光纤交换机、光纤硬盘等设备都比较昂贵，这是 FC SAN 的最大缺点。

第二，维护和管理成本比较高。FC SAN 的另一个问题是它与 IP 网络的异构性，这种异构性使得占市场大多数的中低端客户面对相对陌生、复杂的 FC 技术望而却步。一般来说，FC SAN 大多数需要特定的工具软件来操作管理，所以需要对管理人员进行一定时间的培训，而且费用不低。

第三，容易形成存储孤岛。由于 FC SAN 受通信协议制约，不能使存储设备在无处不在的 Internet 上运行，不同的 FC SAN 中的存储设备不能互相通信，导致了存储孤岛的出现。

第四，设备的兼容性。各个厂商生产的 FC SAN 设备之间不兼容。不同厂商的 FC 适配器交换机及存储设备之间存在不同程度的兼容性问题。

（2）IP SAN

IP SAN 是基于 TCP／IP 构建的存储区域网络，可以将 SCSI 指令通过 TCP／IP 传达到远方，以达到存储设备之间相互通信的目的。由于传送的数据包内有传输目标的 IP 地址，因此 IP SAN 是一种效率较高的点对点传输方式。有三种不同的 IP 存储协议可以用来实现 IP SAN，分别是基于 IP 的光纤通道 FCIP、互联网光纤通道协议 IFCP（Internet Fibre Channel Protocol）和 iSCSI。其中基于 iSCSI 的 IP SAN 已经在市场上得到了广泛的应用，而 FCIP 和 CP 市场占用率并不高。

iSCSI 协议也是一个在网络上封包和解包的过程，在网络的一端，数据按照 iSCSI 协议的规范被 SCSI 设备封装成包括 TCPP 头、SCSI 识别包和 SCS 数据三部分内容。当数据传输到网络另一端后再由 iSCSI 设备解包。iSCSI 协议栈如命令描述块 CDB（Command Descriptor Block）是 SCSI 的核心部分，用于对 SCSI 存储设备进行 I／O 操作；CDB 在 iSCSI 协议中被封装成协议数据单元 PDU（Protocol Data Unit），PDU 用于监控数据的请求方与应答方之间的事务状态；数据同步机制是为了确保 iSCSI 数据和命令的有序接收，并处理数据包丢失的情况；最终数据的传递由 TCP／IP 负责。

①IP SAN 的优点

第一，建设成本低廉。IP SAN 基于以太网构建，可以充分依赖现有的网络架构，从而大大减少建设费用，另外 IP SAN 设备的价格都相对较低。

第二，良好的扩展能力。IP 网络建到哪里，IP SAN 就能部署在哪里。

第三，管理维护简便，费用低。IP 网本身就具有较强的网络管理功能，因此无须安装或定制专门的管理软件对 IP SAN 进行管理，利用熟悉而且简便的 IP 网络管理技术就能够实现对整个 IP SAN 的有效管理和维护。

第四，建设和管理人才丰富。Internet 的快速发展与应用的同时也造就了大批 TCP／IP 方面的人才，这为建设和管理 IP SAN 提供了丰富的资源。

②IP SAN 的缺点

第一，存储速度不高。到目前为止，IP SAN 最快的传输速度约为 100MB／s，远不及 FC SAN。

第二，安全性不高。由于 IP 网络环境复杂，熟悉 IP 网络技术的人相对比较多，因此它也比较容易受到攻击。

第三，传输的效能不高。由于 IP SAN 走的是 IP 网络，IP 网络上充斥着来自全球各地的庞大数据及噪声，数据碰撞和延迟情形时有发生，从而影响了传输的效能，甚至数据的正确性。

（三）绿色存储

所谓绿色存储就是低成本、高利用率的存储。绿色存储技术主要包括重复数据删除、自动精简配置等。

1. 重复数据删除

重复数据删除又被称为容量优化保护。据全球十大研究和分析咨询公司之一的 ESG 的统计，结构化数据每年的增长速度是 25%，而非结构化数据的增长速度是 50%—75%。

数据的增长速度只会越来越快，而数据备份更是显著地加快了数据的增长速度。数据增长的成本很昂贵，而其中很大一部分成本来自数据备份过程中产生的大量重复的数据副本。重复数据删除由于可以帮助用户缩小几十倍的数据量，是一种高效的数据缩减方式，为用户带来了良好的经济效益，因此已经成为一项引人注目的控制存储容量和成本的技术。

（1）基本原理。每一个数据通过散列算法产生一个特定的散列值，将这个散列值与现有的散列值索引相比较，如果已经存在于索引中，那么这个数据就是重复的，不需要进行存储。否则，这个新的散列值将被添加到索引中，这个新的数据也因此被存储。

（2）实现方式。重复数据删除技术可以分为两种实现方式：in-band 重复数据删除和 out-of-band 重复数据删除。

① in-band 重复数据删除。当数据到达配置了重复数据删除技术的存储设备时，首先在内存里对数据进行分析，判断是否存在已保存过的数据。如果已经存在，那么就写入一个指针来代替实际数据，否则再写入该数据。这样做可以显著降低 I／O 的开销，因为大部分工作是在内存里完成的，只是在查找数据块时有磁盘操作。② out-of-band 重复数据删除。out-of-band 处理的方式是先写入原始数据，读取，再确认其是否为重复的数据。如果是重复的数据那么就用一个或多个指针进行代替。

2. 自动精简配置

据《存储杂志》统计，全球平均只有 18.6% 的存储资源得到有效利用。这是由于传统存储配置技术是给每个应用配置充足的容量，然而配置的容量往往得不到充分的利用导致的存储资源的浪费。例如，应用程序的实际需要数据容量可能只有 100GB，但是根据各方面的要求，管理员通常会创建 500GB 的容量。500GB 的容量创建以后，就只为该应用程序服务，其余应用程序都无权使用。然而在很多情况下 500GB 不可能完全得到利用。

自动精简配置（Thin Provisioning）技术正是为了改变存储资源浪费问题而诞生的，它可以大大提高存储资源利率和配置管理效率，实现自动化的优化数据存储，同时也简化了存储架构的复杂性。自动精简配置在不久的将来可能成为数据中心的一个标准配置。

自动精简配置技术的工作原理是"欺骗"操作系统，操作系统在识别存储设备时，看到的并不是真实的逻辑卷，而是由自动精简配置技术虚拟出来的卷。只有当向存储设备写数据时，才会分配真实的容量。

五、数据备份

数据备份是为了防止由于用户操作失误、系统故障等意外原因导致的数据丢失，而将整个应用系统的数据或一部分关键数据复制到其他存储介质上的过程。这样做的目的是保证当应用系统的数据不可用时，可以利用备份的数据进行恢复，尽量减少损失。与数据备份相关的概念有以下几个。

（1）备份窗口（Backup Window）：一个工作周期留给系统进行数据备份的时间。

（2）7×24系统：系统如果能够一周7天，一天24小时运行，那么就称之为7×24系统。

（3）备份服务器：是指连接到备份介质的计算机，备份软件一般在备份服务器上运行。

（一）备份结构

当前最常见的数据备份结构可以有三种：DAS备份结构、基于LAN的备份结构、LAN-FREE备份结构。

1.DAS备份结构

最简单的备份结构就是将备份设备（RAID或磁带库）直接连接到备份服务器上，DAS备份结构在数据量不大、操作系统类型单一、服务器数量有限的情况下能满足需要。当用户的计算机系统规模不断扩大，数据量急剧增长以及网络环境复杂的情况下，DAS备份结构的弊端就暴露出来了：一是不同的服务器需要单独的备份设备，不同的操作系统需要不同的软件来支持，这无疑增加了管理的难度；二是需要备份的数据分布在不同的服务器，备份好的数据也分布在不同的存储设备上，难以进行统一的管理；三是无法实现对数据的在线实时备份，而且进行备份工作时会给计算机系统带来很大的负载，从而影响服务器提供正常的服务；四是由于数据线的距离限制，难以实现远程数据备份，系统容灾能力弱。

2. 基于 LAN 的备份结构

基于 LAN 的备份结构是一种 C／S 模型，它存在多个服务器或客户端通过局域网共享备份系统。这种结构在小型的网络环境中较为常见，用户通过备份服务器将数据备份到 RAID 或磁带机上。与 DAS 备份结构相比，这种结构最主要的优点是用户可以通过 LAN 共享备份设备，并且可以对备份工作进行集中管理。缺点是备份数据流通过 LAN 到达备份服务器，这样就和业务数据流混合在一起，会占用网络资源。当备份数据量大时，会对 LAN 带来很大的负载。因此该结构为了避免对 LAN 运行的正常业务产生不良影响，必须挑选合适的备份窗口，在短时间内完成备份工作。

3. LAN-FREE 备份结构

为了克服基于 LAN 备份结构的缺点，它将备份数据流和业务数据流分开，业务数据流主要通过业务网络进行传输，而备份数据流通过 SAN 进行传输。

LAN-FREE 备份结构引入了 SAN，具有以下优点：

（1）SAN 的带宽保证了能充分发挥备份设备的性能。

（2）备份数据流和业务数据流分别在不同的网络中传输，备份数据时就不会对正常业务产生影响。

（3）备份设备在 SAN 中作为一个独立节点而存在，被所有需要进行备份工作的服务器共享，而在 LAN 中备份设备仅仅是作为中心备份服务器的外设。

（4）容易扩展备份容量。当现有的备份设备存储容量不够时，只需要在 SAN 上增加一个备份设备节点即可。

LAN-FREE 备份结构的主要缺点是由于备份数据流要经过应用服务器，因此会影响应用服务器提供正常的服务。

（二）备份策略

备份策略是指确定需要备份的内容、备份时间和备份方式，主要有三种备份策略：完全备份、差分备份和增量备份。

1. 完全备份（full backup）

每天都对需要进行备份的数据进行完全备份。当数据丢失时，用完全备份下来的数据进行恢复就可以了。这种备份主要有两个特点：一是由于每次都对数据进行完全备份，导致在备份数据中有大量的数据是重复的，比如有些数据并没有发生变化也会再次备份，这些重复数据将占用大量的存储空间；二是进行完全备份的数据量大，备份所需的时间长，必须能容忍长时间的备份窗口，这对业务繁忙的系统来说是不能忍受的。

2. 差分备份（differential backup）

每次所备份的数据只是相对上一次完全备份之后发生变化的数据。

3. 增量备份（incremental backup）

每次所备份的数据只是相对于上一次备份后改变的数据。这种备份策略没有重复的备份数据，节省了备份数据存储空间，缩短了备份的时间，但是当进行数据恢复时就会比较复杂。假设系统在星期三发生了故障，现在要将数据恢复到上次备份时的状态，也就是星期二的数据状态，那么就需要先找到上个星期日做的完全备份进行数据恢复，然后再依次用星期一和星期二所做的增量备份进行恢复。

如果其中有一个增量备份数据出现问题，那么后面的数据也就无法恢复了，因此，增量备份的可靠性没有完全备份和差分备份高。

六、数据容灾

数据容灾的关键技术主要包括远程镜像技术和快照技术。

（一）远程镜像技术

远程镜像技术是在主数据中心和备份中心之间进行数据备份时用到的。镜像是在两个或多个磁盘子系统上产生同一个数据镜像视图的数据存储过程：一个称为主镜像系统，另一个称为从镜像系统。远程镜像又称为远程复制，它在远程维护数据的镜像，这样在灾难发生时，存储在异地的数据不会受到影响。

1.远程镜像的类型

（1）同步远程镜像。同步远程镜像是将主镜像系统的数据以完全同步的方式复制到从镜像系统，每次对主镜像系统进行数据 I / O 操作时，也对从镜像系统进行数据的 I / O 操作，只有当两者都完成了操作时才能进行下一步。由此可见同步远程镜像的 RPO 值为零，也就是没有丢失数据，达到了 SHARE 78 标准的第 6 级。同步远程镜像虽然从原理上类似于 RAID1 结构，但是和本地 RAID1 不同的是，由于本地和异地之间较远的距离、网络的带宽等因素的限制，同步远程镜像会严重影响本地系统的性能，因此同步远程镜像一般限于在相对较近的距离上应用。

（2）异步远程镜像。异步远程镜像是将主镜像系统的数据以后台异步的方式复制到从镜像系统，应用服务对数据的 I / O 操作照常进行，不需要关心远程数据复制的情况。异步远程镜像使得本地系统性能受到的影响小，大大缩短了数据处理的等待时间，具有对网络带宽要求小、传输距离长的优点。不过，由于从镜像系统的数据 I / O 操作没有得到确认，极有可能会破坏主从镜像系统的数据一致性。

2.远程镜像的实现方式

（1）基于硬件的远程镜像。基于硬件的远程镜像主要由存储设备厂商来提供，通过专门的线路乃至于协议来实现不同物理存储设备之间的数据交换。这种方式对主机的负担较小，但是不同厂商之间的技术往往无法统一，存在兼容性问题。

（2）基于软件的远程镜像。基于软件的远程镜像利用软件系统实现，主要由软件生产商提供。在利用软件实现远程数据复制的同时，往往也实现了远程监控和切换功能，相对于利用硬件进行远程数据镜像，软件复制技术灵活性高，系统之间的兼容较好，但是对主机资源的消耗比较高。

（二）快照技术

所谓快照就是关于指定数据集合的一个完全可用的复制，该复制是相应数据在某个时间点（复制开始的时间点）的映像。快照的作用有两个：一是能够进行在线数据恢复，可以将数据恢复成快照产生时间点时的状态；二是为用户提供另外一个数据访问通道，比如在原数据在线运行时，利用快照数据进行其他系统的测试。

1. 快照的类型

目前有两类快照：一类叫作即写即拷（copy-on-write）快照，另一类叫作分割镜像快照。

即写即拷快照可以在每次输入新数据或已有数据被覆盖时生成对存储数据改动的快照。

分割镜像快照也叫作原样复制、克隆，它是引用镜像硬盘组上所有数据。分割镜像快照可以由主机用软件完成（Windows 上的 Mirror set、Veritas 的 Mor 卷等），或者直接由存储设备来完成。

2. 快照的使用方法

快照有三种使用方法：冷快照、暖快照和热快照。

（1）冷快照。冷快照是指在系统关闭或者应用程序停止提供服务时执行快照操作。冷快照是保证系统可以被完全恢复的最安全方式。在进行任何大的配置变化或维护过程之前和之后，一般都需要进行冷快照，以保证完全的恢复原状（roll back）。

（2）暖快照。暖快照是利用系统的挂起功能。当执行挂起行动时，所有的内存活动都被保存在一个临时文件中，并且暂停服务器应用。在这个时间点上，复制整个系统（包括内存、LUN 以及相关的文件系统）的快照。在这个快照中系统上所有的数据均冻结在完成挂起操作时的时间点上。

当快照操作完成时系统在挂起行动开始点上恢复运行，从表面上看就好比在快照活动期间系统被按了一下暂停键。对于访问系统的用户看来，服务只是暂时中断了一段时间。

（3）热快照。热快照是指在系统不中断服务的情况下执行快照操作。在热快照下系统发生的所有数据写入操作都写在一个暂存区中，而不会影响到执行快照的目标 LUN，以保持文件系统高度的一致性。当快照完成后，系统会对比暂存区与目标 LUN 的差异，并写入新的或发生变化的数据。热快照不会中断系统提供的服务，唯一的影响是在执行热快照期间，系统 I／O 性能有所降低。

七、数据质量管理

（一）数据质量描述

1.数据质量定量元素

数据质量定量元素用于描述数据集满足预先设定的质量标准及指标的程度，并提供定量的质量信息。数据质量指标分为两个级别：一级数据质量定量元素是具有相同本质的二级质量元素的集合，它具有数据完整性，即特征、特征属性和特征关系存在或不存在；逻辑一致性，即数据结构、属性即关系的逻辑规则一致性程度等。

2.数据质量非定量元素

数据质量非定量元素提供综述性的、非定量的质量信息，包括数据生产的目的，即描述数据的创建原因和预定的使用；用途，即描述数据的应用范围。

（二）数据质量评价

1.数据质量评价过程

数据质量评价过程是指产生和报告数据质量结果的一系列步骤，即范围限定的数据集或产品规范或用户需求→确定适用的数据质量定量元素及数据质量范围→第二步确定数据质量度量方法→第三步选择并使用数据质量评价方法→第四步决定数据质量结果→第五步决定一致性→报告数据质量结果（定量的）→报告数据质量结果（通过或不通过）。

2.数据质量评价方法

（1）直接评价法

①直接评价法的分类

直接评价法根据执行评价所需要的信息源，进一步细分为内部直接评价法和外部直接评价法。

数据质量内部直接评价法需要使用的所有数据都来自被评价数据集内部。比如，为检查边界闭合的拓扑一致性而进行的逻辑一致性测试的所需数据，属于拓扑结构的数据集。而数据质量外部直接评价法则需要参照测试数据集以外的数据。比如，对集中道路名称数据做完整性测试，就需要参照其他信息源的道路名称；而位置准确度的测试需要一个参照数据集或重新测量。

②实现直接评价法的手段

直接评价法的实施可以通过两种方式实现：全面检查或抽样。

全面检查要求对总体中每一个单位产品进行检验。

抽样要求检测总体中足够数量的单位产品，以获得数据质量评价结果。在抽样时，特别是当使用小样本和不同于简单随机抽样的方法时，要对数据质量评价结果的可靠性进行分析。

（2）间接评价方法

一般是在直接评价方法不可用时才用间接评价方法，间接评价方法根据外部知识评价数据集的质量。外部知识包括但不限于数据质量定性元素和其他用来生产数据集的数据集或数据质量报告，如数据集使用信息数据日志信息和用途信息等。

（三）数据质量控制

1. 数据生命周期各阶段对质量的影响

对于数据资源来说，虽然在内容、表现和存在形式等方面存在诸多差异，但其生命周期是相同的，都有从产生到应用的过程，包括数据描述、数据获取、数据管理、数据应用等四个阶段。

（1）数据描述

数据描述阶段是数据活动的开始阶段。在这一阶段对应用领域的业务进行分析，制定数据定义和数据标准，并最终完成数据结构设计。完备的数据标准能规范数据的结构格式、表现形式等，确保数据具有良好语义规范，因此一个良好的数据描述是质量控制的基础。

（2）数据获取

数据获取是数据实际积累和完善的过程，数据生产者借助仪器设备、辅助工具等对数据客体进行实验和观察后，获取数据。数据获取是与多方面的因素直接相关的，所以这些直接相关的因素都不同程度地对数据的质量状况造成影响，如观察客体的环境和状态、仪器设备、辅助工具、观测人员素质等。为了能够保证在数据获取阶段的数据质量，应当从相关的因素上采取相应的措施保证质量。

（3）数据管理

数据管理是在获取数据后，对数据进行存储管理、维护，并保证安全的各项活动。存储介质、环境都是和数据的质量紧密相关的，所以在该阶段应该关注其存储介质、环境等对质量的影响。数据管理还包括保护数据安全，在这一阶段，质量的控制和保证应当重点关注存储介质、环境以及管理系统的安全性、可访问性等因素。

（4）数据应用

数据应用阶段是将数据深加工后，满足具体的用户需求，实现数据价值的过程。在该阶段应该保证数据本身及其所产生的信息内容的正确、客观、完整，所以在此阶段，数据所产出信息的可信性、客观性是质量控制和保证的主要因素。

2. 数据质量控制过程

数据产品的质量控制分成前期控制和后期控制两个大部分。前期控制包括数据录入前的质量控制、数据录入过程中的实时质量控制，后期控制为数据录入完成后的后期处理质量控制与评价。

依据建库流程可分为下列几项内容。

（1）前期控制。

（2）过程控制。

（3）系统检测。

（4）精度评价。

（四）数据质量控制实施

质量控制贯穿于整个数据描述、获取、管理、应用过程中，数据质量控制一般分为以下七个环节实施。

（1）设计全过程的质量控制。

（2）对原始数据资料的质量控制。

（3）对数据获取手段的选择。

（4）对软硬件配置的要求。

（5）数据获取前的准备工作。

（6）数据获取中的监控。

（7）结果控制。

第二节　数据挖掘

一、数据挖掘的定义

关于数据挖掘有很多相近的术语，如数据库中的知识发现、知识挖掘、知识提取、数据／模式分析、数据考古、数据融合等。其中，最常使用的是数据挖掘和知识发现，并且两者在使用时常常不加区分。就术语的使用情况看，在2012年数据尚未被广泛关注之前，人工智能领域主要使用知识发现，而数据库领域和工业界主要使用数据挖掘，市场上的绝大部分产品也称为数据挖掘工具，而非知识发现工具。在数据受到广泛关注之后，数据挖掘被更加广泛地使用，其他术语的使用则越来越少。

相较于其他对数据挖掘的定义，本书的定义指出了数据挖掘的核心"大量"和"寻找"，而对挖掘到的"规律"没有做任何描述或限制，即没有要求"规律"是"有用的"。事实上，一个规律有用与否是由用户的需求决定的。挖掘算法本身很难保证挖掘结果的有用性，一般需要用户在挖掘过程中不断调整相关参数（如支持度、置信度等）来获得有用的结果。有时，一些被认为是"无用"的结果经过评价后可能是意外的好结果。

本书采用的数据挖掘定义：数据挖掘是指从数据集中寻找其规律的技术。我们将"数据集"强调为数据挖掘的对象。需要注意的是，在数据挖掘中，"寻找"变得更具挑战性，因为数据具有高价值、低密度的特性，即规律不是显而易见的，而是隐含在数据之中的，需要用新的方法和技术去寻找。同样地，对挖掘到的"规律"没有做任何描述或限制，数据的价值是更加难以估量的，需要在数据的应用中去实现。

二、数据挖掘的任务

数据挖掘在自身发展的过程中，吸收了数理统计、数据库和人工智能中的大量技术。从挖掘的主要任务角度看，数据挖掘任务仍然包含传统的五大类数据挖掘任务。但是，从技术角度看，针对数据集的特点、数据应用的需求，每一类任务都有扩展。以分类分析任务为例，分类分析是一种有监督的（或半监督的）挖掘技术，即需要有标签的训练集以指导分类模型的构建。在数据环境下，我们拥有规模巨大的数据集，为数据挖掘积累了更丰富的数据基础。但是，现实情况是数据集中更多的数据是没有经过专家打好标签的。例如，高血压危险因素分析中，将包含有大量因为没有出现高血压症状而没有就医的人群，但是从其健康档案记录或者其他就医记录中已隐藏了潜在的高血压危险因素，这需要有新的数据分类方法。在训练过程中综合利用较少的有标签样本和较多的无标签样本进行学习，降低对数据进行人工标注的昂贵开销，这就是新的分类分析任务。

需要说明的是，无论数据挖掘技术如何发展变化，相似性依然是数据挖掘技术的核心。在关联分析中，频繁模式挖掘可能涉及模式间的模糊匹配，这需要定义模式间的相似性度量；聚类分析的关键是定义对象间的相似性，以及探索簇间对象的相似性，因为聚类分析是根据对象之间是否相似来划分簇的；分类分析也是基于相似对象赋予同一类标签的思想，对数据对象进行分类的；异常分析虽然是找到相异于大部分数据对象的少部分数据对象，但是，如何判断少部分对象不同于其他对象，这也离不开相似性；特异群组分析仍然是基于对象是否相似而开展的，只是目的是寻找那些不同于大部分不相似对象的相似对象的集合；演变分析本身就是寻找时间序列中有相似规律的片段用以预测，这也需要相似性的支撑。可以看到，相似性是任何一种数据挖掘任务的核心。关于相似性已经有很多研究，然而，相似性总是根据应用场景、用户需求的差异而有所不同，这就形成了目前还没有一种相似性度量能够适用于任何场合的现象。因此，我们会发现到每一种数据挖掘任务都有许多种挖掘算法，尤其是聚类分析。

三、数据挖掘的相关技术

（一）数据存储与管理

传统的计算机系统和数据库无法处理数据，因为它们只能运行在一些小的计算机集群上（不超过 100 台），并且这些系统非常昂贵，往往还需要一些特殊的硬件支持。数据存储与管理与传统的计算机集群或是超级计算机的最大不同之处在于，这种架构的底层是由大量商用计算机（可能多达几千台）组成的。每一台计算机都称为一个节点（node）。节点放置在机架（rack）上，每一个机架包含 30—40 个节点。节点之间通过高速网络连接，在机架内外进行切换。数据分布式地存储在这些节点上，运用分布式的数据存储与管理系统进行统一管理。

（二）数据可视化

数据可视化帮助我们更好地理解数据，从中发现有意义的性质或模式。例如，通过对零售业务数据的可视化也许可以发现用户购买行为的变化趋势。然而，数据的庞大数据量是对可视化技术的挑战。数据可视化需要实时处理，这样才能让用户与可视化界面进行交互（例如放大或缩小）。并且，在屏幕上展示大量目标也是很困难的。接下来，我们将对此问题提出一些解决方法。

第一种方法是使用降维技术降低数据的维度。数据通常是超高维的，而大多数可视化技术只能支持二维或三维数据。有很多种数据降维的方法，例如主成分分析（PCA）、奇异值分解（SVD）。PCA指从数据中找到方差最大的方向，然后将高维数据投影到这些维度上。

第二种方法是将数据分类到多个簇，然后只展示每个簇的中心，而不是展示所有数据。

前两种解决方法通过数据计算框架（例如 Hadoop 和 Map Reduce）都可以离线完成。

第三种方法发现可视化技术并不需要高精度的计算，因为通常情况下屏幕分辨率要比计算的精度低得多，Choo 等由此提出了一系列解决方法。方法之一是使用迭代的交互式可视化。例如，假设用户希望利用 k-means 算法对数据进行聚类并对结果可视化。k-means 算法采用迭代式过程，每一轮迭代各个数据点都被赋予最近的簇，然后新的簇中心被计算出来。通常做法是在整个数据集上运行 k-means 算法，然后进行可视化。然而，绝大部分簇的变化过程都发生在最初的几轮迭代，因而可以在 k-means 算法每轮迭代结束时对各个簇进行可视化，而当簇的中心不再明显改变时停止算法。这种方法可以节省 k-means 算法的大量时间，并且使用户可以尽早看到可视化的结果。

四、数据预处理

（一）数据预处理的重要性

数据预处理是数据挖掘（知识发现）过程中的一个重要步骤，尤其是在对包含有噪声、不完整，甚至是不一致数据进行数据挖掘时，更需要进行数据的预处理，以提高数据挖掘对象的质量，并最终达到提高数据挖掘所获模式知识质量的目的。

（二）数据清洗

现实世界的数据常常是有噪声的、不完全的和不一致的。数据清洗（data cleaning）例程通过填补遗漏数据、消除异常数据、平滑噪声数据，以纠正不一致的数据、以下将详细介绍数据清洗的主要处理方法。

1.遗漏数据处理

（1）忽略该条记录

若一条记录中有属性值被遗漏了，则将此条记录排除在数据挖掘过程之外，尤其是当类别属性（Class Label）的值没有而又要进行分类数据挖掘时。当然这种方法并不是很有效，尤其是在含有属性遗漏值的记录比例较大时。

（2）手工填补遗漏值

一般来讲，这种方法比较耗时，而且对于存在许多遗漏情况的大规模数据集而言，显然可行性较差。

（3）利用缺省值填补遗漏值

对一个属性的所有遗漏的值均利用一个事先确定好的值来填补。如都用 OK 来填补。但当一个属性遗漏值较多时，若采用这种方法，就可能误导挖掘进程。

（4）利用均值填补遗漏值

计算一个属性（值）的平均值，并用此值填补该属性所有遗漏的值。

（5）利用同类别均值填补遗漏值

这种方法尤其在进行分类挖掘时使用。如若要对商场顾客按信用风险（Credit Risk）进行分类挖掘时，就可以用在同一信用风险类别下（如良好）的 income 属性的平均值，来填补所有在同一信用风险类别下属性"income"的遗漏值。

（6）利用最可能的值填补遗漏值

可以利用回归分析、贝叶斯计算公式或决策树推断出该条记录特定属性的最大可能的取值。

2. 噪声数据处理

（1）Bin方法

Bin方法是指通过利用相应被平滑数据点的周围点（近邻），对一组排序数据进行平滑。排序后数据分配到若干桶（称为Buckets或Bins）中。此外，Bin方法也可以用于属性的离散化处理。

（2）聚类方法

通过聚类分析可帮助发现异常数据（Outliers），道理很简单，相似或相邻近的数据聚合在一起形成了各个聚类集合，而那些位于这些聚类集合之外的数据对象，自然而然就被认为是异常数据。

（3）人机结合检查方法

人与计算机检查相结合的检查方法，可以帮助发现异常数据。这种人机结合检查方法比单纯利用手工方法手写符号库进行检查要快许多。

（4）回归方法

可以利用拟合函数对数据进行平滑。如借助线性回归（linear regression）方法，包括多变量回归方法，就可以获得多个变量之间的一个拟合关系，从而达到利用一个（或一组）变量值来帮助预测另一个变量取值的目的。利用回归分析方法所获得的拟合函数，能够帮助平滑数据并除去其中的噪声。

3. 不一致数据处理

现实世界的数据库常出现数据记录内容的不一致，其中一些数据不一致可以利用它们与外部的关联手工加以解决，例如，输入发生的数据录入错误一般可以与原稿进行对比来加以纠正。此外，还有一些例程可以帮助纠正使用编码时所发生的不一致问题；知识工程工具也可以帮助发现违反数据约束条件的情况。由于同一属性在不同数据库中的取名不规范，常常使得在进行数据集成时，出现不一致的情况。

五、计算机与数据挖掘

（一）计算机数据挖掘技术的概念

计算机数据挖掘技术实际上就是从大量的数据中挖掘出对自己有用的、有趣的知识。这些数据都是已知的，目前这一技术被广泛地应用在了商业领域，它在商业中的主要含义是从大量的商业相关数据中通过构建模型、分析等方法，来提取一些对商业管理者有用的信息，以此来帮助管理者做出相应的决策。

（二）计算机数据挖掘技术的历史发展

在 20 世纪下半叶，由于全球多门学科的综合发展，需要储存以及利用的数据越来越多。随着数据库的兴起和发展，社会上不论是商业领域还是行政领域等对于数据的要求已经不仅仅是发现和查找这么简单了，更多的是需要对数据的深层挖掘从而获得数据背后隐藏的一些信息。在同一时间内计算机也得到了飞速的发展，人们对这两项技术的结合进行研究，从而产生了知识发现这一项新的技术手段。数据挖掘便是知识发现中最核心的部分，到了近些年，由于网络的飞速发展，数据挖掘技术也被应用于各行各业，逐步发展成熟起来了。

（三）计算机数据挖掘技术的应用

数据挖掘技术从一开始就是面向应用的。数据挖掘技术的应用范围很广，有大量数据的地方就有数据挖掘的用武之地。目前，企业界把数据挖掘应用到许多领域，例如营销、财务、银行、制造厂、通信等。

1.科学研究

从科学研究方法学的角度看，科学研究可分为三类：理论科学、实验科学和计算科学。计算科学是现代科学的一个重要标志。计算科学工作者主要和数据打交道，每天要分析大量的实验或观测数据。随着先进的科学数据收集工具的使用，如观测卫星、遥感器、DNA 分子技术等，数据量非常大，传统的数据分析工具无能为力，因此必须有强大的智能型自动数据分析工具才行。

数据挖掘在天文学上有一个非常著名的应用系统：SKICAT（Sky Image Cataloging and Analysis Tool）。它是美国加州理工学院喷气推进实验室（即设计火星探测器漫游者号的实验室）与天文科学家合作开发的用于帮助天文学家发现遥远的类星体的一个工具。SKICAT 既是第一个获得相当成功的数据挖掘应用，也是人工智能技术在天文学和空间科学上的第一批成功应用之一。利用 SKICAT，天文学家已发现了 16 个新的极其遥远的类星体，该项发现能帮助天文工作者更好地研究类星体的形成以及早期宇宙的结构数。

数据挖掘在生物学上的应用主要集中于分子生物学，特别是基因工程的研究上。基因研究中，有一个著名的国际性研究课题——人类基因组计划。据报道，1997 年 3 月，科学家宣布已完成第一步计划：绘制人类染色体基因图。然而这仅仅是第一步，更重要的是对基因图进行解释从而发现各种蛋白质（有 10000 多种不同功能的蛋白质）和 RNA 分子的结构和功能。近几年，通过生物分子系列分析方法，尤其是基因数据库搜索技术，学界已在基因研究上有了很多重大发现。

2. 产品制造

随着现代技术越来越多地应用于产品制造业，制造业已不是人们想象中的手工劳动，而是集成了多种先进科技的流水作业。在产品的生产制造过程中常常伴随着大量的数据，如产品的各种加工条件或控制参数（如时间、温度等控制参数），这些数据反映了每个生产环节的状态，不仅为生产的顺利进行提供了保证，而且通过对这些数据的分析，得到产品质量与这些参数之间的关系。这样通过数据挖掘对这些数据的分析，可以对改进产品质量提出针对性很强的建议，而且有可能提出新的更高效节约的控制模式，从而为制造厂家带来极大的回报。这方面的系统有 CASSIOPEE（由 Acknosoft 公司用 KATE 发现工具开发的），已用于诊断和预测在波音飞机制造过程中可能出现的问题。还有 LTV Steel Corp，它是美国第三大钢铁公司，也使用数据挖掘来检查潜在的质量问题，使得公司的劣质品减少 99%。

3. 市场营销

数据挖掘技术在市场营销中的应用是数据挖掘目前最成功的商业应用之一，主要包括客户分析（包括客户行为分析、客户流失分析和客户的忠诚度分析等）、产品分析（包括购物篮分析、市场预警和进行描述式数据挖掘等）、促销分析以及改进企业市场预测机制等方面。

在客户分析方面，我们希望找出客户的一些共同的特征，希望能借此预测哪些人可能成为我们的客户，以帮助营销人员找到正确的营销对象。数据挖掘可以从现有客户数据中找出他们的特征，再利用这些特征到潜在客户数据库里去筛选出可能会成为客户的名单，作为营销人员推销的对象。这种基于数据挖掘的营销对我国当前的市场竞争具有启发意义，我们经常看到熙熙攘攘的大街上一些厂家的营销人员对来来往往的行人不分对象地散发大量的商品宣传广告，其结果是资料被不需要的人随手丢弃，而需要的人并不一定能轻松得到。如果家电维修服务公司向在商店购买家电的消费者邮寄维修服务广告，药品厂商向医院特定门诊就医的病人邮寄药品宣传资料，一定可以降低成本，也可以提高营销的成功率。

产品分析中的购物篮分析主要是用来帮助零售从业人员了解客户的消费行为，比如哪些产品客户会一起购买，或是客户在买了某种产品之后，在多久之内会买另一种产品等。利用数据挖掘，可以帮助确定商店货架的布局摆放以促销某些商品，并且在进货的选择和搭配上也更有目的性。市场预警分析主要是对市场中出现的大量数据，通过数据挖掘发现某产品在地区销售异常或对某客户销售异常提出警告信息。

4. 客户管理

客户关系的管理（Customer Relationship Management，CRM）是数据挖掘的另一种常见的应用方式。客户管理要实现三个基本目标，即如何获取客户、如何留住客户、如何极大化客户价值。在这种情况下，对客户数据进行深度分析就具有了直接而又现实的意义。比如通过分析客户的行为，可以看出客户是不是准备要转向竞争对手。数据挖掘中的前后行为分析功能可以让我们在一些原本是我们的客户，后来却转而成为我们竞争对手的客户群中分析他们在转向期间的行为特征，再根据这些特征从现有客户数据中找出有可能转向的客户，然后公司必须设计出一些方案将他们留住，因为毕竟找一个新客户的成本要比留住一个原有客户的成本高出许多。

5. 金融投资

典型的金融分析领域有投资评估和股票交易市场预测，分析方法一般采用模型预测法（如神经网络或统计回归技术）。由于金融投资的风险很大，在进行投资决策时，更需要通过对各种投资方向的有关数据进行分析，以选择最佳的投资方向。目前，国内有很多进行股票分析的软件，并且定期有专家进行股票交易预测，这些人工的预测一般是根据自己的经验再通过对已有的股票数据的分析而得到的，由于是人工处理，很难对更大量的股市数据进行分析。无论是投资评估还是股票市场预测，都是对事物发展的一种预测，而且是建立在对数据的分析基础之上的。数据挖掘可以通过对已有数据的处理，找到数据对象之间的关系，然后利用学习得到的模式进行合理的预测。

6.Internet 应用

Internet 的迅猛发展，尤其是 Web 的全球普及，使得 Web 上信息量无比丰富，Web 上的数据信息不同于数据库。数据库有规范的结构，如关系数据库的二维表结构。毕竟数据库的创建是为了机器可读，因此有统一的格式，它是一种结构化的文件。Web 上的信息则不然，主要是文档，它的初始创建目的是为了人类使用。文档结构性差，好者半结构化，坏者如纯自然语言文本则毫无结构。因此 Web 上的开采发现需要用到不同于常规数据库开采的很多技术。下面将从信息发现和用户访问模式发现两个不同的 Web 开采任务角度对这方面工作的研究现状进行评述。

Web 信息发现也称信息搜索或查询，它的一般过程是：用户向系统提出查询条件，系统调用搜索引擎开始工作，然后把搜索结果提交给用户。Web 信息发现根据用户希望查找的对象可分为两种：资源发现和信息提取。前者目的在于根据用户要求找出有关的 Web 文档位置；后者则是能自动从有关文档中抽取出满足用户需要的信息。

资源发现本质上是网上搜索，关键在于自动生成 Web 文档的索引。典型的索引生成系统有 WebCrawler 和 Altavista 等，它们能对上百万数量的 Web 文档进行索引，文档中的每个单词的倒排索引均保存起来，技术上类似全文检索。用户通过输入关键词就能对所有建了索引的文档进行检索。目前在用的索引系统有十几种，用户输入同样的关键词在不同的索引下可能会得到不同的结果。为了提高搜索的准确度，研究人员又开发了一种建立在上述索引系统之上的高层系统 Meta Crawler，它能并行地把用户输入的关键词提交给 9 种不同的索引系统，然后研制新的更好的索引系统、利用已有索引系统或搜索引擎（如 Yahoo）开发高层次的搜索或发现系统。相比之下，后者的研究更为活跃。从技术上看，自动文档分类或归类方法将对这方面的研究有很大作用。

用户使用 Web 获取信息的过程中需要不停地从一个 Web 站点通过超文本链接跳转到另一个站点。这是一种完全不同于上述所讲的资源发现的任务。理解 Web 上的用户访问模式有这些好处：辅助改进分布式网络系统的设计性能，如在有高度相关的站点间提供快速有效的访问通道；能帮助更好地组织设计 Web 主页；帮助改善市场营销决策，如把广告放在适当的 Web 页上或更好地理解客户的兴趣。

7. 欺诈甄别

近年来，电话公司、信用卡公司、保险公司、股票交易商以及政府单位每年因为欺诈行为造成的损失都非常严重。对这类诈骗行为进行预测，哪怕是正确率很低的预测，都会减少发生诈骗的机会，从而减少损失。进行诈骗甄别主要是通过总结正常行为和诈骗行为之间的关系，得到诈骗行为的一些特性。当某项业务符合这些特征时，期诈甄别系统就会向决策人员提出警告。如在这方面应用非常成功的 FALCON 系统。FALCON 是 HNC 公司开发的信用卡欺诈估测系统，它已被相当数量的零售银行用于探测可疑的信用卡交易。FALCON 的数据格式主要针对一些流行的信用卡公司，如 VISA、MASTER 等，因此它的应用面很广。

8. 军事领域

随着以现代信息技术为核心的高新技术在军事领域的广泛应用，数据挖掘在军事领域的作用也更加重要。数据挖掘是未来信息战争中掌握信息化优势、牢牢掌握战争主动权的得力工具。具体来讲，在作战过程中，使用数据挖掘技术可以帮助指挥员快速获取相关信息，数据挖掘能发现战争中已有事件与新近事件间的联系，并通过已知事件推导未来事件，预测将要发生的事件，使指挥员能透过纷繁复杂的环境和瞬息万变的态势，清醒地察觉所处的战场形势，迅速制订作战计划，夺取战场的决策优势和行动优势。不仅如此，运用数据挖掘技术，还可以发现隐藏在大量信息背后的事实，进而预测可能发生的危机，从而保证在战略上高瞻远瞩，在战术上先发制敌。数据挖掘技术不仅可以应用在战场上，平时，它的应用对部队的信息化建设也起到事半功倍的效果，在平时若利用数据挖掘技术对军事历史数据进行挖掘，也可挖掘出敌方作战资源的配置和使用的规律和趋势，增强对敌我双方现有作战能力的认知，制定合理的作战方案。

第六章 大数据时代的理解

第一节 大数据时代的概念与特征

从 18 世纪中叶开始，科学的技术化和社会化成为这个历史时期的突出特征，出现了三次技术革命：以改良蒸汽机使用为标志的第一次工业革命，以电力内燃机使用为标志的第二次工业革命，以微电子技术的应用与发明为标志的第三次科技革命。在不到 300 年里，人类社会已走过了蒸汽时代、电气时代和信息时代。而现在，以大数据、物联网、云服务、移动互联网等为代表的新一代信息技术正在改变着商业模式，并逐步影响人类的生活方式甚至是思维方式。根据摩尔定律，这些大的时代转型，大数据时代正在向我们走来。

一、大数据时代的概念

劳动工具是生产力发展水平的重要标准，而生产力发展水平则是一个时代的本质特征。大数据，是作为一种新的劳动资料而出现，对生产力的发展有着直接的推动作用，这也是大数据时代会被称为一个时代的原因。

苏联的经济学家及统计学家尼古拉－康德拉基耶夫在其经济大周期理论中认为，发达商品经济中存在着为期 54 年的周期性波动。根据康德拉基耶夫周期理论，经过了理论中的第四个长波同第三次信息化科技革命相吻合之后，我们现在正处于第五次长波的开始极端，因此，我们有理由相信人类社会即将第4次科技革命。下一个时代的名字呼之欲出，那就是数据化科技革命之后的大数据时代。

例如在购物网站上购买产品时，总会被网站所给出的推荐所吸引，这就是网络购物平台通过大数据分析得出的最容易达成交易的数据，这些数据已经渗透到当今每一个行业和业务职能领域，成为重要的生产因素。人们对于海量数据的挖掘和运用，预示着新一波生产率增长和消费者盈余浪潮的到来。全球知名咨询公司麦肯锡最早提出大数据时代的到来。其实，大数据的挖掘与运用，已经在许多领域早有运用，由于近些年互联网和信息行业的进一步发展，进而引起了大家的关注。

大数据时代下，数据成为真正的有价值的资产，云计算、物联网等技术手段都是为数据服务开辟道路的，企业交易经营的内部信息、网上物品的物流信息、网上人人交互，或者人机交互信息、人的位置信息等，都成为摆在明面的资产，企业等运用技术手段盘活这些数据资产，并直接应用于个人的生活选择、企业的决策甚至国家治理。

我们认为大数据时代有三层含义。其一，用传统的数据库等分析工具挖掘处理大量的数据，用统计学等方法得出结论。这是大数据技术刚刚起步、大数据时代刚刚显现时，人们对大数据时代的初步认识。其二，用新的大数据技术对海量大数据进行处理、分析与预测，这也只是大数据时代的浅层含义。其三，用大数据思维看待社会发展，用大数据技术推进社会的发展，对个人生活、企业发展、政府管理作出变革，对整个社会形态变革产生深远的影响。这才是大数据时代的真正含义。

二、大数据时代的基本特征

大数据科技的进步所带来的变化，会让整个时代都带着数据科技的特点。大数据时代，数据将会进入每一个行业，甚至每一项生产活动中，通过数据的手段对个人生活、生产活动、组织决策甚至社会走向产生推进作用，大数据时代以数据作为生产力提升的重要手段，利用这一新的生产元素，挖掘其内在价值，将生产力发展推升到一个全新的高度。

大数据时代有着一些小数据时代所没有的基本特征，可以总结为三点：一切都将被数据化、数据可以预测未来和数据的控制力是存在限度的。接下来本书将分别从数据化特征、预测性特征和数据所能达到的控制精度来阐述。

（一）一切都将被数据化

人类的感知是通过眼睛、耳朵和皮肤等感觉器官受到刺激，以神经冲动的方式传导至大脑，通过大脑的反应进行认识活动。而在电脑这里，摄像头成了它的眼睛、话筒成了它的耳朵，各种各样的传感器则成了它的皮肤，通过传感器检测到的电信号，进入电脑成为人们所需要的数据流。因此，之前许多人类不能或不方便感知、测量的，现在可以通过传感器技术将其准确地数据化。随着传感器技术的发展，几乎没有什么不能被它们所捕捉，大至气候的变化，海洋的气温、走向，室外空气质量等自然界悄无声息的变化，小至生物传感器可以对细胞、细菌和病毒的检测。生物传感器可以通过具有分子识别能力的生物活性物质感受目标的变化，再经由信号转换器，也叫换能器，转化为电信号，就可以将微观领域的细胞、细菌等的变化量化为数据进行分析研究。通过这种方法，可以检测人体的细微变化，不光是健康方面，甚至可以检测人的情绪变化，形成心情指数。利用先进的传感器技术，大数据时代的一切问题几乎都可以量化为数据。

数据化的技术手段改变了世界，同时也推动了社会科学的发展。过去，信誉、名声、影响力等都是无法测量的，是存在于人心中的一种模糊的评判，而在大数据时代，社会科学的发展可以给这些无形资产确定一些标准，或者确立一种测量方法，它们就可以被测量出数值来，以一种量化的形式更直观地展示出来。通过数据挖掘分析的方法，可以用数学的手段进行社会科学的研究，进而得出一些更为准确的、更有依据的答案。例如，企业、大学的影响力排名、影响因子，电子商务门户网站的商家信誉等级，人们的幸福感指数变化规律，等等。此外，将一些非结构化的数据进行收集并挖掘分析，更能够使社会科学的研究更进一步。互联网社交平台每天有数以亿计的人发着各种各样的信息，这些都是社会研究庞大的资源，通过对这些文字、图片、视频等非结构化数据的研究，可以极大地推动社会科学的发展。

量化的最终目的是预测，通过量化分析，发现数据中的规律，通过规律，推导之后的变化，进而达到预测的目的，这是人类在大数据时代找到的把握未来的途径。若要数据的预测直接给出一个确定答案，那几乎是不可能的，因为任何的测量都会存在一定的误差，但是，数据可以给出下一步事件发生概率的预测，也就是说虽然没有确定答案，但可以给出一个最优的选择，这就是大数据对未来的预测。在一切都可以被量化的基础上，可以对任何事物进行一种短时间内的可能性预测，大数据已经使人类在预测未来问题上迈出了重要的一步。

（二）数据可以预测未来

预测是大数据技术应用的核心，也是挖掘大数据的意义之所在，根据建立起来的模型对未来进行某方面的预测，并通过人为的一些手段来进行干预，使其向着我们所需要的方向发展，这是大数据最大的意义。自古以来，人类都希望通过蛛丝马迹来预测未来的发展，希望可以拨开现实的迷雾看到未来，通过观测天文现象、星星的运行轨迹来预测未来的占星术，通过解读燃烧龟甲后出现的纹路，或者用蓍草的摆放、铜钱的正反等占卜术，还有沟通上天意志，又或者以祈求获得一些神给予的启示的宗教祭祀，等等。人类通过各种各样、奇奇怪怪的方式，希望可以偷偷地窥探未来一眼，但是，残酷的事实是，这些方法都没有科学依据，也谈不上预测未来。大数据时代的数据挖掘分析给了预测未来一条新的道路，而且已经被证实有着真实有效的作用，例如谷歌流感预测就是大数据预测能力的有力体现。

大数据既然可以预测未来，那这种预测同以往的占卜的预测能力一样吗？答案必然是否定的，大数据的预测并不像那些占卜术，企图从冥冥之中得到启示，不下一番苦功夫就想窥探到未来，根本是不可能的。大数据的一层含义是海量数据，而这些海量的数据必然不是全部都有用，甚至绝大多数都是没有任何意义的，而对我们有用的信息就像隐藏在大量噪声中的信号，其中包含一些来自未来的信号，只有剔除这些噪声，捕捉到有用信号，预测未来才可实现。信息的数量在不停地、快速地、大量地增长，而其中大部分的信息都是噪声，信息量越大，隐藏在其中有用的信号的比率越接近零。尽管大数据开辟了一条能够看到未来的道路，却又因为大数据的发展不断地将这条道路竭力地隐藏起来。不过，既然人类已经看到了这条道路，就不会轻易地松手，噪声虽然会使我们离真相越来越远，但我们相信不断进步的大数据挖掘技术可以让我们牢牢地把握住这条通向未来的隧道。

大数据既然是一条通向未来的道路，那么它就不仅仅局限于事件的走向和发生，对于人类的行为也同样有着预测的能力。在 Twitter，Facebook，Youtube 或者中国的微博等社交网站上，人们越来越愿意将自己的行为记录在这些公共的社交平台上，这些社交平台所记录的各种数据，其实就是人们每天的行为。人们的行为并不是无规则的，而是有着一定的规律性，美国的艾伯特·拉斯洛·巴拉巴西教授在推翻法国数学家西莫恩·德尼·泊松的人类行为随机符合泊松分布的观点之后，提出了人类行为符合蒂律规律，也就是说人类的行为是可以预测的，再结合大数据时代的数据收集分析能力，人类的行为大部分已经能够被大数据所预测。不论是事件的发生、走向，还是人类所可能发生的行为，大数据都体现出了它具有先见之明的能力，那么大数据真的可以毫无顾忌地将所有事情都预测出来吗？答案是否定的，大数据的控制力范围很大，但是并非无限大，它是有局限性的。

（三）数据的控制力是存在限度的

对于大数据的预测能力有许多的反驳意见，其中黑天鹅事件就是一种非常有力的反驳。欧洲人在 17 世纪之前认为天鹅是白色的，但在澳大利亚发现了第一只黑天鹅，黑天鹅的出现破灭了欧洲人长久以来的固定认识和信念。因此人们用黑天鹅的存在来喻示那些不可预测的重大的稀有事件，在意料之外，却能改变一切。黑天鹅事件警醒人类不要过度地相信经验，一只黑天鹅的出现就能够颠覆一切。因此，大数据虽然具有预测能力，但这种预测能力并非万能的，在它的领域之内，可以进行短期的预测，但如果是长久的未来的变化，那应该叫做预言，至少现在还仅仅在传说中出现。认清大数据的控制能力，不能盲目崇拜、依赖大数据的预测能力。同时，大数据的数值也是在预测一件事情发生的可能性，考虑到所有因素，这种可能性不可能等于100%。

列宁关于唯心主义曾有过这样一段论述："人的认识不是直线，而是无限地近似于一串圆圈、近似于螺旋的曲线。这一曲线的任何一个片段、碎片、小段都能被变成独立的完整的直线，而这条直线能把人们……引到泥坑里去……"列宁的比喻非常形象，历史的发展也不是沿着直线进行的，然而每一个片段都能被近似地看作直线，而大数据的预测能力就在这一片段的近似直线中，这个片段越短就越接近直线，越短时间内的大数据预测其准确程度就越高。由于数据是既定的事实，根据既定事实对未来进行推测，必然无法考虑到一些随机性事件（黑天鹅事件）可能发生的概率或者影响，时间越长随机性事件发生的概率则越大，大数据所能做的准确预测则越容易受到干扰。

数据的预测能力是强大的，但也有其局限性。对于短期没有众多因素干扰、具有一定规律的未来事件，数据的预测能力具有强大的把控能力。对于长远的、大方向上的未来演进，大数据所能做出的结果就不是那么可靠了，毕竟大数据拥有的是预测能力，而非预言能力。大数据时代，我们应当正确地看待大数据的预测能力，利用它对事件的短期预测能力和干预能力对社会发展做出更大的贡献，而不是迷信它的预测能力，将其看成一种预言，本末倒置地去追求虚无缥缈的事情。由此可见，大数据时代下数据的控制力适用范围极大，包括事件的发生发展、人类的行为等，然而预测的有效性随时间推移而渐弱，随机性事件的产生则有极大可能直接推翻所有预测结果。

第二节　大数据时代的发展层次

运用大数据技术，通过对海量细分数据的处理，能够做到精细化管理。2013 年，广安集团引入浪潮 GS，采用单件管理系统，通过一猪一 ID 的方式对其成长周期进行全过程监控，实现饲养流程精细化、集约化管理，每年饲料节约了两成左右，同时实现了食品安全可追溯，一举多得。

通过对海量的数据进行深度挖掘，实现可视化分析，为业务管理、领导决策和突发事件的应急处理提供科学依据。深圳市儿童医院搭建 IBM 信息集成平台，整合分散在多系统中的海量数据，实现各部门的信息共享；同时通过商业智能分析对集成数据进行深入挖掘，为医院各部门人员的科学决策提供全面辅助，提升了医院的服务水平和管理能力。

大数据能够帮助企业分析大量数据，进一步挖掘市场机会和细分市场，然后对每个群体量体裁衣般采取独特的行动。目前中国银行已在前端柜面平台系统（BANCK–LINK）的数据库中部署了大量的 SQLServer 等解决方案。未来，中国银行将会与微软携手，通过 SQLServer 等解决方案，结合中国银行的业务需求，将大数据最终落地。在业务层，结合微软的全球统一客户经理平台项目（CRM），中国银行得以实现了客户精准营销分析，同时能够有效地对风险和绩效进行管理。

利用大数据技术实现监控管理与实时分析。山东省旅游产业运行监测管理服务平台，基于浪潮云海 IOP 大数据支撑平台，不仅涵盖了全省旅游行业的要素数据，而且与省内公安系统、交通系统、统计系统、环保系统、通信系统等十余个涉旅行业部门联合，共同提供、开发涉旅数据，整合汇集了山东省相关旅游数据信息。研究开发旅游评价数据体系、旅游搜索热度数据体系、旅游营销数据体系、旅游新媒体数据体系等，实现了包括旅游产业宏观监管、旅游产业客流监测、旅游产业服务三大功能。

大数据让企业能够创造新产品和服务，改善现有产品和服务，以及发明全新的业务模式。阿里金融基于海量的客户信用数据和行为数据，建立了网络数据模型和一套信用体系，打破了传统的金融模式，使贷款不再需要抵押品和担保，而仅依赖于数据，促使企业迅速获得所需要的资金。阿里金融的大数据应用和业务创新，变革了传统的商业模式，给传统银行业带来了挑战。

第三节　大数据时代下的数据思维

在大数据时代，人们生活在无数数据流中，数据开始影响人们的生活，改变人们的生活，同时对人们的思维方式也有着潜移默化的改变。这种在大数据时代背景下产生的数据思维也可称为大数据思维。

一、大数据思维的内容

在大数据时代的背景下，传统的以计算为中心的理念要逐渐转变为以数据为中心，形成数据思维。大数据时代必然会改变世界，必将对人们的学习、生活和工作方式，更重要的是思维方式产生彻彻底底的变革。人类的思维活动可以影响生产生活活动，并且思维自身的发展也必然受到自然界和整个社会环境的不断影响。先进的数据科技的应用带来了新的生产生活方式，人的思维方式也受到了极大的影响，这种影响不仅仅存在于方法上、工具上，人类的认知能力和准确性也会大幅度提升。大数据的思维方式得到全方位的落实，给人类带来大机遇、大挑战、大变革，终将从大数据走向大社会。大数据时代呼啸而来、势不可当，以往的一些东西正在慢慢地消散，大数据将会重塑整个社会和人类看待世界的方式，形成大数据时代的数据思维。

Schonberger 指出，数据思维就是在处理数据时要做到三大转变。第一个转变是在大数据时代可以分析更多的数据，甚至是与之相关的所有数据，而不再依赖于采样。社会科学研究社会现象的总体特征，采样一直是主要的数据获取手段，信息技术的普及让人们意识到这其实是一种人为限制，然而使用所有数据可以带来更全面的认识，可以更清楚地发现样本无法揭示的细节信息。

第二个转变是不再追求精确度。与银行、电信等行业的精确计算需求不同；社会计算是对社会动态的反映，当拥有海量即时数据时，绝对会对科学在宏观层面拥有更好的洞察力。

第三个转变是不再热衷于寻找事物间的因果关系，而应该寻找相互之间的相关关系。社会科学中的因果关系是概率性的，只能研究原因的结果，而不是结果的原因，相关关系也许不能准确地说明一个社会现象发生的原因，但它会揭示其发展过程。

上面是 Schonberger 的观点，他不再依赖于采样、结论模糊、注重相关关系三个角度来区别数据思维与传统思维。而我们认为大数据时代的数据思维应该包括分析整体、不追求精确、研究相关关系与及时删除信息垃圾，分别对应着不依赖采样、结论模糊、注重相关关系与学会遗忘四个角度。

1. 分析整体

随着大数据时代的到来，我们有了收集和处理大规模数据的能力，如果还是像以前那样用尽可能少的数据来完成分析，则未免有些得不偿失，毕竟在大数据时代，增大样本随机性比直接拿所有数据来分析更困难，而直接将全部数据作为样本进行分析，我们将会拥有更多样化、准确性更高的分析结果。

大数据时代，不再需要我们用"以小见大"的方式来看世界，我们可以直接收集和处理事件所产生的全部信息和数据，我们有了"以大见小"

的基础。同时，我们已经有了研究事物之间的途径——相关关系研究，有能力更进一步地对细节进行分析，那么我们就应当把目光更多地投向全体数据和更细微处的细节。

2. 不追求精确

大数据时代的到来，是因为我们的数据科技可以对量级非常大的数据进行储存、传输、处理和分析等，然而这些数据只有 5% 是结构化数据，这些可以适用于传统的数据库，而剩下的 95% 的数据都是非结构化数据，这些数据是不能被传统的数据库所利用的。传统的数据库是执着于精确性的，如果我们不接受混乱信息，那么只有 5% 的数据可以研究，剩下的 95% 都无法被利用，那么也就谈不上大数据时代了，因此，大数据时代不是追求精确，而是接受混杂。

事实证明，在量级达到一定程度时，想要保证所有数据的精确性无疑是天方夜谭（至少现在是如此），那么，我们就必须要求我们的数据库、算法等处理方式能够容忍错误的存在，在海量数据的冲刷下，错误对于最终的影响变得微乎其微，大数据可以容纳错误的存在。同时，除了错误，大数据时代还可以容纳混乱的存在，首先便是格式的不一致。互联网中的信息多种多样，甚至对于同一件事物都有着成千上万种表达，因此研究这项事物则必须接受众多不同的表达。大数据时代对于错误和混乱的接受，我们称之为接受混杂，这种混杂的表现是繁多的种类和高容错率的表现，在绝对意义上的"大"量的数据面前，种类的不同和一定的错误率是不能够阻碍人们从大数据中撷取隐藏在其中的有价值的果实的。

3. 研究相关关系

相关关系的思维方式是我们解释世界的新途径，也是我们改变世界的新方法，相关关系的应用将对我们的科学研究、日常生活，甚至企业和政府的运作方式等产生巨大的变革。数据间所发现的相关关系使我们将之前看似毫无关联的事件联系到了一起，这必将打破众多的壁垒，今后"隔行"不再如"隔山"，看似无关的事件也可能存在一定的相关关系，这种相关关系无关因果，却是实实在在的联系。

相关关系的大放异彩，是科学技术发展到现阶段的必然成果，这并不意味着我们就此只需要相关关系来找寻规律，进而放弃因果关系所带来的理论体系。毕竟，没有因果关系，我们的科技也不可能发展到今天这个高度。相关关系和因果关系将应用于不同的领域或是运用于不同的研究中，作为两种不同的研究方法来共同探究这个世界的众多奥秘。相关关系的兴起正是大数据科技的发展所带来的，而反之相关关系的研究必将对大数据时代的发展起到推动作用。在大数据时代，我们可以看到相关关系的巨大优势，就应当积极地去运用、去发掘它的潜力，这会使得科学研究、社会进步的道路变得更加平坦。

4. 及时删除信息垃圾

大数据时代使人类对记忆的认识有了颠覆性的变革。过去，我们不断努力，希望我们的记忆可以更加长久一些，尽力地延长我们的记忆时间。而大数据时代的到来，可以将记忆永久保存，这解决了人类过去延长记忆的问题，也给人们带来新的困扰和难题。巨大的信息量使得我们深陷于纷繁杂乱的信息中，更难将有效的信息提取出来，虽然庞大的信息量可能包含更多的有效信息，但并不能代表我们将拥有超强的学习能力，在大量记忆下来的信息中，提取有效的信息，将其整理分析出有效的结果才是我们最需要的学习能力。除了有效的信息外，剩下的信息垃圾我们就应当将其彻底遗忘，才不会对我们产生困扰和阻碍。因此，在大数据时代，如何将有效信息提取并记忆，将大量无效的或者过时的信息删除并遗忘，是我们应当考虑的一大问题。

二、大数据思维变革的方向

上面提到大数据时代的数据思维应该包括分析整体、不追求精确、研究相关关系与及时删除信息垃圾，这也是大数据时代思维方式的重要变革。

根据这些变革，可以发现大数据思维方式变革的总体方向，包括预测性、模糊性和复杂性。

1. 预测性

大数据时代带给我们海量的数据和先进的数据分析技术，以及二者的结合带来的我们最为关心的一项能力——预测。大数据带给我们最为重要，也是我们最想得到的就是它无与伦比的预测能力。大量的传感器将我们身边的一切物体纳入物联网，使一切事物的动态、变化都变成大量的数据流不断进入负责监控的计算机。基于云计算技术的强大数据分析能力将这些数据进行分析处理，得出的结果则可以对事物现时的情况进行把握，同时也能对其下一步的发展进行预测。

在大数据时代，我们能够对事物的进一步发展进行预测，尽管我们还做不到 100% 掌控。由此可见，大数据的预测能力已经在各行各业崭露头角，并且很快被大家运用起来。而这种预测能力带给我们的就是思维上的前瞻性和预测性的变化趋势。

大数据不但可以预测事物的发展状况，甚至连人类行为也可以进行预测。美国的艾伯特·拉斯洛·巴拉巴西教授在他的《爆发》一书中表示，人类行为的 93% 是可以预测的。在之前的研究中，科学家们认为人类的行为是随机的、偶然的、毫无规律的，是根本无法预测的。法国数学家西莫恩·德尼·泊松在 1873 年发表的《关于刑事案件和民事案件审判概率的研究》中认为，陪审员犯错的概率是可以计算的。他认为如果人类行为是随机的，那么就是可以通过泊松分布来进行预测的。事实上，泊松分布并不能预测人类的行为，而且人类行为也并非随机性的。艾伯特·拉斯洛·巴拉巴西教授通过分析人们发送电子邮件和浏览网页的习惯发现了人类行为符合幂律分布，即不断地将一些事物搁置拖延，并在短时间之内爆发，将这些事情迅速处理完毕，并做出了更进一步的研究和阐释。而在大数据时代下的数据监测可以将人们的行为转化为数据。例如，我们在网上发布状态，GPS 追踪我们的行程，非结构化数据分析可以对这些数据进行分析，经过人类行为预测模型的处理，就可以对人们的行为进行预测，也就是说，人类的大部分行为也可以被预测。

数据可以看到未来这点毋庸置疑，然而预测并非预言，大数据能预测的是短期内受其他影响因素影响较少的事物的发展，这种预测有着极大的限制，并非臆想中的无所不能、无所不知。可是，即便如此，大数据的预测能力已经给人们看向未来开了一扇窗，在大数据的帮助下，人们不会再摸着石头过河，而是可以站得高一些，稍稍看清前方的路。这种转变对人类来说是非常重要的。人们对于未来不再是彷徨无措、一无所知，而是可以通过对大数据的分析进行推测，这是人类思维方式变革的一个大方向。

2. 模糊性

世界上许多事物是不能完全精准解决的，过去认为是科技不发达导致不够精确，现在发现事物本身就存在模糊性，用精确的手段自然不能够解释和处理。这一点从"模糊数学"学科的兴起便可看出。在大数据时代，我们发现了更多的模糊性事物，那么我们的思维方式也必将从过去的精确性思维方式向模糊性思维方式转变，这样我们才能更好地适应和推动科技的发展和社会的发展。

大数据的模糊性来源于数据的混杂和错误，前面章节里讲到大数据接收错误和混杂，这样就难以保证精确，也不需要再执着于精确，因为大数据的"大"已经可以解决当下许多问题。模糊性就成了人们思维方式上需要变革的方向。如果要人们放弃简单地为某一件事情定性，而学会用概率和数据说话，或许需要一定的时间。但不可否认的是，这终究是我们今后进步的方向。此外，数据的模糊性还来自数据的生长性，大数据时代大多数的数据不是静态的，而是不断生成、不断变化的动态数据，对于这种具备生长性的数据，很难做到精确地、简单地定性，而是需要我们用模糊的和概率的数据来表达。因此，在大数据时代，接受了错误和混杂，认识到数据的动态变化，我们的思维方式必将展现出一种模糊性的变化趋势。

3. 复杂性

大数据时代相关关系的研究打破了传统的线性因果关系的科学研究思路，从许多通过传统科学研究方法根本无法联系在一起的事物中寻找到了一定的联系。这打破了传统的机械思维和还原方法论的统治，同复杂性科学研究方法类似，甚至可以说大数据时代的研究方法本身就是一门复杂性科学，而这种复杂性科学也代表了这个时代人类思维的方式向着复杂性的趋势发展。复杂性科学认为一切对象都是有生命的、会演化的系统，最简单的几个要素通过非线性的相互作用，也有可能涌现出复杂的行为，我们不能根据简单的因果关系推导系统的行为。大数据时代的相关关系研究恰恰就是通过数据之间的关系来研究事物之间非线性的相互作用，大数据时代对复杂性科学将起到极大的推进作用，也会给人类的思维方式带来复杂的变化趋势，人们眼中的世界将不再是简单的、可以被分割的一个个单独的个体，而是互相联系的一个复杂的系统。

大数据时代思维方式复杂性的变化趋势，除了将世界看成一个有联系的复杂的系统，还必须认识到这个系统是动态的、时刻都在变化的。过去的数据是某个时间采集到的静态数据，这种数据是静态的，是有时滞性的，大数据时代的数据都是不断变化的，随时随地都可以采集到这种动态数据，可以直接反映当前的动态和行为。大数据时代数据的采集、存储、传输、处理和使用都十分便捷，使我们可以不断地获得最新数据。

数据的动态变化监测能力能够让我们更容易地研究世界的发展变化。大数据时代的研究正朝着正确的方向进发，不断地将这个世界清晰地还原到人脑之中。在大数据时代，复杂性的、动态的思维方式将被树立，人们的思维方式也将呈现复杂性的变化趋势。

大数据被人们广泛熟知，对其分析、处理技术近几年也迅速发展。毕竟，"大"是一个相对概念。回顾以往的信息发展史，数据库、数据仓库、数据集市等信息管理领域的关键技术，很大程度上也是为了处理海量的数据问题。

然而，大数据成为新兴热点，主要应归功于近年来互联网、云计算、移动和物联网的迅猛发展。无所不在的移动设备、RFID（射频识别）、无线传感器等先进仪器，都在随时随地产生数据，数以亿计的用户在使用互联网服务时会产生巨量的交互等，要处理的数据量实在是太大，并且增长的速度非常快，然而业务需求和竞争压力对数据处理的实时性、有效性又提出了更高要求，传统的技术手段根本无法应付。

在这种情况下，技术人员纷纷研发和采用了一批新技术，包括分布式缓存、基于 MPP 的分布式数据库、分布式文件系统、各种 NoSQL 分布式存储方案等，为解决大数据问题提供了帮助。

第四节　大数据引领信息化新时代

一、最优的推荐商品

个性化推荐系统是建立在海量数据挖掘基础上的一种高级商务智能平台，以帮助电子商务网站为其顾客购物，提供完全个性化的决策支持和信息服务。购物网站的推荐系统为客户推荐商品，自动完成个性化选择商品的过程，满足客户的个性化需求，推荐基于网站最热卖商品、客户所处城市、客户过去的购买行为和购买记录，进而推测客户将来可能的购买行为。

国外著名的 Amazon.com 在线商城就使用了基于协同过滤和内容过滤的推荐算法，为用户推荐产品，并且得到了很好的效果，是个性化推荐领域的领跑者。国内的当当书城也向 Amazon.com 学习建立了个性化推荐系统。豆瓣电台以及其他类似互联网音乐产品都采用了协同过滤的推荐算法，因此为用户所喜欢。

商品详情是可能挖出金子的岛屿，于是商家们就使了各种招式，让用户来到商品详情页。然后悄悄念起魔鬼的咒语，恨不得用户马上去点全页最醒目的那个"加入购物车"或"立刻购买"。然而，绝大部分 B2C 的 UV（UV，即 Unique Visitor，是指通过互联网访问、浏览这个网页的自然人）转化率不超过 5%，何况是 PV（Page View）访问量，称页面访问量。每打开或刷新一次页面 PV 计数 +1，绝大部分用户最终是不会购买这个商品的，有可能是因为价格不合适，有可能是因为不喜欢商品细节，有可能大多数的好评里有一个让他难以接受的差评，总之，他不想买。

（一）难道让用户就这么流失？

相关商品推荐的作用就是让用户继续逛下去，直到让他找到喜欢的商品。好的商品推荐，能让用户无法停下脚步。

（二）相关商品推荐的关键在于"相关"

相关商品销售的关键在于"相关"，这就意味着必须从某个角度或者维度对商品进行切分，然后聚类，推荐给用户。这跟线下的商品陈列是很类似的。

（三）基于商品和基于用户行为相关推荐

纵观目前各大电商网站的相关推荐，无非从"基于商品"和"基于用户行为"两个方面进行相关商品推荐。

1. 基于商品

主要有两种方式："相关搭配"和"销售排行榜"。相关搭配，通常是基于互补的商品和品类，比方说卖手机时，搭个手机壳、充电器等。"销售排行榜"，则必须加上其他的标签进行细化，比如"同品类""同品牌""同价格段"等。

2. 基于用户行为

这种推荐就是通过用户个人或者群体表现出来的特征进行推荐。这种方式亚马逊、淘宝用得可谓淋漓尽致。像"猜你喜欢"之类，基于用户的个人属性特征，比如年龄、性别、购物偏好、收入水平等。这种推荐没有丰富储量的数据根本实现不了。但其实还有一些更简单的方式，最简单的如：用最近浏览的商品模块，通过广告推送、商品推荐等方式唤醒用户记忆。

（四）区分推荐商品类型：同类商品、补充商品和友好商品

以一件衬衣的商品详情页为例，你推荐了一件别的衬衣，那是同类商品；推荐了一条皮带，那是补充商品；你算法算出来，买了衬衣的用户通常还买了袜子，那是友好商品。

通常来说，同类商品排行榜：浏览该商品的用户还浏览了、浏览该商品的用户最终购买了，推荐的往往是同类商品。相关搭配、购买该商品的用户同时还购买了，推荐的是补充商品，猜你喜欢之类的推荐的是友好商品等。

一般来说，商品详页的内容应该包括同类商品、补充商品和友好商品，但不要把想到的所有模块都铺上。那如何用设合适的模块呢？要考虑下面几个因素。

1.区分品类的需求特点：需求集中和需求分散

产品生命周期长、新品更新慢的产品，往往购买需求比较集中，这时候商品品种之间关系比较稳定，基于品类的推荐会比较靠谱，这时候像"相关搭配""销售排行榜"等从各个维度（品类、品牌、价格）进行拆分，匹配用户的概率就会比较低。

而像女装这样需求高度分散的商品，销售排行榜之类的推荐往往不靠谱，这时候使用基于用户行为的商品推荐可能会更匹配一些，其原因在于买这样的商品的人是同一类人，有着相似风格，因此这里的基于用户浏览、购买行为的推荐，其实还可以再打上风格的商品属性标签，这个标签可以不给用户看到。

2.区分用户的类型：老用户和新用户

对于新用户的推荐应用以上方法足够了。老用户的相关推荐方法可以更丰富些，可有个性化的商品推荐，如果是平台性的网站，可以推荐你购买过的店铺同类商品等。当然，如果没有基础能力，这些还是没办法实现的。

3. 商品推荐的位置

一般网站都是将补充商品放在商品主图下方，而同类商品、友好商品的推荐放在侧边栏和底栏。第一目标，仍然是让用户购买；第二目标，买了，就搭配上其他东西，引导用户多买点；第三目标，若这个不是用户需要的货，推荐用户看看侧栏其他商品如何。

（五）最终还是要看数据

上面讲了一些思路，但对或不对，适合还是不适合，最终还是要看数据。看哪些数据？单纯从商品详情页跳转来看的话，要看商品详情页访问量中上一级页面是商品详情页的比重，商品详情页相关推荐模块的点击率。此外，其他数据也值得参考，如商品详情页 PV／整站 PV 和商品详情页跳失率，不过这两项数据受其他因素的干扰比较大。

（六）孤岛相连

相关推荐更多的是一种基础能力，通常短视的网站看不到它的重要性，这类网站的相关推荐做得特别粗糙，很难做到"相关"。相关推荐也是比较难的，在实际应用中是需要不断地根据数据去优化，而且越复杂的算法越需要不断迭代完善。

但商品与商品之间确实需要通过某种线索联结起来，而这一种线索无论是通过商品打标、工人配置还是算法匹配的方式，都应该建立一种机制让这些满是宝藏的孤岛相连，这样才能更加繁荣。

二、流失模型

用户流失是指用户不再重复购买，或终止原先使用的服务。由于各种因素的不确定性和市场不断地增长以及一些竞争对手的存在，很多用户不断地从一个供应商转向另一个供应商，是为了求得更低的费用以及得到更好的服务，这种用户流失在许多企业中是普遍存在的问题。

流失预测分析，业界普遍都是采用决策树算法来建立模型。对客户进行流失分析和预测的基本步骤包括：明确业务问题的定义，数据挖掘流程描述，指标选择及如何运用挖掘结果来指导客户挽留活动。

（一）明确业务问题定义

数据挖掘是个不断尝试的过程，没有定式。即使数据挖掘人员掌握了一些套路，然而在没有弄明白要做什么以及数据情况到底如何之前，其实是不能给客户任何保证的。业务问题定义类似于需求分析，只有明确了业务问题才能避免多走弯路和浪费人力物力。

对于客户流失预测来说，一般要明确以下几个问题：第一，什么叫做流失？什么叫做正常？第二，要分析哪些客户？比如在移动通信行业，很可能要对签约客户和卡类客户分开建模，还需要排除员工号码、公免号码等。第三，分析窗口和预测窗口各为多大？用以前多久范围的数据来预测客户在以后多久范围内可能流失。

（二）变量选取、数据探索和多次建模

这个类似于指标选择，也就是要确定变量，互联网中的绝大多数客户数据都可能被探查并用于建模过程。以电信业为例，通常分为如下几类：第一，客户基本信息；第二，客户账单信息；第三，客户缴费信息；第四，客户通话信息；第五，客户联络信息。

这些变量的数目很多，而且还会根据需要派生出很多新变量，比如，近一月账单金额和近三月账单金额的比例（用于反映消费行为的变动）。建议挖掘人员把所有能拿到的数据都探索一遍，然后逐步明确哪些变量是有用的。而对于一个公司来说，事先能给出一份比较全面的变量列表，也正体现了他们在这方面的经验，对于挖掘新手来说，多思考，多尝试，也会逐渐总结出来。

（三）对业务的指导（模型的发布及评估反馈）

挖掘人员常常是技术导向的，一旦建立好流失预测模型并给出预测名单之后，就觉得万事大吉，可以交差了。但是对于客户来说，这远远不够。一般来说，客户投资一个项目，总希望从中获益，因此，在验收时领导最关注的问题可能是：数据挖掘对我的 ROI 收益率有什么提升？要给客户创造价值，就需要通过业务上的行动来实现。这种行动可能是帮助客户改善挽留流程，制定有针对性的挽留策略，明白哪些客户是最值得挽留的，计算挽留的成本以及挽留成功后可能带来的收益。以上这些方面需要挖掘人员不仅仅是技术专家，还需要是业务专家。

三、响应模型

在公司营销活动中，使用最为频繁的一种预测是响应模型。响应模型的目标是预测哪些用户会对某种产品或者是服务进行响应。这样，在以后类似的营销活动时，利用响应模型预测出最有可能响应的用户，进而只对这些用户进行营销活动。这样的营销活动定位目标用户更准确，并能降低公司的营销成本，提高投资回报率。

以商业银行为例，对客户个人信息、客户信用卡历史交易情况、客户银行产品等各种数据进行一系列处理与分析，利用各种数据挖掘方法对所有商业银行已有客户的信用卡营销响应概率进行预测，通过评估模型的预测效果，选择最适合的模型参数建立完整的数据挖掘流程，就可以给出每个客户对信用卡宣传活动的响应度，并同时可以得到对应于不同的响应度的客户群的特征。

客户营销响应模型的优势在于它能根据客户历史行为客观地、准确地、高效地评估客户对信用卡产品是否感兴趣，让营销人员更好地细分市场，进而准确地获取目标客户，提高业务管理水平和信用卡产品的盈利能力。

四、客户分类

企业要实现盈利最大化，需要依赖两个关键战略：确定客户正在购买什么，如何以有效的方式将产品和服务传递给客户。大多数企业都没有通过客户细分来识别和量化销售机会，企业的不同部门可能会从不同的角度试图去解决这个问题，如营销部门评估客户需求，财务部门看重产品的盈利能力，人力资源部门制定销售人员的激励计划等，但是这些专业分工没有充分地把他们努力集成，以产生一种有效的营销方法。没有准确的客户定位，没有对目标客户的准确理解，稀缺的营销资源被投放在无效的、没有针对性的计划上，通常不能产生预期的效果，并浪费了大量的资源。客户细分能够帮助企业有效调动各种营销资源，协调不同部门的行动，为目标客户提供满意的产品和服务。

客户细分是指按照一定的标准将企业的现有客户划分为不同的客户群。通过客户细分，公司可以更好地识别客户群体，区别对待不同的客户，采取不同的客户保持策略，达到最优化配置客户资源的目的。然而传统客户细分的依据是客户的统计学特征（如客户的规模、经营业绩、客户信誉等）或购买行为特征（如购买量、购买的产品类型结构、购买频率等）。这些特征变量有助于预测客户未来的购买行为，这种划分是理解客户群的一个良好开端，但还远远不能适应客户关系管理的需要。

近年来，随着 CRM 理论的发展，客户细分已经成为国内外研究的一个焦点。为了突破传统的依据单一特征变量细分客户的局限，很多学者都在从不同角度研究新的客户细分方法。在此将这些细分方法归纳为两大类：基于价值的客户细分和基于行为的客户细分，并引入 V–NV 的二维客户细分方法。

（一）基于价值的客户细分

基于价值的客户细分（Value–based Segmentation）首先是以价值为基础进行客户细分的，以盈利能力为标准为客户打分，企业根据每类客户的价值制定相应的资源配置和保持策略，将较多的注意力分配给较具价值的客户，有效改善企业的盈利状况。

早在数据库营销中，借助两种最基本的分析工具证实了并非所有客户的价值都相等。一是"货币十分位分析"，把客户分为 10 等份，分析某一段时间内每 10% 的客户对总利润和总销售额的贡献率，这种分析验证了帕累托定律，即 20% 的客户带来 80% 的销售利润。

二是"购买十分位分析"，把总销售额和总利润分为 10 等份，显示有多少客户实现了 10% 的公司利润。这种分析显示实现公司 10% 的销售额仅仅需要 1% 的客户就够了。这些规律的客观存在表明价值细分的有效性。

1. 基于盈利能力的细分

在以价值为基础的细分方法上，营销人员可以当前盈利能力和未来盈利能力为标准为客户打分数，然后根据分数的高低来细分市场，针对不同价值的细分市场制定不同的客户保持策略。

基于盈利能力的细分方法通过评估客户盈利能力来细分客户，体现了以客户价值（客户为企业创造的价值）为基础的细分思想，有利于制定差别化的客户保持策略。然而无论是当前盈利能力还是未来盈利能力都不能全面反映客户的真实价值。由于客户关系是长期的和发展的，客户的价值应该是客户在其整个生命周期内为企业创造的全部价值，而不仅仅是某一阶段的盈利能力。

2. 客户价值细分

客户价值细分的两个具体维度是客户当前价值和客户增值潜力。每个维度分成高、低两档，由此可将整个客户群分成四组，细分的结果可用一个矩阵表示，称为客户价值矩阵。其中，客户当前价值是假定客户现行购买行为模式保持不变时，客户未来创造的利润总和的现值。可以简单地认为，客户当前价值等于最近一个时间单元（如月／季度／年）的客户利润乘以预期的客户生命周期长度，再乘以总的折现率。客户增值潜力是假定通过采用合适的客户保持策略，促使客户购买行为模式向着有利于增大对公司利润的方面发展时，公司增加的利润总和的现值。客户增值潜力是决定公司资源投入预算的最主要依据，它取决于客户增量购买（up-buying）、交叉购买（cross-buying）和推荐新客户（refer a new customer）的可能性和大小。

Ⅰ类客户（白金客户）：目前与该企业有业务往来的前 1% 的客户，代表那些盈利能力最强的客户。典型的是产品的重度用户，他们对价格并不十分敏感，愿意花钱购买，愿意试用新产品，对企业比较忠诚。

Ⅱ类客户（黄金客户）：目前与该企业有业务往来的 4% 的客户。这类客户希望价格有折扣，没有白金客户那么忠诚，他们的盈利能力没有白金层级客户那么高。他们往往与多家企业做生意，以降低风险。

Ⅲ类客户（铁客户）：目前与该企业有业务往来的 15% 的客户。这类客户的数量很大，但他们的消费支出水平、忠诚度和盈利能力不值得企业去特殊对待。

Ⅳ类客户（铅客户）：剩下来的 80% 的客户。该类客户不能给企业带来盈利。他们的要求很多，超过了他们的消费支出水平和盈利能力对应的要求，有时是问题客户，向他人抱怨，消耗企业资源。

客户价值细分以客户的生命周期利润作为细分标准，能够更科学地评价客户的价值。但是，客户价值细分的两个细分维度，客户当前价值和客户增值潜力的测算都是以客户关系稳定为基本前提的。然而现实的客户关系是复杂多变的，绝对的稳定是不存在的。因此，仅仅依据客户生命周期利润细分客户，不考虑客户关系的稳定性，也就不能衡量客户关系的质量，这样会极大增加资源配置的风险。

（二）基于行为的客户细分

每个客户和每个市场，对于满意度和忠诚度的不同促进因素将会做出不同的反应，通过对客户行为的测量，就能够确定哪些是急需改进的因素，而不是把各细分市场平均化，这样就可以体现出关系营销战略的优先顺序法则。

1.RMF 分析

RMF 分析是广泛应用于数据库营销的一种客户细分方法。R（Recency）指上次购买至今之期间，该时期越短，则 R 越大。研究发现，R 越大的客户越有可能与企业达成新的交易。R 越大，企业保存的该客户的数据就越准确，因为企业拥有的数据会迅速失效，每隔一年约有 50% 的信息变得不准确。M（Monetary）指在某一期间购买的金额。M 越大，越有可能再次响应企业的产品与服务。F（Frequency）指在某一期间购买的次数。交易次数越多的客户越有可能与企业达成新的交易。

RMF 分析的所有成分都是行为方面的，应用这些容易获得的因素，能够预测客户的购买行为。进行 RMF 分析，所有的客户记录都必须包含特定的交易历史数据，并准确标号。RMF 分析给客户的每个指标打分，然后计算 $R \times F \times M$。在计算了所有客户的 $R \times F \times M$ 后，把计算结果从大到小排序，前面的 20% 是最好的客户，企业应该尽力留住他们；后面 20% 是企业应该避免的客户；企业还应大力投资于中间 60% 的客户，使他们向前面的20% 迁移。向上迁移（Migrate up）的客户提高了他们的消费量和忠诚度。此外，企业应关注那些拥有与前面 20% 的客户相同特性的潜在客户。

RMF 分析是一种有效的客户细分方法。在企业开展促销活动后，重新计算每个客户的 RMF，对比促销前后的 RMF，可以清楚地看出每个客户对于该活动的响应情况，为企业开展更加有效的营销提供可靠的依据。其缺点是分析过程复杂，需要花费很多时间，而且细分后得到的客户群过多，如每一种变量使用三个值就会得到 27 个客户群，以至于难以形成对每个客户群的准确理解，也就难以针对每个细分客户群制定有效的营销策略。

2. 基于客户忠诚的细分

在以行为为基础的细分中，客户忠诚度是一个关键变量。忠诚客户群体带来的销售额和盈利水平对公司至关重要。最具代表性的是研究者把忠诚分成态度忠诚和行为忠诚两个维度。有研究认为，只有当重复购买行为伴随着较高的态度取向时才产生真正的客户忠诚。可以依据重复购买的程度和积极态度的强度把客户分为四类：最佳客户、必须投资的客户、保留客户和最糟糕的客户。

客户忠诚度可以反映客户关系的稳定性，通过测量客户忠诚度，就可以有效地评价客户关系的质量。因此，基于忠诚的客户细分实质上是依据客户关系的质量来细分客户，据此可以制定出更有效的客户保持策略。然而这种细分方法没能区分客户的价值，可能会误导客户保持策略（对没有价值的客户投入过多而造成利润损失）。

综上所述，基于价值的客户细分很好地区分了客户价值，却忽略了客户关系的质量；基于行为的客户细分很好地区分了客户关系的质量，却忽略客户价值。

（三）客户细分和聚类分析

以上的研究分别从价值和行为两个维度对客户进行细分，但这些细分的方法都是定性的细分方法或只从少数几个变量对客户进行细分，细分的结果具有主观性，客户矩阵的划分中缺乏定量细分。结合数据挖掘的聚类分析，可以将客户的行为或价值的变量作为聚类分析的维度，将每个客户的大量数据输入数据挖掘软件，进而由系统根据 K-Means 的算法自动形成不同的客户类或群。这样数据挖掘将能实现客户的细分，并且能获得影响客户分群的最重要的变量——聪明变量（Smart variables），这样既定量化实现了客户的分群又对业务进行了解释。

传统的聚类分析实现客户的细分只是将所有变量次输入系统中形成在 N 维空间的客户分群结果，这样对于业务的解释和理解并不是很强，也就是说，我们知道很多客户聚集形成了某个特定的客户群，但为什么能形成这样的聚类，我们并不能完全理解。由此，在此提出按照矩阵分类的原理，分别从客户的价值维度（Value）和非价值维度（Non-Value）对客户进行聚类，然后再形成矩阵进行交叉得出客户分群的思路。

鉴于客户细分方法的特点，根据矩阵分类的原理，对客户采取基于价值（V）维度和非价值（NV）维度分别进行客户分群，然后将两次分群的结果在 X-Y 两维平面进行叠加，最后确定客户分群的结果。这样既考虑客户的价值又理解客户的非价值的消费行为，两个维度的有效结合将使我们对客户的理解更加深入。

五、理解互联网广告受众

今天，互联网把一个个访客变成了一个个可追踪的 cookies，让每一个网民变得可以感知、可以接触、可以沟通。从事互联网广告，仅仅有一个比别人更好的产品或更优秀的广告是不够的，广告人应该懂得顺着思维方向对消费者施加影响力，尤其是当消费者在决定选择何种品牌这种关键的时刻。因此在合适的时机，通过合适的方式向合适的人传播有价值的信息，成为了互联网时代广告营销的新思路。

通过与领先的数据提供商建立的深度整合来全面了解消费者，帮助广告商确定网络目标受众，如目标受众的地理位置和消费行为等。数据分析，帮助我们更好地认识来自广告业各方的需求，供应端的媒体、需求端广告主、末端的受众，更有针对性地解决需求。互联网让我们生活在一个供需双方彼此良性循环运作和对接的世界里。

广告需要了解受众。如何在浩如烟海的数据中理出头绪？在此我们将数据挖掘体系归纳为数据分析的"四个年级"：

（一）数据分析一年级

传统媒体属性分析——人口属性数据分析。目前，收集人口属性样本的方法有两种：一是通过互联网问卷形式，二是通过自愿安装监测软件的方式。回收人口属性样本后需要对其进行多层次甄别验证：去重分析、比对历史数据库、运用数据分析模型分析样本情况、运用统计学原理交叉分析等，最后建立人群属性数据库。业界熟知的互联网调查公司艾瑞即是通过第二种方式进行数据分析的，他们随机邀请网民在计算机上安装他们的检测软件，软件会记录网民的各种浏览行为，通过人群构成预测媒体属性。

利用互联网问卷的形式建立人口属性数据是互联网时代数据的新方法。为确保样本分析的准确性，易传媒将问卷收集的人群样本数据 CNN1C 和

CMMC 数据位基准进行加权计算，再与艾瑞、DFA 等第三方平台数据校验，判断互联网人群构成。通过核心广告操作系统 Ad Manager，能自动导出媒体组合或行为定向人群的年龄、性别、收入、教育程度构成，帮助广告主判定媒体价值。

（二）数据分析二年级

网页语义分析——关键词分析、机器学习算法（语义联想）。随着互联网 2.0 时代的到来，媒体内容更新速度以指数级增长。网页语义分析能迅速分析每天产生的数亿网页内容数据，建立关键词库，同时以此分类网页内容。利用网页内容爬虫技术（Web Crawler），及时抓取网页内容，去除垃圾信息，提取关键字段，并录入关键词库，通过聚类算法、贝叶斯算法等多种机器学习算法，以及自然语言处理（NLP）技术和数据挖掘技术，迅速从关键词库自动匹配广告主设定的关键词类别或者关键词列表，同时结合人口属性数据分析，将广告投放在最合适的媒体、频道甚至特定网页上。通过网页语义分析技术，为每一个行业建立独有的行业词库，便于对用户行为进行数据分析和挖掘。

（三）数据分析三年级

特定人群分析——阈值法为用户打标签。仍以易传媒为例，易传媒以 6 大维度数据为基础，即人口属性（250 万）、上网场所（家庭 / 网吧 / 学校 / 商务楼 / 机场）、地域 / IP（全国 300+ 城市）、上网时间（24 小时分析）、浏览历史（每月 300 亿 PV）、点击历史（每月 7200 万次点击）。

（四）数据分析四年级

相似人群技术是一套实时分析计算并扩大补充目标人群数量的技术。该技术将 6 大维度（即人口属性、上网时间、上网场所、地域 / IP、浏览历史、点击历史）与每一个易传媒覆盖到的 cookie 构建矩阵模型。相似人群协同矩阵过滤算法计算 6 大维度下各类属性与每一个 cookie 展现的互联网行为的相似程度，找寻最相近、最匹配的人群为"类目标受众"，进行人群扩大及补充。简而言之，由于特定人群的数量有限，需要找出和他们行为相似的 cookie 为"类特定人群"。比如，分析商旅人士过去一个月的网络行为，发现他们都经常浏览时尚类网站，都点击过洋酒广告，这样就可以把有过上述两项行为的 cookie 筛选出来，成为商旅人士的相似人群。

六、广告效果评估

从研究机构的角度来看，目前在网络广告的检测过程中最困难的地方是了解你的客户到底是谁，通过数据分析和挖掘手段，还是可以实现的。而广告效果的检测，目前有些数据还不易监测到，但是以后可以通过技术手段来实现。比如说，二跳（网页间的二次跳转）甚至是未来的二跳都可以通过系统来实现，包括达到网站之后的路径分析以及他在这个过程中相对某一个频道或者是产品的停留时间都可以通过一些技术手段来实现。因此，技术不是网络广告监测的瓶颈，其实目前比较难的是感性方面的一些影响。比如说，这个广告本身对于你的目标人群在一些感性指标上的一些研究成果，这个很难通过某一个广告的投放精准计算出来。因为广告主本身进行的是营销，他在不同的时期都会进行一些活动推广。网络广告效果很难量化，然而我们可以通过一个季度或者半年投放网络广告和不投放广告所带来的商品的销售情况来判断广告的效果。

广告主对网络广告的检测技术和方法要求很高，这对互联网广告来说也带来了一定的机会。在电视媒体上用户的黏性相对比较低，而广告媒体跟用户的黏性比较强。

七、网站用户转化率分析

购物网站的用户转化率是指该网站某一购物环节的用户数量占网站总访问用户数量的比重。与订单转化率相比，用户转化率指标侧重反映单一用户访问购物网站的行为特征。该指标可反映各类别网络购物的基准水平，亦可帮助购物网站评估自身业绩与整体行业发展的差距。

各购物网站用户转化率的差异与各网站主营商品种类不同有关。主营商品种类类似的购物网站用户转化率的差异，则反映出网站运营本身与行业整体水平的差距。

八、电子商务应用

（一）用数据来掌握客户

在互联网时代，用户资源是基础，用数据来掌握用户也成为互联网企业获取竞争优势的重要一环。通过数据分析可以详细地掌握客户的来源，进而可以有针对性地对客户进行重点维护，也可以了解到哪些方面推广不够还需要加大力度。此外通过客户访问来源分析，如客户是通过搜索引擎，还是通过黄页网站，抑或是自行输入，每一种访问的百分比各是多少，掌握这些数据可以对互联网广告进行精准投放及实施精准营销。

（二）避免获取错误的客户

很多营销策划人员仅仅关注营销活动在促销期间内获取了多少新用户，卖出了多少新产品，而很少关注这些客户中有多少是真正的目标客户，有多少是错误的客户。有时，企业设计的一些优惠促销活动，本意是想吸引目标客户群，但事实情况是，往往在没有到达真正的目标客户之前，产品就被那些对价格和优惠敏感的人一抢而空。经常能够看到一些商户在发各式各样的会员卡，这样的会员卡往往没有什么门槛，通常在初期有优惠的时候，会吸引大量的客户加入，而当优惠期过后，能够持续消费的客户寥寥无几。商家不得已，只得不断地通过各种各样的活动来吸引新客户，但接下来还是客户的大量流失。究其原因，在以价格为促销活动主要诉求的营销实践中，对价格敏感的客户会占有相当大的比例，而这类客户往往是交易型客户，他们是奔着产品促销的优惠来的，他们的重复购买率相较于忠诚的客户会很低。除非你的企业能够持续不断地给这类客户以刺激，才能保持他们的连续购买行为，而这样只是会浪费大量的市场营销预算在非目标客户身上，他们并不能为企业带来长期的利润。

对于以会员制服务为主的商家来说，大量非目标客户会带来服务成本和管理成本的上升，也会使得大量的非目标客户产生的数据将真正的目标客户产生的数据淹没掉。在这种情况下，多批次设定时效的营销活动设计，再结合应用测试组和对照组技术，通过新用户获取后的客户调研，可以及时有效地总结出营销的结果和收益。与大众营销不同的是，应用数据库营销策略，企业的营销管理人员能够及时调整和改进客户获取营销策略。

（三）应用分群来改进细分客户群的客户获取效率

市场上很多的新用户是通过大众传媒发布营销活动信息来开发的。对于一些企业来说，这样做常常会使现有客户群中发生更大的流动性。一些对价格过于敏感的交易型忠诚客户也会随着一点点的优惠而转换服务商或服务产品。如对中国移动电话用户而言，新用户的开户优惠力度大，会导致老用户选择新的供应商。

通过应用客户分群技术，来识别高价值细分客户群，并结合营销调研技术分析细分客户市场的份额和客户群的市场潜力，通过这样的分析更有效地指导客户获取策略这样，营销策划人员就会更清楚应该如何根据不同细分客户市场的情况和市场潜力来策划更有针对性的营销策略。

可以通过将目标客户分群来将客户获取营销定位于某些特定的细分客户群体，以此来增加特定客户群的占有率，从而达到更高的长期的营销投资回报。比如，近两年陆续出现的针对女性群体为营销核心的信用卡，就是针对女性群体在家庭理财、购物等方面的主导和决策地位，以及女性群体普遍良好的消费记录。

（四）合理高效地应用直邮和电话销售策略

对于目标客户群体的新用户获取营销而言，直邮和电话销售这样的直接渠道是非常高效的方式。如果应用得好，可以显著提高客户获取的成功率，有效降低营销成本投入，提高营销投资回报率。

　　将直邮与电话销售结合在一起，无论是直邮结合客户电话呼入销售，还是直邮结合电话销售代表的主动电话呼出都被证明是非常高效的营销沟通组合策略。直邮加主动的电话呼出营销要比单一的直邮或电话呼出营销成功率高很多。在一些企业针对高端客户的实际营销案例中，通过设计个性化的产品目录直邮寄给潜在目标客户，并在客户收到后的一周内进行电话呼出营销，客户获取的营销成功率比不发直邮的直接电话呼出营销的对照组要高两倍左右，而成本仅仅增加了不到50%。

　　通过直邮吸引客户主动的电话呼入销售所达到的呼入销售成功率甚至会更高。当然，这一组合的挑战是如何能够对潜在目标客户进行细致精确的分析，在把握目标客户需求的基础上设计出合适的产品与服务诉求，并通过设计精美的产品目录直邮给目标客户，进而以此来吸引客户的咨询与购买欲望都是需要有丰富经验的专业人员来操作。

　　（五）改进渠道覆盖策略

　　营销策略人员都了解不同的营销渠道对于目标客户群的覆盖是不同的。将传统的大众营销与数据库营销策略结合在一起，会得到更高的营销效益。传统的大众营销通过大众沟通媒介多频次地刺激潜在客户群对产品与服务的购买欲望，但通常大众传媒所覆盖的客户群中有大量都是非目标客户。此外大众营销对于特定目标客户群的覆盖频率，往往在营销沟通上的大量市场投入做了品牌宣传，而没有起到通过营销产生促进目标客户销售提升的效果。

　　这就需要营销策划人员根据不同目标客户群体的消费偏好和社会习惯，设计合理的营销渠道组合策略，应用多渠道组合的直复营销方式（Direct-Marketing，即"直接回应的营销"）来加强对目标客户群的立体覆盖。

　　改进渠道覆盖策略不仅仅能够有效增加对目标客户群体的整合渠道覆盖，还可以利用不同渠道提高客户获取的成本投入和收益回报。

　　根据客户群体的特征不同，营销的渠道选择也不同。在传统的大众营销之外，可以通过设计针对客户的市场活动，也可以利用电子邮件、直邮等直复营销方式向潜在的客户进行目标营销，这样会有效提升目标客户群体的市场占有率。

（六）用数据来服务客户

通过来源关键字的分析，营销人员也可以了解到客户的搜索习惯，从而选取更有效的关键字。推广的关键字是否达到了效果，每一个关键字的访问量有多少，通过数据分析这些都可以很直观反映出来。

首先，在网站内容、关键字等相关方面继续完善，适当地推出新的东西来迎合客户。其次，分析客户在网站停留的页面。通过对客户停留页面的分析可以了解到客户关注的内容是哪些，对网站中哪些信息比较感兴趣，是产品介绍，还是企业文化品牌知识，或者是技术文章等，进而有助于掌握客户的需求。"以客户为中心"的数据挖掘内容涵盖了客户需求分析、客户忠诚度分析、客户等级评估分析三部分，有些还包括产品销售分析。其中，客户需求分析包括消费习惯、消费频度、产品类型、服务方式、交易历史记录、需求变化趋势等因素的分析。客户忠诚度分析包括客户服务持续时间、交易总数、客户满意程度、客户地理位置分布、客户消费心理等因素的分析。客户等级评估分析包括客户消费规模、消费行为、客户履约情况、客户信用度等因素的分析。产品销售分析包括区域市场、渠道市场、季节销售等因素的分析。

现在企业和客户之间的关系是经常变动的，一旦一个人或者一个公司成为你的客户，你就要尽力使这种客户关系趋于完美。通常来说，有三种方法：第一，最长时间地保持这种关系；第二，最多次数地和你的客户交易；第三，最大限度地保证每次交易的利润。因此我们就需要对我们已有的客户进行交叉销售和个性化服务。

交叉销售是指企业向原有客户销售新的产品或服务的过程。一个购买了婴儿车的客户很有可能对你们生产的婴儿尿布或其他婴儿产品感兴趣。个性化服务可以使得重复销售、每一客户的平均销售量和销售的平均范围等有一个很大提高。

九、移动互联网的大数据应用

互联网和移动通信的高速发展，推动了移动互联网的大数据时代来临。它不只改变各行业的经营方式，就连人们生活方式都发生了颠覆性的变革。在大数据时代，个性化以及精准化服务，作为全球化产业链上的一环，应以开放的心态迎接面临的机遇与挑战。

对于机遇，一方面是与客户沟通方式的改变。它打通了整个沟通环节，但成本是直线下降的。通过媒体有效的后台信息，精细化的数据管理，可以准确地找到我们的客户，做到有的放矢。另一方面是对自媒体的运用。如今的信息流通渠道更加开放、更加直接，开发商的成本明显下降。然而问题是，这些改变并不意味着企业就能够做大做强，做大做强的核心在于产品的质量与信息量的本身，而移动互联网更多改变的是我们的沟通方式。一个企业的成功不在于一个点上的成功，而在于整个产品链条的成功。通过前期开发客户、中期维护客户、后期客户关系管理三个方面，增强产品本身的同时，注重客户的体验感，使整个链条更加完整。移动互联网的发展对三个方面是十分有利的，加强了精准的客户沟通，维护了客户关系。

第七章　大数据应用的模式和价值

第一节　大数据应用的一般模式

数据处理的流程包括产生数据，收集、存储和管理数据，分析数据，利用数据等阶段。大数据应用的业务流程也是一样的，包括产生数据、聚集数据、分析数据和利用数据四个阶段，只是这一业务流程是在大数据平台和系统上执行的。

一、产生数据

在组织经营、管理和服务的业务流程运行中，企业内部业务和管理信息系统产生了大量存储于数据库中的数据，这些数据库对应着每一个应用系统且相互独立，如 ERP 数据库、财务数据库、CRM 数据库、人力资源数据库等。在企业内部的信息化应用中，也产生了非结构化文档、交易日志、网页日志、视频监控文件、各种传感器数据等非结构化数据，这是在大数据应用中可以被发现潜在价值的企业内部数据。企业建立的外部电子商务交易平台、电子采购平台、客户服务系统等帮助企业产生了大量外部的结构化数据。企业的外部门户、移动 APP 应用、企业博客、企业微博、企业视频分享、外部传感器等系统帮助企业产生了大量外部的非结构化数据。

二、聚集数据

企业架构（EA）的三个核心要素是业务、应用和数据。业务架构描述业务流程和功能结构，应用架构描述处理工具的结构，数据架构描述企业核心的数据内容的组织。企业内外部已经产生了大量的结构化数据和非结构化数据，需要将这些数据组织和聚集起来，建立企业级的数据架构，有组织地对数据进行采集、存储和管理。首先应将不同应用数据库之间进行整合，这需要建立企业级的统一数据模型，实现企业主数据管理。所谓主数据是指企业的产品、客户、人员、组织、资金、资产等关键数据，通过这些主数据的属性及它们之间的相互关系能够建立企业级数据架构和模型。在统一模型的基础上，利用提取、转换和加载（ETL）技术，将不同应用数据库中的数据聚集到企业级的数据仓库（DW），进而实现企业内部结构化数据的集成，这为企业商业智能分析奠定了一个很好的基础。面对企业内外部的非结构化数据，借助数据库和数据仓库的聚集，效果并不好。文档管理和知识管理是对非结构化文档进行处理的一个阶段，仅限于对文档层面的保存、归类和基于元数据的管理。更多非结构化文档的集聚，需要引入新的大数据的平台和技术，如分布式文件系统、分布式计算框架、非SQL数据、流计算技术等，通过这些技术来加强非结构数据的处理和集聚。内外部结构化、非结构化数据的统一集成则需要实现两种数据（结构化、非结构化）、两种技术平台（关系型数据库、大数据平台）的进一步整合。

三、分析数据

集成起来的企业各种数据是大容量、多种类的大数据。分析数据是提取信息、发现知识、预测未来的关键步骤。分析只是手段，而不是目的。企业内外部数据分析的目的是发现数据所反映的组织业务运行的规律，是创造业务价值。对于企业来说，可能基于这些数据进行客户行为分析、产品需求分析、市场营销效果分析、品牌满意度分析、工程可靠性分析、企业业务绩效分析、企业全面风险分析、企业文化归属度分析等；对于政府和其他事业机构，可以进行公众行为模式分析、经济预测分析、公共安全风险分析等。

四、利用数据

数据分析的结果，不是仅仅呈现给专业做数据分析的数据科学家，而是需要呈现给更多非专业人员才能真正发挥它的价值，客户、业务人员、高管、股东、社会公众、合作伙伴、媒体、政府监管机构等都是大数据分析结果的使用者。因此，大数据分析结果应当根据不同专业角色、不同地位人员对数据表现的不同需求分别提供给他们，或许是上报的报表、提交的报告、可视化的图表、详细的可视化分析或者简单的微博信息、视频信息。数据被重复利用的次数越多，它所能发挥的价值就越大。

第二节　大数据应用的业务价值

维克托·迈尔·舍恩伯格认为大数据的重要价值在于建立数据驱动的关于大数据相关关系的分析，而独立在相关关系分析法基础上的预测是大数据的核心。大数据让我们知道"是什么"，也许我们还不明白为什么，但对瞬息万变的商业世界来说，知道是什么比知道为什么更为重要。大数据应用真正要实现的是"用数据说话"，而不是仅靠直觉或经验。总结起来，大数据应用的业务价值在于三个方面：一是发现过去没有发现的数据潜在价值；二是发现动态行为数据的价值；三是通过不同数据集的整合创造新的数据价值。

一、发现大数据的潜在价值

在大数据应用的背景下，企业开始关注过去不重视、丢弃或者无能力处理的数据，从中分析潜在的信息和知识，用于以客户为中心的客户拓展、市场营销等。例如，企业在进行新客户开发、新订单交易和新产品研发的过程中，产生了很多用户浏览的日志、呼叫中心的投诉和反馈，这些数据过去一直被企业所忽视，通过大数据的分析和利用，这些数据能够为企业的客户关怀、产品创新和市场策略提供非常有价值的信息。

二、发现动态行为数据的价值

通常以往的数据分析只是针对流程结果、属性描述等静态数据，在大数据应用背景下，企业有能力对业务流程中的各类行为数据进行采集、获取和分析，包括客户行为、公众行为、企业行为、城市行为、空间行为、社会行为等。这些行为数据的获得，是根据互联网、物联网、移动互联网等信息基础设施所建立起来的对客观对象行为的跟踪和记录。这就使得大数据应用可能具备还原"历史"和预测未来的能力。

三、实现大数据整合创新的价值

在互联网和移动互联网时代，企业收集了来自网站、电子商务、移动应用、呼叫中心、企业微博等不同渠道的客户访问、交易和反馈数据，把这些数据整合起来，形成关于客户的全方位信息，这将有助于企业给客户提供更有针对性、更贴心的产品和服务。随着技术的发展，更多场景下的数据被连接起来了。连接，让数据产生了网络效应；互动，让数据的关系被激活，带来了更大的业务价值。无论是互联网和移动互联网数据的连接，内部数据和社交媒体数据的连接，线上服务和线下服务数据的连接，还是网络、社交和空间数据的连接，等等，不同数据源的连接和互动，使得人类有能力更加全方位、深入地还原和洞察真实的曾经复杂的"现实"。

大数据已成为全球商业界一项优先级很高的战略任务，因为它能够对全球新经济时代的商务产生深远的影响。大数据在各行各业都有应用，尤其在公共服务领域具有广阔的应用前景，如政府、金融、零售、医疗等行业。

（一）互联网与电子商务行业

互联网和电子商务领域是大数据应用的主要领域，主要需求是互联网访问用户信息记录、用户行为分析，并基于这些行为分析实现推荐系统、广告追踪等应用。

1. 用户信息记录

在 Web3.0 和电子商务时代，互联网、移动互联网和电子商务上的用户，大部分是注册用户。通过简单的注册，用户拥有了自己的账户，互联网企业则拥有了用户的基本资料信息。网站具有用户名、密码、性别、年龄、移动电话、电子邮件等基本信息，而社交媒体的用户信息内容则更多，如，新浪微博中用户可以填写自己的昵称、头像、真实姓名、所在地、性别、生日、自我介绍、用户标签、教育信息、职业信息等信息。移动互联网用户的信息与手机绑定，可以获得手机号、手机通信录等用户信息。由于互联网用户在上网期间会留下更多的个人信息，如朋友圈中记录关于家庭、妻子、儿女、个人爱好、同学、同事等信息，在互联网企业的用户数据库中的用户信息会越来越完整。

2. 用户行为分析

用户访问行为的分析是互联网和电子商务领域大数据应用的重点。用户行为分析可以从行为载体和行为的效果两个维度进行分类。从用户行为的产生方式和载体来分析用户行为主要包括如下几点。

（1）鼠标点击和移动行为分析

在移动互联网之前，互联网上最多的用户行为基本都是通过鼠标来完成的，分析鼠标点击和移动轨迹是用户行为分析的重要部分。目前国内外很多大公司都有自己的系统，用于记录和统计用户鼠标行为。据了解，目前国内的很多第三方统计网站也可以为中小网站和企业提供鼠标移动轨迹等记录。

（2）移动终端的触摸和点击行为

随着新兴的多点触控技术在智能手机上的广泛应用，触摸和点击行为能够产生更加复杂的用户行为，对此类行为进行记录和分析就变得尤为重要。

（3）键盘等其他设备的输入行为

此类设备主要是为了满足不能通过简单点击等进行输入的场景，如大量内容输入。键盘的输入行为不是用户行为分析的重点，但键盘产生的内容却是大数据应用中内容分析的重点。

（4）眼球移动和停留行为

基于此类用户行为的分析在国外比较流行，目前在国内的很多领域也有类似用户研究的应用，通过研究用户的眼球移动和停留等，产品设计师可以更容易了解界面上哪些元素更受用户关注，哪些元素设计的合理或不合理等。

基于以上这四类媒介，用户在不同的产品上可以产生各种各样、形形色色的行为，可以通过对这些行为的数据记录和分析更好地指导产品开发和用户体验。

3. 基于大数据相关性分析的推荐系统

Amazon 建立推荐系统是互联网和电子商务企业的重要大数据应用。推荐系统已经在电子商务企业中广泛应用，Amazon、当当网等电子商务企业就是根据大量的用户行为数据的相关性分析为读者推荐相关商品的，例如，根据同样的兴趣爱好者的付费购买行为，为用户推荐商品，以同理心来刺激购物消费。有关数据显示，Amazon、当当网等电子商务企业近 1 / 3 的收入来自它们的个性化推荐系统。

推荐系统的基础是用户购买行为数据。处理数据的基本算法在学术领域被称为"客户队列群体的发现"，队列群体在逻辑和图形上用链接表示，队列群体的分析很多都涉及特殊的链接分析算法。推荐系统分析的维度是多样的，例如，可以根据客户的购物喜好为其推荐相关商品，也可以根据其社交网络关系进行推荐。如果利用传统的分析方法，需要先选取客户样本，把客户与其他客户进行对比，找到两者的相似性，但是推荐系统的准确率较低。采用大数据分析技术极大提高了分析的准确率。

4. 网络营销分析

电子商务网站一般都记录包括每次用户会话中每个页面事件的海量数据。这样就可以在很短的时间内完成一次对广告位置、颜色、大小、用词和其他特征的试验。当试验表明广告中的这种特征更改促成了更好的点击行为，这个更改和优化就可以实时实施。从用户的行为分析中，可以获得用户偏好，为广告投放选择时机。如通过对微博用户进行分析，获悉该平台用户在每天的四个时间点最为活跃：早起去上班的路上，午饭时间，晚饭时间，睡觉前。掌握了这些用户行为，企业就可以在对应的时间段做某些针对性的内容投放和推广等。病毒式营销是指互联网上的用户口碑传播，这种传播通过社交网络像病毒一样迅速蔓延传播，使得它成为一种高效的信息传播方式。对于病毒式营销的效果分析是非常重要的，不仅可以及时掌握营销信息传播所带来的反应（例如对于网站访问量的增长），也可以从中发现这项病毒式营销计划可能存在的问题，以及可能的改进思路，积累这些经验为下一次病毒式营销计划提供参考。

5. 网络运营分析

电子商务网站，通过对用户的消费行为和贡献行为产生的数据进行分析，可以量化很多指标服务于产品各个生产和营销环节，如转化率、客单价、购买频率、平均毛利率、用户满意度等指标，进而为产品客户群定位或市场细分提供科学依据。

6. 社交网络分析

社交网络系统（SNS）通常有三种社交关系：一是强关系，即我们关注的人；二是弱关系，即被松散连接的人，类似朋友的朋友；三是临时关系，即我们不认识但与之临时产生互动的人。临时关系是人们没有承认的关系，但是会临时性联系的，比如我们在 SNS 中临时评论的回复等。基于大数据分析，能够分析社交网络的复杂行为，能够帮助互联网企业建立起用户的强关系、弱关系甚至临时关系图谱。

7. 基于位置的数据分析和服务

很多互联网应用加入了精确的全球定位系统（GPS）位置追踪，精确位置追踪为 GPS 测定点附近其他位置的海量相关数据的采集、处理和分析提供了手段，进而丰富了基于位置的应用和服务。

（二）零售业

零售行业的大数据应用需求目前主要集中在客户行为分析，通过大数据分析来改善和优化货架商品摆放、客户营销等。沃尔玛是零售业大数据应用的标杆。

1. 货架商品关联性分析

沃尔玛基于一个庞大的客户交易数据库，对顾客购物行为进行分析，了解顾客购物习惯，发现其中的共有规律。两个著名的应用案例是："啤酒与纸尿裤的关联销售"和"手电筒和蛋挞的关联销售"。沃尔玛的大数据分析发现，啤酒和纸尿裤摆放在一起销售的效果很好，背后的原因是年轻爸爸一般在买纸尿裤的时候，要犒劳一下自己，买一打啤酒。另一个是手电筒和蛋挞的例子，沃尔玛的大数据分析显示，在飓风季，手电筒和蛋挞的销量数据都很高。根据这一特点，在飓风季，沃尔玛把手电筒和蛋挞摆在一起可以大幅增加销量。

2. 精准营销

零售业企业需要根据顾客购买行为的交易数据进行客户群分类，把客户群分为品质性顾客、友善性顾客和理性顾客，并针对不同顾客的诉求进行产品的推荐。沃尔玛实验室也开始尝试使用客户的 Facebook 好友喜好和 Twitter 发布的内容来进行数据分析，发现顾客的爱好、生日、纪念日等有价值的信息，进行礼品推荐，实现智能销售。

一个典型的零售业大数据分析用于精准营销的案例是，美国折扣零售商塔吉特著名的顾客怀孕预测。塔吉特公司分析认为，最会买东西的顾客是妇女，而妇女中的黄金顾客群是孕妇。为了发现顾客中的孕妇，塔吉特通过顾客购买行为的大数据分析找出一些有价值的信息，预测那些买没有刺激性的化妆品、经常补钙的客户可能是孕妇。根据这一结果，商场把一些孕妇产品广告发送到顾客那里，同时把一些促销品广告也杂七杂八地塞在里面。事实证明，尽管确实有出错的时候，然而从整体上看，营销效果很好。沃尔玛收购了大数据分析创业公司 Inkiru，这是一家专注于大数据的数据分析服务商，帮助公司更加系统地评估和分析客户行为、客户转化率、广告跟踪等，以提升市场营销的水平。

（三）金融业

金融行业应用系统的实时性要求很高，积累了非常多的客户交易数据，因此金融行业大数据应用的主要需求是客户行为分析、金融风险管理等。

1.基于大数据的客户行为分析

（1）基于客户行为分析的精准营销

招商银行利用客户刷卡、存取款、电子银行转账、微信评论（连接到腾讯网的数据）等客户行为数据的研究，每周给顾客发送针对性广告信息，里面有顾客可能感兴趣的产品和优惠信息。花旗银行在亚洲有超过 250 名的数据分析人员，并在新加坡创立了一个"创新实验室"，进行大数据相关的研究和分析。花旗银行所尝试的领域已经开始超越自身的金融产品和服务的营销。比如，新加坡花旗银行会基于消费者的信用卡交易记录，有针对性地给他们提供商家和餐馆优惠信息。如果消费者订阅了这项服务，他刷了卡之后，花旗银行系统将会根据此次刷卡的时间、地点和消费者之前的购物、饮食习惯，为其进行推荐。比如，此时接近午餐时间，而消费者喜欢意大利菜，花旗银行就会发来周边一家意大利餐厅的优惠信息，更重要的是，这个系统还会根据消费者采纳推荐的比率，来不断学习从而提升推荐的质量。通过这样的方式，花旗银行保持客户的高黏性，并从客户刷卡消费中获益。除花旗外，一些全球信用卡组织也加快了利用大数据的进程。在美国，信用卡企业 Visa 就和休闲品牌商 Gap 合作，来给在 Gap 店附近进行刷卡的消费者提供折扣优惠。美国信用卡企业 Master Card 分析信用卡用户交易记录，预测行业发展和客户消费趋势，并利用这些结果策划市场营销策略，或者把这些分析结果卖给其他公司来获取利益。

（2）基于客户行为分析的产品创新

数据网贷是金融大数据应用的一个重要方向。我国很多中小企业从银行贷不了款，因为他们没有担保。阿里巴巴公司根据淘宝网上的交易数据情况筛选出财务健康和诚信的中小企业，对这些企业不需要担保就可以贷款。目前阿里巴巴已放贷 300 多亿元，坏账率仅 0.3%。再看一个例子，美国创业公司 Zest Cash，主要业务是给那些信用记录不好或者没有信用卡历史的人提供个人贷款服务。Zest Cash 的创办人 Douglas Merrill 是 Google 前首席信息官，它和一般银行最大的不同在于其所依赖的大数据处理和分析能力。FICO 信用卡记录得分依据的是美国个人消费信用评估公司开发出的个人信用评级法，大多数美国银行依靠 F1CO 得分做出贷款与否的决策，这个 FICO 分大概只有 15—20 个变量，诸如信用卡的使用比率、有无未还款的记录等，而 Zest Cash 分析的却是数千个信息线索，这形成了它独特的竞争力。例如，如果一个顾客打来电话，说他可能无法完成一次还款，大多数银行便会把他视为高风险贷款对象，然而 Zest Cash 经过客户相关数据分析发现，这个顾客其实更有可能全额付款，Zest Cash 甚至还会考察顾客在提出贷款之前在 Zest Cash 网站上停留的时间。

（3）基于客户行为分析的客户满意度分析

花旗银行收集客户对信用卡的反馈和需求数据，来评价信用卡服务满意度。反馈数据可能是来自电子银行网站或者呼叫中心的关于信用卡安全性、方便性、透支情况等方面的投诉或者反馈，需求可能是关于信息卡在新的功能、安全性保护等方面的新诉求。根据这些数据，他们分析信用卡满意度，并优化和改进服务。

（4）基于大数据分析的投资

华尔街"德温特资本市场"公司对接 Twitter，分析全球 3.4 亿 Twitter 账户流言，判断民众情绪。人们高兴的时候会买股票，而焦虑的时候会抛售股票。依此决定公司股票的买入或卖出，获得较高的收益率。期货公司依据卫星遥感大数据，分析黑龙江农业主产区的丰收情况，以此确定期货操作策略，也获得了较高的收益。

2.基于大数据分析的金融风险管理

（1）金融风险分析

在评价金融风险时很多数据源可以调用，如来自客户经理、手机银行、电话银行服务、客户日常经营等方面的数据，也包括来自监管和信用评价部门的数据。在一定的风险分析模型下，这些数据源可以帮助银行机构预测金融风险。例如，一笔贷款风险的数据分析，其数据源范围就包括偿付历史、信用报告、就业数据和财务资产披露的内容等。

（2）金融欺诈行为监测和预防

账户欺诈是一种典型的操作风险，会对金融秩序造成重大影响。在许多情况下，大数据分析可以发现账户的异常行为模式，进而监测到可能的欺诈。例如，"空头支票"需要钱在两个独立账户之间来回快速转账；特定形式的经纪欺诈牵涉两个合谋经纪人以不断抬高的价格售出证券，直到不知情的第三方受骗购买证券，使欺诈的经纪人能够快速退出；在某些情况下，账户欺诈行为会跨越多个金融系统，金融网站的链接分析也能帮助发现电子银行的欺诈作案轨迹和痕迹。

保险欺诈也是全球各地保险公司面临的一个挑战。无论是大规模欺诈，例如纵火，或者涉及较小金额的索赔，例如虚报价格的汽车修理账单，欺诈索赔的支出每年可使企业支付数百万美元的费用，而且成本会以更高保费的形式转嫁给客户。南非最大的短期保险提供商 Santam 通过运用大数据、预测分析和风险划分等方式帮助公司识别出导致欺诈监测的模式，从收到的索赔中获取大数据，根据预测分析及早发现欺诈，根据已经确定的风险因素评估每个索赔，并且将索赔划分为 5 个风险类别，将可能的欺诈索赔和更高风险与低风险案例区分开。

（3）信用风险分析

征信机构可根据个人信用卡交易记录数据，预测个人的收入情况和支付能力，防范信用风险。中英人寿保险公司根据个人信用报告和消费行为分析，来找到可能患有高血压、糖尿病和抑郁症的人，发现客户健康隐患。

（四）政府

政府大数据应用的需求目前有三大方面：一是基于政府数据收集的优势，推进政府信息公开和数据开放；二是基于公众或者企业行为分析，分析和预测经济形势、社会舆情、公共服务质量、公共安全监管水平、行政效能等；三是基于城市物联网数据，对城市基础设施、交通管理、公共安全等方面进行智能化分析和管理。

1. 政府数据开放

DATA.GOV 是美国联邦政府新建设的统一的数据开放门户网站，网站根据原始数据、地理数据和数据应用工具来组织开放的各类数据。DATA.GOV 网站上很多数据工具都是公众、公益组织和一些商业机构提供的，这些应用为数据处理、联机分析、基于社交网络的关联分析等方面提供手段。如 DATA.GOV 上提供的白宫访客搜索工具，可以搜寻到访客信息，并将白宫访客与其他微博、社交网站等进行关联，提高访客的透明度。

2. 宏观经济形势的分析和预测

联合国引用美国数据分析软件公司 SAS 的研究数据，以爱尔兰和美国的社交网络活跃度增长作为失业率上升的早期征兆。在社交网络上，网民们更多地谈论"我的车放在车库已经快 2 周了""我这周只去了一次超市""最近要改坐公共汽车和地铁上班"这些话题时，显示出这些网民可能面临着巨大的失业压力，这些指标是失业预测的领先性指标；当网民开始讨论"我要出租房屋""我这个月买了一点点保健品""我准备取消到夏威夷的度假"这些话题时，显示出这些网民可能已经失业，面临巨大的生存压力，这些指标是失业后的滞后标志性指标。通过这样的数据分析，帮助政府判断失业形势，提供更多失业救助的政策。

3. 公共安全监测和分析

美国国家安全局和联邦调查局棱镜计划（PRISM）通过进入微软、Google、苹果、Yahoo 等九大网络巨头的服务器，监控美国公民的电子邮件、聊天记录、视频及照片等资料，名义是保障公共安全、反恐怖。另据报道，美国国家安全局拥有一套基于大数据的新型情报收集系统，名为"无界爆料"系统，以 30 天为周期从全球网络系统中接收 970 亿条信息，通过比对信用卡或通信记录等方式，可以几近真实地还原重点人的实时状况。

4. 城市基础设施实时监测与分析

大数据应用于城市道路桥梁、污染源、大气环境的预测性分析和诊断，即根据道路桥梁传感器获得的大量数据预测性分析常见故障，并根据监测数据比对进行道路桥梁维护。

（五）医疗业

医疗行业大数据应用的当前需求主要来自新兴基因序列计算和分析、基于社交网络的健康趋势分析、医疗电子健康档案分析、可穿戴设备的健康数据分析等领域。

1. 基因组学测序分析

基因组学是大数据在医疗健康行业最经典的应用。基因测序的成本在不断降低，同时产生着海量数据。DNAnexus、BinaTechnology、Appistry 和 NextBio 等公司正通过高级算法和大数据来加速基因序列分析，进而让发现疾病、治愈疾病的过程变得更快、更容易和更便宜。

2. 疫情和健康趋势分析

Google 在官网上有一个利用大数据进行疫情分析的案例。一个地区突然有更多的人通过 Google 来搜索某种疾病，说明这个地区可能处于这种疾病的蔓延期。基于这一假设，Google 绘制的巴西登革热疫情预测数据与巴西卫生部提供的登革热实际疫情数据基本吻合，充分说明了 Google 基于大数据预测的准确性。

3 医疗电子健康档案分析

一家名为 Apixio 的创业公司正将散布在医院的各个部门、格式各异、标准各异的病历集中到云端，医生可通过语义搜索查找任何病历中的相关信息，从而为医学诊断提供更加丰富的数据。CAT 扫描是作为人体"切片"拍摄的图像的堆叠，一家医学大数据分析公司正在对大型 CAT 扫描库进行分析，帮助对医疗问题及其患病率进行自动分析。

4. 可穿戴设备健康数据分析

智能戒指、手环等可穿戴设备可以采集人体的血压、心率等生理健康数据，并把它实时传送到健康云，并根据每个人的健康数据提供健康诊疗的建议。越来越多的用户健康数据的汇聚和分析，将能够形成对一个地区医疗健康水平的分析和判断。

（六）能源业

能源行业大数据应用的需求主要包括智能电网应用、跨国石油企业大数据分析、石油勘探资料分析、能源生产安全监测分析等方面。

1. 智能电网应用

在智能电网中，智能电表能做的远不只是生成客户电费账单的每月读数。通过将客户读数频率大幅缩短，例如，到每秒每只表一次，可以进行很多有用的大数据分析，包括动态负载平衡、故障响应、分时电价和鼓励客户提高用电效率的长期策略。一家采用智能电表的美国供电公司，每隔几分钟会将区域内用电用户的大宗数据发送到后端集群当中，集群就会对这些数亿条数据进行分析，分析区域用户用电模式和结构，并根据用电模式来调配区域电力供应。在输电和配电端的传感网络，能够采集输配电中的各种数据，并基于既定模型进行稳态动态暂态分析、仿真分析等，为输配电智能调度提供依据。

2.石油企业大数据分析

大型跨国石油企业业务范围广，涉及勘探、开发、炼化、销售、金融等业务类型，区域跨度大，油田分布在沙漠、戈壁、高原、海洋，生产和销售网络遍及全球，而其 IT 基础设施逐步采用了全球统一的架构，因此，他们已经率先成为大数据的应用者。

（七）制造业

制造业大数据应用的需求主要在于产品需求分析、产品故障诊断与预测、供应链分析和优化、工业物联网分析等。

1.产品需求分析

大数据在客户和制造企业之间流动，挖掘这些数据能够让客户参与到产品的需求分析和产品设计中，为产品创新做出贡献。例如，福特福克斯电动车在驾驶和停车时产生大量数据。在行驶中，司机持续地更新车辆的加速度、刹车、电池充电和位置信息。这对司机很有用，然而数据也传回福特工程师那里，以了解客户的驾驶习惯，包括如何、何时及何处充电。即使车辆处于静止状态，它也会持续将车辆胎压和电池系统的数据传送给最近的智能电话。这种以客户为中心的场景具有多方面的好处，因为大数据实现了宝贵的新型协作方式。司机获得有用的最新信息，而位于底特律的工程师汇总关于驾驶行为的信息，以了解客户，制订产品改进计划，并实施新产品创新。而且，电力公司和其他第三方供应商也可以分析数百万英里的驾驶数据，以决定在何处建立新的充电站，以及如何防止脆弱的电网超负荷运转。

2.产品故障诊断与预测

无所不在的传感器技术的引入使得产品故障实时诊断和预测成为可能。在波音公司的飞机系统的案例中，发动机、燃油系统、液压和电力系统数以百计的变量组成了在航状态，不到几微秒就被测量和发送一次。这些数据不仅仅是未来某个时间点能够分析的工程遥测数据，而且还促进了实时自适应控制、燃油使用、零件故障预测和飞行员通报，进而能有效实现故障诊断和预测。

3. 供应链分析和优化

企业一般在供应链上积累了大量合作伙伴的数据。以海尔公司为例，它的供应链体系很完善，以市场链为纽带，以订单信息流为中心，带动物流和资金流的运动，整合全球供应链资源和全球用户资源。在海尔供应链的各个环节，客户信息、企业内部信息、供应商信息被汇总到供应链体系中，通过供应链上的大数据采集和分析，海尔公司能够持续进行供应链改进和优化，确保了海尔对客户的敏捷响应。

4. 工业物联网分析

现代化工业制造生产线安装有数以千计的小型传感器，来探测温度、压力、热能、振动和噪声。由于每隔几秒就收集一次数据，利用这些数据可以实现很多形式的分析，包括设备诊断、用电量分析、能耗分析、质量事故分析（包括违反生产规定、零部件故障）等。

（八）电信运营业

运营商的移动终端、网络管道、业务平台、支撑系统中每天都在产生大量有价值的数据，基于这些数据的大数据分析为运营商带来巨大的机遇。目前来看，电信业大数据应用主要集中在客户分析、网络分析与优化、安全智能等方面。

1. 客户分析

运营商的大数据应用和互联网企业很相似，客户分析是其他分析的基础。基于统一的客户信息模型，运营商收集来自各种产品和服务的客户行为信息，并进行相应服务改进和网络优化。如，分析在网客户的业务使用情况和价值贡献，分析、跟踪成熟客户的忠诚度及深度需求（包括对新业务的需求），分析、预测潜在客户，分析新客户的构成及关键购买因素（KBF），分析通话量变化规律及关键驱动因素，分析欲换网客户的换网倾向与因素，建立、维护离网客户数据库，开展有针对性的客户保留和赢回。用户行为分析在流量经营中起重要的作用，用户的行为结合用户视图、产品、服务、计费、财务等信息进行综合分析，得出细粒度、精确的结果，实现用户个性化的策略控制。

2. 网络分析与优化

网络管理维护优化是进行网络信令监测，分析网络流量、流向变化、网络运行质量，并根据分析结果调整资源配置；分析网络日志，进行网络优化和故障定义。随着运营商网络数据业务流量快速增长，数据业务在运营商收入占比不断增加，流量与收入之间的不平衡也越发突出，智能管道、精细化运营成为运营商突破困境的共识。网络管理维护和优化成为精细化运营中的一个重要基础。传统的信令监测尤其是数据信令监测已经面临瓶颈，以某运营商的省公司为例，原始数据信令达到 1TB／天，以文件形式保存。而处理之后生成的 xDR（xDetail Record）数据量达到 550GB／天，以数据库形式保存。通常这些数据需要保存数天甚至数月，传统文件系统及传统关系数据库处理这么大的数据量显得捉襟见肘。面对信令流量快速增长、扩展困难、成本高的情况，采用大数据技术数据存储量不受限制，可以按需扩展，同时可以有效处理达 PB 级的数据，实时流处理及分析平台保证实时处理海量数据。智能分析技术在大数据的支撑下将在网络管理维护优化中发挥积极作用，网络维护的实时性将得到提升，事前预防成为可能。比如，通过历史流量数据及专家知识库结合，生成预警模型，可以有效识别异常流量，防止出现网络拥塞或者病毒传播等异常。

3. 安全智能

运营商服务网络的安全监测和预警也是大数据应用的一个重要领域。基于大数据收集来自互联网和移动互联网的攻击数据，提取特征，并进行监测，进而保障网络的安全。

（九）交通业

1. 交通流量分析与预测

大数据技术能促进提高交通运营效率、道路网的通行能力、设施效率和调控交通需求分析。例如，根据美国洛杉矶研究所的研究，通过组织优化公交车辆和线路安排，在车辆运营效率增加的情况下，减少 46% 的车辆运输就可以提供相同或更好的运输服务。伦敦市利用大数据来减少交通拥堵时间，提高运转效率。当车辆即将进入拥堵地段时，传感器可告知驾驶员最佳解决方案，这大大减少了行车的经济成本。大数据的实时性，使处于静态闲置的数据被处理和需要利用时，即可被智能化利用，使交通运行更加合理。大数据技术具有较高的预测能力，可降低误报和漏报的概率，针对交通的动态性给予实时监控。因此，在驾驶者无法预知交通的拥堵可能性时，大数据也可帮助用户预先了解。例如，在驾驶者出发前，大数据管理系统会依据前方路线中导致交通拥堵的天气因素，判断避开拥堵的备用路线，并通过智能手机告知驾驶者。北京市就通过交通视频监控数据分析和研判，来确定全市交通状况，并进行智能分析。美国 Comfort DelGro 出租车运营公司后台的数据基础设施能够支持数以十万计的行程、15000 辆出租车运营数据及数以十亿计的实时 GPS 位置信息。通过分析海量的出租车运营数据，提供在不同时段和地点推荐能够避免拥堵路段的最佳行车路线预测的服务。

2. 交通安全水平分析与预测

大数据技术的实时性和可预测性则有助于提高交通安全系统的数据处理能力。在驾驶员自动检测方面，驾驶员疲劳视频检测、酒精检测器等车载装置将实时检测驾车者是否处于警觉状态，行为、身体与精神状态是否正常。同时，联合路边探测器检查车辆运行轨迹，大数据技术快速整合各个传感器数据，构建安全模型后综合分析车辆行驶安全性，从而可以有效降低交通事故发生的可能性。在应急救援方面，大数据以其快速的反应时间和综合的决策模型，为应急决策指挥提供辅助，提高应急救援能力，减少人员伤亡和财产损失。

3. 道路环境监测与分析

大数据技术在减轻道路交通堵塞、降低汽车运输对环境的影响等方面有重要的作用。通过建立区域交通排放的监测及预测模型，共享交通运行与环境数据，建立交通运行与环境数据共享试验系统，大数据技术可有效分析交通对环境的影响。同时，通过分析历史数据，大数据技术能提供降低交通延误和减少排放的交通信号智能化控制的决策依据，建立低排放交通信号控制原型系统与车辆排放环境影响仿真系统。

第三节　大数据应用的共性需求

随着互联网技术的不断深入，大数据在各个行业领域中的应用都将趋于复杂化，人们急需从这些大数据中挖掘到有价值的信息，其中大数据在这些行业中应用的一些共性需求特征，能够帮助我们更清晰、更有效地利用大数据。大数据在企业中应用的共性需求主要有业务分析、客户分析、风险分析等。

一、业务分析

企业业务绩效分析是企业大数据应用的重要内容之一。企业从内部ERP系统、业务系统、生产系统等中获取企业内部运营数据，从财务系统或者上市公司年报中获取财务等有利用价值的数据，通过这些数据分析企业业务和管理绩效，为企业运营提供全面的洞察力。

企业最重要的业务是产品设计，产品是企业的核心竞争力，而产品设计需求必须紧跟市场，这也是大数据应用的重要内容。企业利用行业相关分析、市场调查甚至社交网络等信息渠道的相关数据，利用大数据技术分析产品需求趋势，使得产品设计紧跟市场需求。此外，企业大数据应用在产品的营销环节、供应链环节以及售后环节均有涉及，帮助企业产品更加有效地进入市场，为消费者所接受。通过对企业内外部数据的采集和分析，并利用大数据技术进行处理，能够较为准确地反映企业业务运营的现状和差距，并对未来企业目标的实现进行预测和分析。

二、客户分析

在各个行业中，大数据应用需求大部分是用于满足客户需求，企业希望大数据技术能够更好地帮助企业了解和预测客户行为，并改善客户体验。客户分析的重点是分析客户的偏好以及需求，达到精准营销的目的，并且通过个性化的客户关怀维持客户的忠诚度。赛智时代咨询公司研究显示企业基于大数据对客户分析主要表现在三个方面：全面的客户数据分析、全生命周期的客户行为数据分析、全面的客户需求数据分析。这些客户大数据分析可以帮助企业更好地了解客户，进而帮助企业进行产品营销、精准推荐等。

1. 全面的客户数据分析

全面的客户数据是指建立统一的客户信息号和客户信息模型，通过客户信息号，可以查询客户的各种相关信息，包括相关业务交易数据和服务信息。客户可以分为个人客户和企业客户，客户不同，其基本信息也不同。比如，个人客户登记姓名、年龄、家庭地址等个人信息，企业客户登记公司名称、公司注册地、公司法人等信息。同时，个人和企业客户的共同特点有客户基本信息和衍生信息，基本信息包括客户号、客户类型、客户信用度等，衍生信息不是直接得到的数据，而是由基本信息衍生分析出来的数据，如客户满意度、贡献度、风险性等。

2. 全生命周期的客户行为数据分析

全生命周期的客户行为数据是指对处于不同生命周期阶段的客户的体验进行统一采集、整理和挖掘，分析客户行为特征，挖掘客户的价值。客户处于不同生命周期阶段对企业的价值需求有所不同，需要采取不同的管理策略，将客户的价值最大化。客户全生命周期分为客户获取、客户提升、客户成熟、客户衰退和客户流失五个阶段。在每个阶段，客户需求和行为特征都不同，对客户数据的关注度也不相同，对这些数据的掌握，有助于企业在不同阶段选择差异化的客户服务。

在客户获取阶段，客户的需求特征表现得比较模糊，客户的行为模式表现为摸索、了解和尝试。在这个阶段，企业需要发现客户的潜在需求，努力通过有效渠道提供合适的价值定位来获取客户。在客户提升阶段，客户的行为模式表现为比较产品性价比、询问产品安装指南、评论产品使用情况以及寻求产品的增值服务等。这个阶段企业要采取的对策是把客户培养成为高质量客户，通过不同的产品组合来刺激客户的消费。在客户成熟阶段，客户的行为模式表现为反复购买、与服务部门的信息交流，向朋友推荐自己所使用的产品。这个阶段企业要培养客户忠诚度和新鲜度并进行交叉营销，给客户提供更加差异化的服务。在客户衰退阶段，客户的行为模式是较长时间的沉默，对客户服务进行抱怨，了解竞争对手的产品信息等。这个阶段企业需要思考如何延长客户生命周期，建立客户流失预警，设法挽留住高质量客户。在客户流失阶段，客户的行为模式是放弃企业产品，开始在社交网络给予企业产品负面评价。这个阶段企业需要关注客户情绪数据，思考如何采取客户关怀和让利挽回客户。

3.全面的客户需求数据分析

全面的客户需求数据分析是指通过收集客户关于产品和服务的需求数据，让客户参与产品和服务的设计，进而促进企业服务的改进和创新。客户对产品的需求是产品设计的开始，也是产品改进和产品创新的原动力。收集和分析客户对产品需求的数据，包括外观需求、功能需求、性能需求、结构需求、价格需求等。这些数据可能是模糊的、非结构化的，然而对于产品设计和创新而言却是十分宝贵的信息。

三、风险分析

企业关于风险的大数据应用主要是指对安全隐患的提前发现、市场以及企业内部风险提前预警等。企业首先要对内部各个部门、各个机构的系统、网络以及移动终端的操作内容进行风险监控和数据采集，针对具有专门互联网和移动互联网业务的部门，也要对其操作内容和行为进行专门的数据采集。数据采集需要解决的问题有：企业的经营活动，各经营活动中存在的风险，记录或采集风险数据的方法，风险产生的原因和每个风险的重要性。其次要实时关注有关市场风险、信用风险和法律风险等外部风险数值，获得这些内外部数据之后，要对风险进行评估和分析，关注风险发生的概率大小、风险概率情况等。运用大数据技术对风险分析之后，就需要对风险采取减小、转移、规避等策略，选择最佳方案，最终将风险最小化。

第八章 大数据应用的基本策略

第一节 大数据的商业应用架构

一、理念共识

实施大数据商业应用，首先管理层要认识到大数据的价值，达成理念共识。管理层需要达成共识的理念包括以下几个方面。

（一）公司战略。定位未来发展目标，明确未来战略发展方向。世界上一些成功的公司将其成功部分归于其所制定的创新战略，即获取、管理并利用筛选出来的数据以确定发展机遇、做出更佳的商业决策以及交付个性化的客户体验。

（二）确定初步的数据支持需求，制订数据采集存储计划与预算。

（三）组建大数据技术团队，建立各部门协同机制。大数据战略的目标是把大数据和其他数据整合到一个处理流程中，使用大数据并不是一个孤立的工作，而是一门真正改变行业规则的技术，需要多部门的协同以发现真正需要解决的复杂问题，并获得以前未想到过的洞察。

（四）管理层对大数据应用成果给予高度关注，并颁发大数据应用奖励等。

二、组织协同

在大数据时代，我们往往需要 SOA 系统架构以适应不断变换的需求。面向服务的体系结构（Service-Oriented Architecture, SOA）是一个组件模型，它将应用程序的不同功能单元（称为服务）通过这些服务之间定义良好的接口和契约联系起来。接口是采用中立的方式进行定义的，它应该独立于实现服务的硬件平台、操作系统和编程语言。这使得构建在各种这样的系统中的服务可以以一种统一和通用的方式进行交互。

对 SOA 的需要来源于使用 IT 系统后，业务变得更加灵活。通过允许强定义的关系和依然灵活的特定实现，IT 系统既可以利用现有系统的功能，又可以准备在以后做一些改变来满足它们之间交互的需要。

一家企业在发展的过程中会做很多整合。由于一开始信息化的时候，有很多没有想的那么多，后来整合的时候，如果大家用的标准不一致的话，那这个成本就会非常高。而且做完整合以后，还要做维护，这个维护费用可能也会很高。此外，在考虑未来发展的时候，有一个新的版本出来，很多系统要升级的时候，那考虑要用的时间和成本相对也比较高。而 SOA 这个架构其实是一个标准，不管你做什么，如果大家都用 SOA 共同的标准、共同的语言的话，那刚才提到的几个问题就会很好解决。

关于 SOA，还有很多的企业业务系统的应用，有的是从标准的角度，即 SOA 服务的标准。例如，在我们做自己的业务系统部署的时候，先上什么系统，后上什么系统，系统之间的关联是什么，也应该遵循 SOA 的理念。我们怎么去面向我们的应用，面向我们的实践，这里面可能要把一个纯技术的东西当作一个企业自身的问题去面对，而不仅仅是 SOA 技术。

三、技术储备

大数据应用主要需要四种技术的支持：分析技术、存储数据库、NoSQL 数据库、分布式计算技术等。

（一）分析技术意味着对海量数据进行分析以得出答案

人们会思考运用云技术我们能做什么？ IBM 副总裁兼云计算 CTO Lauren States 解释说，运用大数据与分析技术，我们希望获得一种洞察力。以一个澳大利亚网球公开赛为例，当时组委会在 IBM 的云平台上建立了一个叫 Slam Tracker 的分析引擎，Slam Tracker 收集了最近 5 年比赛的近 3900 万份统计数据。通过这些数据分析出了运动员们在获胜时的一些表现模式。

（二）存储数据库（In-Memory Databases）让信息快速流通

大数据分析经常会用到存储数据库来快速处理大量记录的数据流通。如用存储数据库来对某个全国性的连锁店某天的销售记录进行分析，得出某些特征，进而根据某种规则及时为消费者提供奖励回馈。

（三）NoSQL 数据库是一种建立在云平台的新型数据处理模式

NoSQL 在很多情况下又叫做云数据库。由于其处理数据的模式完全是分布于各种低成本服务器和存储磁盘，因此，它可以帮助网页和各种交互性应用快速处理过程中的海量数据。它为 Zynga、AOL、Cisco 以及其他一些企业提供网页应用支持。正常的数据库需要将数据进行分类组织，类似于姓名和账号这些数据需要进行结构化和标签化。然而 NoSQL 数据库则完全不关心这些，它能处理各种类型的文档。

在处理海量数据同时请求时，它也不会有任何问题。比方说，如果有 1000 万人同时登录某个 Zynga 游戏，它会将这些数据分布于全世界的服务器并通过它们来进行数据处理，结果与 1 万人同时在线没什么两样。

（四）分布式计算技术结合了 NoSQL 与实时分析技术

如果想要同时处理实时分析与 NoSQL 数据功能，那么你就需要分布式计算技术。分布式计算技术结合了一系列技术，可以对海量数据进行实时分析。更重要的是，它所使用的硬件非常便宜，因此让这种技术的普及变成可能。

SGI 的 Sunny Sundstrom 解释说，通过对那些看起来没什么关联和组织的数据进行分析，我们可以获得很多有价值的结果。比如说，可以发现一些新的模式或者新的行为。运用分布式计算技术，银行可以从消费者的一些消费行为和模式中识别网上交易可能存在的欺诈行为。

分布式计算技术正引领着将不可能变为可能的潮流。Skybox Imaging 就是一个很好的例子。这家公司通过对卫星图片的分析得出一些实时结果，比如说，某个城市有多少可用停车空间，或者某个港口目前有多少船只。它们将这些实时结果卖给需要的客户。没有这个技术，要想快速便宜地分析这么大量的卫星图片数据将是不可能的。

很多前沿领域都在发生技术创新，以帮助企业管理不断涌现的海量数据并提高数据利用效率。一些创新是基于传统的关系型数据库技术，以利用成熟解决方案的丰富功能。其他一些创新则利用新数据库模式以满足更加极端的要求。基于这些技术进步，它们能够管理庞大的数据并向企业交付实时或接近实时的洞察力，可以交付新的数据库和分析解决方案，几种解决方案简述如下：

1. 开源大数据解决方案

开源社区针对大数据提出了新的解决办法。通常来说，这些解决方案旨在解决的挑战与新兴 RDMS 创新针对的目标相同。然而，它们对于数据一致性和数据耐用性的要求更低，适用于很多大数据应用场景。潜力最大的开源大数据解决方案是分布式 RDBMS 和 NoSQL 解决方案，两者都采用分布式文件系统（DFS）将数据与分析操作分散在横向可扩展的服务器与存储架构中。这一分布式的解决办法能够通过大规模并行处理以提高复杂分析的性能。它还支持通过增加服务器与存储节点来逐步扩展数据库的容量和性能。

一方面，这些分布式解决方案（包括图形导向型趋势分析）能够独立运行；另一方面，它们也可以集成至传统 RDBMS 系统以协调数据管理与分析。需要处理大数据的企业应当了解各种方案的优势和不足，部署解决方案时也应当满足企业的政策、一致性、管理与服务级别要求。其首要步骤是评估关键数据类型与数据需求并判断每个应用领域希望获取的洞察性信息。

2. 高级数据交付与数据管理功能

所有分析解决方案都在进行软件创新以交付更高的功能、安全性和价值。其关键进步包括：（1）更好地支持安全、合规的数据转换与传输；（2）增强的分析算法提供更佳、更快的分析并更加高效地操作大型数据集；（3）定制的可视化帮助各种类型的用户更加快速、清晰地了解分析结果；（4）更紧密的数据压缩率，以提升存储利用率。

3. 预封装的分析解决方案

访问、管理与分析海量数据在很多级别上来说都是艰巨挑战，多数公司都缺乏专家，因此无法从底层开始构建具有高价值的解决方案。因此，供应商们就以各种形式来填补空缺。

（1）优化的分析设备

众多厂商正在开发专用的分析设备，其设计用于支持大批量数据的快速分析。这些优化的设备能够快速部署并降低风险。它们交付的显著优势体现在集成性、高性能、可扩展性以及易用性方面。

（2）行业解决方案

很多厂商正在开发面向医疗、能源、制造与零售等特定行业需求的数据与分析解决方案。其专门打造的硬件与软件有助于解决特定的行业挑战，同时消除或大大降低客户方面的开发成本与复杂度。

（3）数据与分析即服务

最具转化力的价值可能最终来自为客户提供数据与分析即服务的厂商。价值交付方式很多，包括识别、聚合、验证、存储及交付原始数据，针对特定的企业或个人，或者企业内流程的需求提供定制的分析。这并不是新出现的想法。多年前企业就将数据密集型的任务交给合格的服务提供商托管。然而，我们正在进入数据交换的新时代，我们有望看到这些交易的规模、复杂度和价值出现爆炸式增长。云计算模式将加速这一趋势的到来，为数据访问和分析共享带来更高的灵活性和效率。

第二节　大数据应用的前期准备

一、制定大数据应用目标

大数据屡屡显示其威力，已经渗透进每一个领域。企业需要结合发展战略，明确大数据应用的阶段目标。一些典型的应用目标举例如下：

（一）气象领域

在气象领域，越来越多的人意识到，天气不再仅仅是影响人们生活和出行的信息，如果加以利用，天气将成为巨大价值的来源。

世界各国的公司都将气象分析加入他们的经营战略当中，并期待利用大自然获得更大收益。一些公司通过分析天气如何影响客户行为，从中探索出接下来的营销策略。此外有一些公司对未来天气进行预测，预见未来价值风险，尽量找出竞争对手不能预见的潜在问题。天气其实是最基本的大数据问题。

分析技术的进步和丰富的气象数据使得保险公司的分析创造力和判断正确性都得到显著提高。

（二）汽车保险业

通过分析车载信息服务数据，可以进行客户风险分析、投保行为分析、客户价值分析和欺诈识别。在为保险业提高利润的同时，减小了欺诈带来的损失。

（三）文本数据的应用目标

文本是最大的也是最常见的大数据源之一。我们身边的文本信息有电子邮件、短信、微博、社交媒体网站的帖子、即时通信、实时会议及可以转换成文本的录音信息。一种目前很流行的文本分析应用是情感分析。情感分析是从大量人群中挖掘出总体观点，并提供市场对某个公司的评价、看法或感受等相关信息。情感分析通常使用社会化媒体网站的数据。如果公司可以掌握每一个客户的情感信息，就能了解客户的意图和态度。与使用网络数据推断客户意图的方法类似，了解客户对某种产品的总体情感是正面情感还是负面情感也是很有价值的信息。如果这名客户此时还没有购买该产品，那价值就更大了。情感分析提供的信息可以让我们知道要说服这名客户购买该产品的难易程度。

文本数据的另一个用途是模式识别。我们对客户的投诉、维修记录和其他的评价进行排序，期望在问题表达之前，能够更快地识别和修正问题。

欺诈检测也是文本数据的重要应用之一。在健康险或伤残保险的投诉事件中，使用文本分析技术可以解析出客户的评论和理由。一方面，文本分析可以将欺诈模式识别出来，标记出风险的高低。面对高风险的投诉，需要更仔细地检查。另一方面，投诉在某种程度上还能自动地执行。如果系统发现了投诉模式、词汇和短语没有问题，就可以认定这些投诉是低风险的，并可以加速处理，同时将更多的资源投入到高风险的投诉中。

法律事务也会从文本分析中受益。根据惯例，任何法律案件在上诉前都会索取相应的电子邮件和其他通信历史记录。这些通信文本会被批量地检查，识别出与本案相关的那些语句（电子侦察）。

（四）时间数据与位置数据的应用

随着全球定位系统（GPS）、个人 GPS 设备及手机的应用，时间和位置的信息一直在增加。通过采集每个人在某个时间点的位置，和分析司机、行人当前位置的数据，为司机及时提供反馈信息，可以为司机提供就近餐馆、住宿、加油、购物等信息。

如果能识别出哪些人大约在同一时间同一地点出现，就能识别出有哪些彼此不认识或者在一个社交圈子里的人，然而他们都有很多共同的爱好。婚介服务能用这样的信息鼓励人们建立联系，给他们提供符合个人身份或团体身份的产品推荐，帮助人们找到自己的合适伴侣。

（五）RHID 数据的价值

无线射频标签，即 RFID 标签，是安装在装运托盘或产品外包装上的一种微型标签。RFID 读卡器发出信号，RFID 标签返回响应信息。如果多个标签都在读卡器读取范围内，它们同样会对同一查询做出响应，这样辨识大量物品就会变得比较容易。

RFID 应用之一：自动收费标签，有了它，司机通过高速公路收费站的时候就不需要再停车了。

RFID 数据的另一个重要应用是资产跟踪。例如，一家公司把其拥有的每一个 PC、桌椅、电视等资产都贴上标签，这些标签可以很好地帮助我们进行库存跟踪。

RFID 最大的应用之一是制作业的托盘跟踪和零售业的物品跟踪。例如，制作商发往零售商的每一个托盘上都有标签，这样可以很方便地记录哪些货物在某个配送中心或者商店。

RFID 的一种增值应用是识别零售商货架上有没有相应的商品。

RFID 还能很好地帮助我们跟踪物品（商品），物品流通情况能反映其销售或展示情况。

RFID 如果和其他数据组合起来，就能发挥更大的威力。如果公司可以收集配送中心里的温度数据，当出现掉电或者其他极端事件时，我们就能跟踪到商品的损坏程度。

RFID 有一种非常有趣的未来应用是跟踪商店购物活动，就像跟踪 Web 购物行为一样。如果把 RFID 读卡器植入购物车中，我们就能准确地知道哪些客户把什么东西放进了购物车，也能准确地知道他们放入的顺序。

RFID 的最后一种应用是识别欺诈犯罪活动，归还偷盗物品。

（六）智能电网数据的应用

掌握智能电网数据不仅可以使电力公司按时间和需求量的变化定价，利用新的定价程序来影响客户的行为，减少高峰时段的用电量。而且可以解决为了应对高峰时段的用电量，另建发电站带来的高成本支出，以减少建发电站的费用和对环境造成的影响。

（七）博彩业：筹码跟踪数据的应用

赌场使用筹码跟踪技术，玩家想要主动欺骗赌场将会变得更困难，甚至连庄家想犯错都比较困难。筹码的投注和分红都可以被跟踪到，时段分析可以识别出庄家或玩家犯下异常错误的数目，可以帮助我们处理欺诈行为，或者对犯下简单错误的庄家进行额外培训，赌场对欺诈行为阻止得越多，分红就会越合理，风险就会越低，由于费用支出比较少，这样我们就有能力给玩家提供更好的服务和投注赔率，对于赌场和玩家，是双赢。

（八）工业发动机和设备传感器数据的应用

飞机发动机和坦克等各种机器也开始使用嵌入式传感器，目标是以秒或毫秒为单位来监控设备的状态。发动机的结构很复杂，有很多移动部件必须在高温下运转，会经历各种各样的运转状况，因为成本较高，因此用户期望其寿命越长越好。因此，稳定的可预测的性能变得异常重要。通过提取和分析详细的发动机运转数据，我们可以精确地定位那些导致发动机失效的某些模式。然后我们就能识别出会缩短发动机寿命的时间分段模式，从而减少维修次数。

（九）视频游戏遥测数据的应用

许多游戏都是通过订阅模式挣钱，因此维持刷新率对这些游戏非常重要，通过挖掘玩家的游戏模式，我们就可以了解到哪些游戏行为是与刷新率相关的，哪些是无关的。

（十）社交网络数据的应用

Facebook 等社交网络正在利用社交网络分析技术来洞察哪些广告会对何种用户构成吸引。我们关心的不仅仅是客户自己的兴趣表达，更要关注他的朋友圈和同事圈对什么感兴趣。

通过分析消费者的行为数据和社交网络数据，给用户推荐他感兴趣或他朋友感兴趣的产品，以增加用户的购买行为。

二、大数据采集

结合大数据应用目标，准备服务器、云存储等硬件设施，设计大数据采集模式，实施大数据采集战略。数据包括企业内部数据、供应链上下游合作伙伴的数据、政府公开数据、网上公开的数据等。常见的数据采集途径包括：（1）网络连接的传感器节点：根据麦肯锡全球研究所的报告，网络连接的传感器节点已经超过3000万，而这一数字还在以超过30%的年增长速度不断增加；（2）文本数据：电子邮件、短信、微博、社交媒体网站的帖子，即时通信，实时会议及可以转换为文本的录音文件；（3）对于汽车保险业，数据采集点为在交通工具上安装的车载信息服务装置；（4）智能电网：用遍布于智能电网中的传感器收集数据；（5）工业发动机和设备：数据采集点、发动机传感器可以收集到从温度到每分钟转数、燃料摄入率再到油压级别等信息，数据可以根据预先设定的频率获取；（6）通过网络日志、session 信息等，搜集分析用户网上的行为数据；（7）数据库系统，从各类管理信息系统中采集日常交易数据、状态信息数据等。

三、已有信息系统的优化

大数据应用对已有的信息系统提出了更高要求，从硬件上考虑，提高系统处理能力，这也是我们在做系统集成方案时所需要考虑的，从硬件上应主要从以下几方面去考虑：

（1）主机选型；（2）运算能力；（3）存储系统与存储空间；（4）数据存储容量；（5）内存大小；（6）网络传输速率。

从软件上应主要从以下几方面去考虑:(1)升级数据备份策略。(2)开发适应大数据分析的数据仓库与数据挖掘方法,如,开发并行数据挖掘工具。(3)开发分析大数据的商业智能系统平台:①能处理大规模实时动态的数据;②有能容纳巨量数据的数据库、数据仓库;③高效实时的处理系统;④能分析大数据的数据挖掘工具。(4)优化现有的搜索引擎系统、综合查询系统等。

四、多系统、多结构数据的规范化

多系统数据规范化最好的方式是建立数据仓库,让分散的数据统一存储。对于多系统数据的规范化,可以建立一个标准格式的数据转化平台,不同系统的数据经过这个数据转化平台的转化,转为统一格式的数据文件。可以使用 ETL 工具将分散的、异构数据源中的数据(如关系数据、平面数据文件等)抽取到临时中间层后进行清洗、转换、集成,最后加载到数据仓库或数据集市中,成为联机分析处理、数据挖掘的基础。

对于大多数反馈时间要求不是那么严苛的应用,比如离线统计分析、机器学习、搜索引擎的反向索引计算、推荐引擎的计算等。它是采用离线分析的方式,通过数据采集工具将日志数据导入专用的分析平台。然而面对海量数据,传统的 ETL 工具往往彻底失效,主要原因是数据格式转换的开销太大,在性能上无法满足海量数据的采集需求。互联网企业的海量数据采集工具,有 Facebook 开源的 Scribe、LinkedIn 开源的 Kafka、淘宝开源的 Timetunnel、Hadoop 的 Chukwa 等,均可以满足每秒数百 MB 的日志数据采集和传输需求,并将这些数据上载到 Hadoop 中央系统上。

对多结构的数据,可以通过关键词提取、归纳、统计等方法,基于可拓学理论建立统一格式的基元库。基元理论认为,构成大千世界的万事万物可分为物、事、关系三大类,构成自然界的是物,物与物的相互作用就是事,物与物、物与事,事与事存在各种关系,物、事和关系形成了千变万化的大自然和人类社会。描述物的是物元，描述事的是事元，描述关系的是关系元。物元、事元和关系元统称基元，基元以由对象、特征、量值组成的三元组表示，构成了描述问题的逻辑细胞。利用可拓学理论和方法，可以收集信息建立统一的形式化信息库。

五、大数据收集中的可拓创新方法

数据本身质量问题已成为影响数据挖掘应用的重要因素，为了得到可信的结论，数据处理工作占整个数据分析工作量的80%—90%。Price water house Coopers 在纽约所做的研究表明，599 个被调查公司中的 75% 都存在由于数据质量问题造成经济损失的现象。著名市场调查公司 Gartner 也表示，致使如商业智能（BI）和客户关系管理（CRM）这些大型的、高成本的 IT 方案失败的主要原因，就在于企业是根据不准确或者不完整的数据进行决策的。存在有错误的或者不完整的、冗余的、稀疏的数据使得最终数据挖掘结论的可信度降低。企业往往缺乏有效措施使数据准确，导致数据挖掘项目的时间长、效果不明显。

企业用于数据挖掘的数据集是一个随时间、空间及信息化管理程度等动态变化的多维物元，符合可拓集合的四个特征，属于可拓集合。可拓集合有三种变换方案：

（一）关于论域变换的解决方案

（1）对论域做置换变换，可以选择质量满足数据挖掘要求的其他数据集进行挖掘，同时改变挖掘目标；（2）对论域做增删变换，增加质量更好的数据集以降低整体数据集的不准确率，或者去掉一些质量很差的数据集，对数据集做清洗；（3）对论域做蕴含分析，延伸到产生"脏数据"的源头环节，从数据挖掘角度提出改进建议等，如，采取调整数据结构、存储方式、汇总方式、保留时间等，提高数据的完整性和准确性，逐步提高整体的数据质量，缩小数据质量的差距。使论域由挖掘数据集延伸到原始数据集，从来源上采取变换措施。

（二）关于关联准则变换的解决方案

企业用于数据挖掘的数据的集合本身不变，即关联度不变，对判断数据质量的标准做变换，在一般数据挖掘软件下不符合要求的数据在变换后的新软件下质量达到挖掘要求。如，研究构造一个低数据质量差的数据挖掘系统，实现容忍低质量数据的数据挖掘算法等，目前已经有学者在研究这个问题。

（三）关于元素变换的解决方案

变换量值，使现在质量差的数据集变成可挖掘的数据集。目前在数据挖掘上，研究的数据清洗、针对不完整数据的各种填充算法等都是这类方法；用清洗后的子集做数据挖掘，这是目前常用的数据清洗方法，其缺点是清洗工作量大，容易洗掉一些有价值的信息。

数据清洗、填充、容忍算法等都只是解决了历史数据的可挖掘问题，不能防止新的"脏数据"的产生。数据挖掘持续应用的根本方法在于实现物元可拓集的变换，在事元"数据挖掘咨询"的不断作用下，促使数据从来源上就达到正确性、完整性、一致性等要求。

第三节　大数据分析的基本过程

一、数据准备

数据准备包括采集数据、清洗数据和储存数据等。主要步骤包括：（1）绘制数据地图，选择用于挖掘的数据集，了解并分析众多属性之间的相关性，把字段分为非相关字段、冗余字段、相关字段，最后保留相关字段，去除非相关字段和冗余字段；（2）数据清洗：通过填写空缺值，平滑噪声数据，识别删除孤立点，并解决不一致来清理数据，如填补缺失数据的字段、统一同一字段不同数据集中数据类型的一致性、格式标准化、异常清除数据、纠正错误、清楚重复数据等；（3）数据转化：根据预期采用的算法，对字段进行必要的类型处理，如将非数字类型的字段转化成数字类型等；（4）数据格式化：根据建模软件需要，添加、更改数据样本，将数据格式化为特定的格式。

海量数据的数据量和分布性的特点，使得传统的数据管理技术不适合处理海量数据。海量数据对分布式并行处理技术提出了新的挑战，开始出现以 MapReduce 为代表的一系列研究工作。MapReduce 是由谷歌公司提出的一个用来进行并行处理和生成大数据集的模型。MapReduce 作为典型的离线计算框架，无法满足许多在线实时计算需求。目前在线计算主要基于两种模式研究大数据处理问题：一种基于关系型数据库，研究提高其扩展性，增加查询通量来满足大规模数据处理需求；另一种基于新兴的 NoSQL 数据库，通过提高其查询能力、丰富查询功能来满足有大数据处理需求的应用。

二、数据探索

利用数据挖掘工具在数据中查找模型，这个搜寻过程可以由系统自动执行，自底向上搜寻原始事实以发现它们之间的某种联系，同时也可以加入用户交互过程，由分析人员主动发问，从上到下地找寻以验证假定的正确性。对于一个问题的搜寻过程可能用到许多工具，例如，神经网络、基于规则的系统、基于实例的推理、机器学习、统计方法等。

分析沙箱适合进行数据探索、分析流程开发、概念验证及原型开发。这些探索性的分析流程一旦发展为用户管理流程或者生产流程，就应该从分析沙箱挪出去。沙箱中的数据都有时间限制。沙箱的理念并不是建立一个永久的数据集，而是根据每个项目的需求构建项目所需的数据集。一旦这个项目完成了，数据就被删除了。如果沙箱被恰当使用，沙箱将是提升企业分析价值的主要驱动力。

三、模式知识发现

利用数据挖掘等工具，发现数据背后隐藏的知识。常用的数据挖掘方法举例如下：

数据挖掘可由关联、分类、聚集、预测、相随模式和时间序列等手段去实现。关联是寻找某些因素对其他因素在同一数据处理中的作用；分类是确定所选数据与预先给定的类别之间的函数关系，通常用的数学模型有二值决策树神经网络，线性规划和数理统计；聚集和预测是基于传统的多元回归分析及相关方法，用自变量与因变量之间的关系来分类的方法，这种方法流行于多数的数据挖掘公司。其优点是能用计算机在较短的时间内处理大量的统计数据，其缺点是不易进行多于两类的类别分析；相随模式和相似时间序列均采用传统逻辑或模糊逻辑去识别模式，进而寻找数据中的有代表性的模式。

四、预测建模

数据挖掘的任务分为描述性任务（关联分析、聚类、序列分析、离群点等）和预测任务（回归和分类）两种。

数据挖掘预测则是通过对样本数据（历史数据）的输入值和输出值关联性的学习，得到预测模型，再利用该模型对未来的输入值进行输出值预测。通常情况，可以通过机器学习方法建立预测模型。DM（DataMining）的技术基础是人工智能（机器学习），但是 DM 仅仅利用了人工智能（AI）中一些已经成熟的算法和技术，因而复杂度和难度都比 AI 小很多。

数据建模不同于数学建模，它是基于数据建立数学模型，是相对于基于物理、化学和其他专业基本原理建立数学模型（即机理建模）而言的。对于预测来说，如果所研究的对象有明晰的机理，可以依其进行数学建模，这当然是最好的选择。但是实际问题中，一般无法进行机理建模。然而历史数据往往是容易获得的，这时就可使用数据建模。

典型的机器学习方法包括决策树方法、人工神经网络、支持向量机、正则化方法等。这些内容可参考统计学、数据挖掘等领域的相关书籍，在此不再详述。

五、模型评估

模型评估方法主要有技术层面的评估和实践应用层面的评估。技术层面根据采用的挖掘分析方法，选择特定的评估指标显示模型的价值，以关联规则为例，有支持度和可信度指标。

对于分类问题，可以通过使用混淆矩阵对模型进行评估，还可以使用 ROC 曲线、KS 曲线等对模型进行评估。

六、知识应用

大数据决策支持系统中"决策"就是决策者根据所掌握的信息为决策对象选择行为的思维过程。

使用模型训练的结果，帮助管理者辅助决策，挖掘潜在的模式，发现巨大的潜在商机。应用模式包括与经验知识的结合，大数据挖掘知识的智能融合创新以及知识平台的智能涌现等。

第四节　数据仓库的协同应用

一、多维数据结构

多维数据分析是以数据库或数据仓库为基础的，其最终数据与 OLTP 一样均来自底层的数据库系统，然而两者面对的用户不同，数据的特点与处理也不同。

多维数据分析与 OLTP 是两类不同的应用，OLTP 面对的是操作人员和低层管理人员，多维数据分析面对的是决策人员和高层管理人员。

OLTP 是对基本数据的查询和增删改操作，它以数据库为基础。而多维数据分析更适合以数据仓库为基础的数据分析处理。

多维数据集由于其多维的特性通常被形象地称作立方体（Cube），多维数据集是一个数据集合，通常从数据库的子集构造，并组织和汇总成一个由一组维度和度量值定义的多维结构。

（一）**度量值**（Measure）

（1）度量值是决策者所关心的具有实际意义的数值。例如，销售量、库存量、银行贷款金额等。

（2）度量值所在的表称为事实数据表，事实数据表中存放的事实数据通常包含大量的数据行。事实数据表的主要特点是包含数值数据（事实），而这些数值数据可以统计汇总以提供有关单位运作历史的信息。

（3）度量值是所分析的多维数据集的核心，是最终用户浏览多维数据集时重点查看的数值数据。

（二）**维度**（Dimension）

（1）维度（也简称为维）是人们观察数据的角度。例如，企业通常关心产品销售数据随时间的变化情况，这是从时间的角度来观察产品的销售，因此时间就是一个维（时间维）。再如，银行会给不同经济性质的企业贷款，比如，国有企业、集体企业等，若通过企业性质的角度来分析贷款数据，那么经济性质也就成了一个维度。

（2）包含维度信息的表是维度表，维度表包含描述事实数据表中的事实记录的特性。

（三）**维的级别**（Dimension Level）

（1）人们观察数据的某个特定角度（即某个维）还可以存在不同的细

节程度，我们称这些维度的不同的细节程度为维的级别。

（2）一个维通常具有多个级别。例如，描述时间维度，可以从月、季度、年等不同级别来描述，那么月、季度、年等就是时间维的级别。

（四）维度成员（Dimension Member）

（1）维的一个取值称为该维的一个维度成员（简称维成员）。

（2）如果一个维是多级别的，那么该维的维度成员是在不同维级别的取值的组合。例如，考虑时间维具有日、月、年这 3 个级别，分别在日、月、年上各取一个值组合起来，就得到了时间维的一个维成员，即"某年某月某日"。

二、多维数据的分析操作

多维分析可以对以多维形式组织起来的数据进行上卷、下钻、切片、切块、旋转等各种分析操作，便于剖析数据，使分析者、决策者能从多个角度、多个侧面观察数据库中的数据，进而深入了解包含在数据中的信息和内涵。

（一）上卷（Roll-Up）

上卷是在数据立方体中执行聚集操作，通过在维级别中上升或通过消除某个或某些维来观察更加概括的数据。

上卷的另外一种情况是通过消除一个或多个维来观察更加概括的数据。

（二）下钻（drill-down）

下钻是通过在维级别中下降或通过引入某个或某些维来更细致地观察数据。

（三）切片（slice）

在给定的数据立方体的一个维上进行的选择操作，切片的结果是得到了一个二维的平面数据。

（四）切块（dice）

在给定的数据立方体的两个或多个维上进行选择操作，切块的结果是得到了一个子立方体。

（五）转轴（pivotorrotate）

转轴就是改变维的方向。维度表和事实表相互独立，又互相关联并构成一个统一的架构。

第五节　大数据战略与运营创新

大数据的发展，既包括科学问题，也存在产业价值和经济价值问题。互联网公司密切关注的是如何利用大数据形成新的产业链条。目前，百度、谷歌、阿里巴巴等公司正在积极研究如何利用大数据推动新的商业模式，产生新的商业链条，包括通过电子商务来建立产品的关联关系，利用大数据进行有效的电子商务分析等。

在探索大数据的经济价值时，产业界的逐利性决定了部分企业不会致力于研究大数据的技术应用问题，也不会去思考大数据的长远发展问题，聪明的投资者会对大数据的核心价值作出判断，审慎地分析大数据和自己的关系。

大数据能够有效分析海量非结构数据并整合各类资源带来创新机遇。根据信息科技调研公司 Gartner 的一份报告，若要获得信息的最高价值，首席信息官们必须认识到创新的必要性，而这里所指的创新并不仅仅局限在大数据管理技术方面。

这份研究指出，随着企业诸多问题的解决方案皆以大数据分析为重要参考，企业有必要鼓励创新，强化创新。大数据指的是大规模海量复杂数据的集合，由于其规模庞大，利用现有数据库管理工具或传统的数据处理应用软件难以实现有效管理。

"大数据要求企业提高两个层面的创新水平"，Gartner 研究副总裁 Hung LeHong 在一份声明中表示，"首先，技术本来就是一种创新。但除此之外，企业还必须为创新决策制定支持与分析的流程与方式。其次，后者并非技术层面的挑战，而是流程与管理的挑战与创新。大数据技术改变了现有分析问题的方式，由此带来了诸多新的机遇。新数据源与新的分析方法能够显著提高企业的运行效率，这是过去任何转变都难以比拟的。"

这份报告指出，大数据为企业实现增值的先例有限，且过去从未有任何企业尝试通过这些新方法分析与访问数据。因此，对于任何一个企业而言，它需要时间来建立对新数据源以及分析方式的信任。这也是为什么，我们鼓励企业从小的试验项目着手，不断实现数据透明并改善数据观察与分析方式。

LeHong 表示："首席信息官们也许更乐意从内部数据源开始这场变革，原因是内部数据多数已由 IT 部门管理。然而，很多情况表明，这些内部数据源完全没有受到 IT 部门的有效管控，例如呼叫中心记录、安全摄像头、生产设备的运营数据等都是内部数据源，但是它们不由企业 IT 部门管理。"

报告指出，利用大数据技术的企业有能力保留完整、原始的数据，建立丰富的数据源，不断提高信息的价值。然而，首席信息官们也需要确立一个明确的商业目标及新数据存储方式。尽管技术能够提高速度，但要使企业从速度提升中收获新的价值则要求流程的改革。Gartner 指出，一些企业已经提高了数据分析的能力，现在正在革新各自的业务流程以收获速度，提升创造的最高价值。"首席信息官们必须将流程再设计融入大数据项目中（通常大数据项目旨在提高数据分析速度），只有这么做，才能确保企业在速度提升中收获最多裨益。LeHong 总结道："在对大数据进行投资前，要保证评估团队清楚了解数据分析速度提高对企业运行效率的影响，并将这一认识当作企业案例对待。"

大数据被誉为企业决策的"智慧宝藏"。面对大数据带来的不确定性和不可预测性，企业决策和运营模式正在发生颠覆性变革，传统的自上而下、依赖少数精英经验和判断的战略决策日渐式微，一个自下而上、依托数据洞察的社会化决策模式日渐兴起。

大数据被誉为科研第四范式。继实验归纳、模型推演和计算机模拟等范式之后，以大数据为基础的数据密集型科研从计算机模拟范式中分离出来，成为一种新的科研范式。以全样本、模糊计算和重相关关系为特征的大数据范式，不仅推动了科研方式的变革，同时也推动了人类思维方式的巨大变革。

大数据被誉为"21世纪的新石油"。据美国研究机构统计，大数据能够为美国医疗服务业每年带来3000亿美元的价值，为欧洲的公共管理每年带来2500亿欧元的价值，

帮助美国零售业提升60%的净利润，帮助美国制造业降低50%的产品升发、组装成本。在互联网行业，大数据成为精准营销的支持手段。如淘宝OceanBase数据库满足高性能、高容量、高可靠性和低总体拥有成本（TCO）的需求，驱动海量结构化数据，助力淘宝成长为精准营销模式领路人。

在金融行业，大数据成为科学决策的有力支撑。中信银行信用卡中心通过部署大数据分析系统，实现了近似实时的商业智能（BI）和秒级营销，每次营销活动配置平均时间从2周缩短到2—3天，交易量增加65%。

在电信行业，大数据成为智能管道转型的有效途径。中国移动广东公司构建新一代详单账单查询系统，可为用户提供详单账单的实时查询，客户满意度极大提高。

在零售业，大数据成为实时掌控市场动态的必要手段。农夫山泉通过大数据分析技术使销售额提升了大约30%，并使库存周转从5天缩短到3天，同时其数据中心的能耗降低了约80%。

无论是国家大数据战略，还是企业决策的新模式，大数据无疑正在从理论逐步走向管理实践。

在需求驱动下，从理念共识上，企业在大数据上面主动升级，正在形成专门的大数据团队，期望对大数据进行挖掘分析，以做出更佳的商业决策。在大数据时代，我们通常需要SOA系统架构以适应不断变换的需求。

大数据应用主要需要四种技术的支持：分析技术、存储数据库、NoSQL 数据库、分布式计算技术。大数据来源有传感器数据、视频、音频、医疗数据、药物研发数据、大量移动终端设备数据等。关于多系统数据的规范化，最好的方式是建立数据仓库，让分散的数据统一存储。可以建立一个标准格式的数据转化平台，不同系统的数据经过数据转化平台的转化，转为统一格式的数据文件，便于采集。

一般可以通过机器学习方法建立预测模型。典型的机器学习方法包括：决策树方法、人工神经网络、支持向量机、正则化方法。多维数据分析与 OLTP 是两类不同的应用，OLTP 面对的是操作人员和低层管理人员，而多维数据分析面对的是决策人员和高层管理人员。

第九章　大数据与教育行业应用

第一节　教育大数据概述

当前，大数据时代已经到来，并在教育领域得到了广泛的应用。我国教育与大数据的结合已是时代发展的必然要求。下面主要研究大数据与教育之间的联系。

一、教育大数据的内涵

教育大数据指的是在教育教学过程中产生的或者采集到的用于教育发展的数据集合，其能够在教育领域创造巨大的潜在价值。教育大数据的来源主要有四个方面：一是在课堂教学、考试成绩、网络互动等教学活动过程中产生的直接数据；二是在教育活动中对学生的家庭信息、学生的健康体检信息、学校基本信息、财务信息、设备资产信息等进行统计而采集到的数据；三是在科学研究活动中通过发表论文、运行科研设备、采购材料和记录消耗等工作采集到的数据；四是在校园生活中通过餐饮消费、洗浴洗衣、复印资料等产生的数据。

二、教育大数据的分类与结构

（一）教育大数据的分类

教育数据的分类方式多种多样。从数据产生的流程来看，可以将数据分为过程性数据和结果性数据。过程性数据指的是在课堂表现、线上作业、网络搜索等教育活动的过程中采取的数据，此类数据一般难以直接量化；结果性数据是指成绩、等级、数量等可以进行量化的数据。从产生数据的业务来源看，可以将数据分为教学类、管理类、科研类以及服务类四种数据类型。

（二）教育大数据的结构

教育数据的结构从内到外可以分成四个层次，依次是基础层、状态层、资源层和行为层。基础层存储的是基础性数据，包括教育部发布的学校管理信息、行政管理信息、教育管理信息等，这一系列标准涉及的数据都是国家教育的基础性数据；状态层存储的是与教育相关的事物的运行信息，如教育装备、教育环境和教育业务中的设备消耗、故障、运行状况、校园空气质量、教学进程等；资源层存储的是各类教学资源，如 PPT 课件、教学视频、教学软件、图片、问题、试题试卷等；行为层存储与教育相关的行为用户的行为数据，如学生的学习数据、教师在教学中产生的数据、管理者维护系统时产生的数据和教研员在指导教学过程中产生的数据等。教育数据的层次不同，数据的采集、生成方式和应用场景也不同。数据采集的难度按照从内到外的层次依次递增，采集行为层次数据的难度是最大的，如果不使用技术工具作为辅导工具，一般情况下无法采集到数据。因此我们主要介绍一下前三种数据。

1.基础层数据

一方面，通过人工定期采集数据的方式将教育基础方面的数据逐级上报，包括每年的教师招聘、招生数量等最新的教育数据；另一方面，通过与其他系统交换数据的方式，采集和更新教育基础数据，如学籍系统、人事系统和资产系统等定期对数据进行更新。作为高度结构化教育数据的一个重要组成部分，基础层数据的优势在于能够对教育发展现状、教育决策的科学性、教育资源的优化和教育体系的完善进行宏观掌控。其中，学籍、人事、资产等基础性教育数据由于其具有的隐私性和保密性特征，需要国家进行重点保护。

2.状态层数据

状态层数据主要运用人工记录和传感器感知这两种方式进行采集，目前应用最广泛的采集方式是人工记录。未来，传感技术会不断发展并广泛应用，将全天候、全自动化地记录教育装备、教育环境和教育业务等方面的运行情况和产生的数据。状态层的数据使管理和维护教育装备更加高效化，有利于对教育业务的运行状况进行全面的掌控，打造更加人性化的教育环境。

3.资源层数据

大部分的资源层数据属于非结构化数据，且具有总量大、形态多样的特点。产生资源的方式主要有以下两种：一是进行专门的建设活动，如个体发挥自主性进行教学课件的建设，企业发挥优势提供学习的资源和学习工具，国家发挥组织特征开放精品课程等；二是动态生成资源，如在教学活动中，通过课堂讨论、记笔记、完成试题等产生的资源。要创新教学模式、变革教学方法，最重要的就是要利用好丰富多样的优质资源。教育行为包括录入成绩、教师备课、学生上课、设备报修、财务报销等多种形式，但是在行为层数据中占据主导地位的是教师和学生之间的教与学这一行为数据。大数据时代可以采集更多、更细微的教学行为数据，如学生在何时何地应用何种终端浏览了哪些视频课件、观看了多长时间、先后浏览顺序、是否跳跃观看等细颗粒度的行为都将以日志记录的形式被保存下来。

三、教育大数据的价值潜能

（一）教育大数据驱动教育管理的科学化

2002 年，美国通过教育立法的形式确定了教育数据的重要地位，保证了教育管理中决策的科学性。我国虽然经过十几年的新课程改革丰富了教学内容，转变了教学形式，改善了教学环境，但是改革的效果与预期的状态还存在很大的差距。其中一个重要原因就是在课程改革过程中没有重视教育数据，没有形成科学的决策，导致改革具有局限性。

要使教育大数据在科学化管理方面起到重要作用，应该采取以下做法。

一是利用全方位的传感器，采集和挖掘教育管理过程中产生的数据，包括教学活动、人员信息、办学条件等，并对采集到的数据进行汇总统计，采取可视化的处理方法对数据分析结果进行处理。

二是采取智能化的手段管控教育设备，降低能耗和成本。以江南大学的"校园级"智能监管平台为例，该平台在对能源进行智能化监管过程中重视对物联网、通信、检测和控制等新技术的应用，使能源管理过程中的数据更加清晰，为管理者做出科学决策提供了支持。

（二）教育大数据驱动教育评价体系重构

在大数据时代，教育评价发生了改变，由以往的经验主义、宏观群体、单一评价转变为了数据主义、微观个体和综合评价。在智慧学习的环境中，利用新的信息技术可以采集到教与学过程中的全部数据，这些数据包括网络教学的记录数据，学习环境中的时间、地点、设备、周边环境等数据，为学校评价学生的学业成绩提供了数据支持。

每个学生在每个学期、每门课程、每节课中的学习表现的各种数据将会被存储到档案中并伴随学生的一生。学校不仅要评价学生在校期间的学业成绩，还要对学生毕业后的发展情况进行统计，这样有助于掌握更全面、更准确的数据，更好地对学校的教学质量进行评价。

现阶段，有部分地区的学校在教学过程中融入了基于大数据的学习评价方式。以田纳西州增值评价系统（TVAAS）为例，它主要通过连续多年追踪分析学生的成绩对学区、学校和教师效能进行评价。在这一评价系统中，3-12 年级的所有学生都要参加语言、数学、科学等学科的测试，并通过增值评价方法对学生的学业进步情况进行分析，列出对学生学业进步贡献的各区、各学校、各教室的具体情况。

TVAAS 具有以下几点优势：

一是以提供诊断信息的方式帮助教育决策者开展和实施形成性评价体系。

二是计算出每所学校在所学科目成绩的进步率，并与以往的进步率进行比较，找出没有进步或是进步特别小的学生，对其进行干预。

三是对学生的各科成绩进行有效的预测，筛选出可能达不到毕业成绩要求的学生，使学校的教师和管理者能够有足够的时间和机会有针对性地制定课程和教学策略，使学生改变现在的学习情况，实现成绩的进步。

四是可以将即将就读于这所学校的学生的成绩展示给各个教师，从而使教师可以提前根据学生的实际情况制定教学方案，以满足每个学生的学习需求。

（三）教育大数据驱动科学研究范式转型

随着成熟的大数据技术不断应用在教学领域，降低了科学研究的复杂性，也使教育领域更加快速地获得各种科研数据，促进了科研经费投入、数据分析和科研管理方面的难题的解决。在社会科学领域，由于实验设施落后，实验人员的精力有限，研究者在获得科研数据时只能通过人工搜索、资料查找等方式，并在分析"抽样"数据的基础上进行一般规律的推算。这种研究范式给社会科学研究带来了局限性。大数据的出现和发展使社会科学的研究范式得以进行全样本调查，比以往的抽样模式更具科学性，这也说明社会科学被量化，成为一门实实在在的实证科学。大数据技术也为科研人员提供了支持，使其能够更加便利地获得个性化的学术文献资源、寻找到更好的同行和合作伙伴、组建一支专业的跨学科跨地域的国际研究团队。

四、我国教育大数据发展现状

（一）中国教育大数据的实施现状

教育资源的信息化联盟为教育改革提供了一个发展平台，在这个平台上，国内的教育信息化专家、教育领域的学者以及互联网人士探讨如何实现大数据教育资源信息的共建共享，如何利用互联网创新开展教学模式的变革。搭建这一平台的最终目的是要利用互联网整合优化教育资源，让其在教育领域可以流动循环，增加资源分享和贡献的渠道，发挥学习资源的最大效用，从而扩大资源受用的地域和受用的人群，最终建立一个教育资源信息化联盟，做到教育信息的交流共享、互通有无，并实现共同提升。中国要大力发展教育大数据，除了要得到政府的大力支持外，还应该与学术组织和数据中心相配合。首先，大数据在中国迅速发展的前提来源于政府部门的重视程度和号召力。近年来，教育部越来越重视教育大数据的发展，并强调学研结合和创新的重要性。高校也在申报项目过程中，专门列出了大数据、云计算等信息技术作为项目基金的主要研究对象。其次，北京、上海、江苏、贵州等地区的政府积极采取措施，对大数据进行基础应用，提高了教育质量，促进了教育公平。最后，我国通过建立数据共享机构，对教育大数据的类别和内容进行了完善。例如，国家统计局管理的国家数据网发布了教育、经济和政府等领域的数据；中国人民大学开设了中国调查等数据中心，增加了中国教育数据及管理的类别，提供了发展资源，促进了教育大数据的发展。

（二）中国数据人才的培育现状

中国需要大量的数据人才，且需要建立相应的培养模式。目前，教育部开设了云计算与应用专业和电子商务专业，并新增了网络数据分析应用专业，为职业教育的发展提供专业支撑。

五、我国教育大数据面临的机遇与挑战

（一）我国教育大数据面临的机遇

在教育治理转型过程中，推进教育治理体系和治理能力向现代化转变的一个重要因素就是先进的治理技术。在教育治理过程中运用大数据这一技术型的治理资源，能够优化生态环境，拓展空间设计教育制度框架，促进教育制度和治理的现代化转型。

第一，促进教育治理体制从"碎片化"向"网格型"转变。当前，教育治理体制出现的最大问题是教育治理的"碎片化"，主要表现为政府部门忽视合作与协作共赢的理念，部门与部门之间承担的教育治理职能经常出现交叉，并且存在信息孤岛和信息矛盾现象。近年来，在一些重要的政策议题上，如异地高考、异地入学和农村教育问题等，不同部门在其中承担的职能出现交叉，分工模糊，从部门自我利益为主的问题也相继出现，从而导致政策执行过程中出现了一系列问题，不仅使教育治理效率低下，还增加了执行成本。

第二，促进教育治理理念从"管理本位"向"服务本位"转型。教育治理要实现现代化转型，就要改变传统的管理模式，使政府、社会和学校等多个主体参与到教育治理转型的过程中，形成多主体共同参与、民主商议和协作发展的新模式。这一新模式提出了参与性、开放性和包容性等理念，与大数据的社会属性相比，这些新理念更加适应教育治理的现代化诉求。因为营造一个开放的氛围可以使多主体参与的教育治理模式更好地建立，各个主体只有在教育治理中保持包容的心态，才能互相理解和包容对方，使各自的利益诉求得到满足，从而达成具有广泛共识的教育治理方案。

（二）我国教育大数据面临的挑战

在当前教育治理建设和转型过程中，教育治理现代化转型产生的效

能与政府预期的效果存在一定的差距。教育治理体系的治理理念和运行机制等在大数据环境下难以适应信息技术的快速变迁，这给我国的教育治理向现代化的转型带来了严峻的挑战。具体表现在以下几点：一是仍然依靠"重管理，轻服务"的思维进行治理。当前的教育治理体系沿用传统的管理和制度，这就导致"重管理，轻服务"的管理思维依然存在于这一体系中。在这种思维下，教育治理的模式一直强调的是管控而不是高质量的服务。长期以来，由于管理模式的权威性和自上而下的垂直性等特点，导致教育治理各个主体之间缺乏水平互动，也难以实现数据共享，使大数据在教育治理过程中缺乏操作的平台。二是以"重局部，轻全局"为利益导向。为了维护和发展公共教育利益，政府部门的上下级之间、员工之间可以实现理想状态中工作的"无缝承接"，保证政策能够顺利执行。但是，在实际情况中，受"经纪人"的影响，承担教育治理职能的政府部门为了追求自身利益各自为政，忽视与其他主体合作，导致大数据在教育管理方面缺乏动力来源。

第二节　大数据对教育的促进作用

在大数据时代，教育面临着什么样的新形势和新挑战？大数据在教育中究竟发挥着怎样的作用？我们将其概括为：从理念思维、行业发展、融合创新"三个层面"影响教育发展，实现教育的整合、降噪、倍增和破除"四种效应"，破解教育资源不均衡、方式单调化、信息隐形化、决策粗放化、择校感性化、就业盲目化"六大难题"，通过构建"大平台"系统、完善"大服务"体系、实现"大教育"愿景，打造自循环和可持续发展的智慧教育生态体系。

"三个层面"：大数据对教育的促进作用体现在理念思维、行业发展、融合创新三个层面。一是在理念和思维层面。大数据作为一种新的理念、其开放、共享、协同等特点将给教育领域带来前所未有的冲击与影响。作为一种新的思维，引导教育从演绎转向归纳，从"经验思维"转向"依靠数据说话"的智慧教学、智慧评价等。二是行业发展层面大数据作为推动教育领域和行业创新发展的一种新动力，可以回答以前被认为是无法回答的问题，用来解决以前被认为解决不了的问题，用来实现以前被认为不能实现的事情，可以破解教育难题，大数据还可以创造新的领域、新的产业和新的价值，可以完善教育产业链、构建教育生态体系等。三是融合创新层面，大数据作为一种被引入到教育领域的新技术和新手段，通过对学习环境（数字校园、智慧教育、虚拟课堂等）、教学过程、教育决策等产生的海量数据资源的深入分析和挖掘，创新教学模式、促进教育的变革创新。

将大数据应用到教育领域中，有助于实现教育的"四种效应"。一是整合效应，通过利用大数据技术对各种教育资源进行整合和关联分析，实现"1+1>2"的规模效应。二是降噪效应，对已有教育数据资源进行有效整合，激活有用数据、剔除无用虚假数据，利用大数据技术对教育数据做"减法"，提升数据资源的可用性。三是倍增效应，发挥大数据激活休眠数据，将静态的数据变为动态数据的"催化剂"，让教育数据产生更多的"溢价效应"，加速涌现更多新产业、新价值。四是破除效应，借助大数据打破教育行业内部和行业间的"数据孤岛"，统一异构数据、打破数据壁垒，实现与其他部门数据的互联互通，使智慧教育成为智慧城市的有机组成部分。

利用大数据可以有效破解教育发展所面临的"六大难题"。一是有效破解教育资源差异化所带来的教育不公平现象；二是有效破解教育方式单调化所带来的"模式化"教育难题；三是有效破解教育信息隐形化所带来的不可量化难题；四是有效破解教育决策粗放化所带来的教育决策不科学难题；五是有效破解教育择校感性化所带来的选择不科学难题；六是有效破解教育就业盲目化带来的择业不合理难题。

大数据还将加速教育生态体系的构建，助力建设"大平台"系统以汇聚教育和数据资源；构建"大服务"体系，提供便捷泛在的教育服务；实现"大教育"愿景，满足多层次人群的全生命周期教育需求。

一、实现教育"四种效应"

经过多年的教育信息化建设，我国已经形成一定的教育数据资源，但依然存在一些突出的问题，主要体现在：一是数据采集方式较为单一，绝大部分来自教育管理系统。二是数据未能有效整合，数据依类别、行业、部门、区域等被"割据"，关联性被遗忘。例如，教育视频作为最大的教育信息源没有被充分利用，公众无法以低成本、有效途径获得优质的、个性化的教学资源。三是数据质量和可用性不高数据越来越多样化，且缺乏统一标准，在组织、整合、清洗和转换这些数据时难度较大，因此也造成数据质量和可用性不高。四是缺乏数据平台为深入挖掘海量教育数据的潜在价值，需要数据平台来处理、分析各类数据，并提供完善的数据服务。

大数据在教育行业的深化应用将突出表现为四种效应：整合效应、降噪效应、倍增效应和破除效应。

（一）大数据对教育的整合效应

智慧教育的推进不仅局限于信息系统的建设。系统中的内容和数据建设也至关重要，在大数据时代，数据甚至比系统更有价值，"三分技术，七分管理，十二分的数据"是信息化领域公认的规律。大数据的核心价值在于"开放"。大数据通过研究数据以发现事物发展所存在的客观规律，这依赖于数据的真实性和广泛性，数据如何做到共享和开放，如何对数据实现加法，是当前大数据发展的软肋和亟须解决的问题。当前大部分行业和领域的数据缺乏必需的开放性，数据掌握在不同的行业主体手中，而这些主体在当前这个阶段并不愿意免费分享数据。在教育领域，不同主体（学校、教育管理部门、教育培训机构等），在信息时代利用信息技术各自拥有独特的教育数据资源优势，在早期大部分教育数据是"被垄断"在各主体手中的。近年来，随着信息技术的发展，教育课程和教育平台不断开放，将产生海量的、高质量的、颗粒度较细的教育数据，这些数据的关联交互将产生更高价值的信息，进而丰富教育数据资源库，产生"1+1>2"的规模效应。因此，从这个角度来说，大数据对教育在量上做了"加法"。

大数据所特有的关联分析特性，可以打破数据的行业界限，把不同行业的数据关联起来，例如它可以把学校周边地区的交通与学生的进校、离校数据进行关联，从而对学校周边区域的红绿灯进行智能化管理；可以把学片区的房屋信息与学校的师资力量、学生数据等进行关联，从而对学片区的师资力量进行重新分配，有效解决"择校"问题。教育大数据正是基于这种跨领域的关联分析，一方面，进一步扩大了数据规模，实现了多领域多行业数据的交互；另一方面，这种交互关联对于解决以往单个领域行业自身无法解决的问题有着突出的优势，打破了数据孤岛，使得许多看起来无用的数据价值重新释放。

（二）大数据对教育的降噪效应

据不完全统计，全球数据量正以每年50%的速度增长，而且数据类别也越来越多元化。有时候海量数据会因为"噪声"影响数据质量。什么是数据噪声？噪声是被测量的变量的随机误差或方差。美国学者纳特·西尔弗在《信号与噪声》一书中指出，"数据的海量增长，并不意味着我们自身的理解能力和分析能力在同步增长大部分信息都只是噪声而已，而且噪声的增长速度要比信号快得多。太多的假设需要验证，太多的数据需要发掘"。

如何降低数据噪声、提升数据质量和有用性是大数据技术面临的重要任务之一，在教育领域，随着信息技术应用的深入，教学手段、教学环境、教育模式等不断创新变革，同时也产生了海量教育数据，事实上这些数据中只有部分是有用的和有益的，数据"噪声"的多少将会在很大程度上影响教育决策和趋势分析。各学校拥有较为丰富的教学资源且数量庞大，但可真正用于课堂教学的较少，能保持与教学内容实时更新、学生可参与互动的资源则更少，这时候就需要利用大数据对教育数据做"减法"，通过对已有数据进行整合，将虚假的数据剔除，利用真实的数据来分析得出真实的结果。

要在充分认识大数据对教育领域的驱动前提下，对不同教育主体、不同教育系统、不同教学环境产生的大量数据进行整合分析。激活有用数据、剔除无用虚假数据，利用大数据技术对教育数据做"减法"，降低数据噪声。

（三）大数据对教育的倍增效应

经过多年的积累，教育领域已经积累了海量的数据，但为什么只有在大数据迅猛发展的近两年中，智慧教育才得以迅速发展？主要原因就在于，大数据发挥了可以将以往休眠的数据激活，将静态的数据变为动态数据的"催化剂"作用，让教育数据产生更多的"倍增效应"。一方面，大数据在破解传统教育所面临的"教改难""择校难""入园难"等问题上将发挥独特的优势，"数据驱动决策""数据驱动流程"的模式将在教育行业得到广泛应用；另一方面，大数据给教育领域创新带来了新的活力，在帮助教育产业转型、创造新的教学模式、进行技术创新等方面都将发挥积极的作用。例如，一些新兴创新公司利用教育数据提供更有针对性、更细分的教育解决方案，把大数据产业化和商品化，以"数据驱动产品"的模式将在教育行业引发新一轮的创业浪潮和产业革命，例如大数据催生了大量的教育 APP 应用和在线课程细分公司。从这个角度来说，大数据在教育大数据由数字化向智慧化转变过程中，扮演了倍增效应中的"乘数"角色。

我国早就开始大力推动教育信息化，虽然取得了一定的成效但作用并不十分明显，原因就在于对教育信息化背后的数据、信息等无形资产的挖掘与应用不足，改善决策和提升教学水平的辐射扩大效应未显现。例如，我国各级教育部门、各类学校纷纷部署了学位管理系统、学籍管理系统、教务管理系统等，积累了大量的学生入学、毕业和课程设置数据，但这些数据基本处于"休眠"状态。事实上，如果通过大数据技术进行"循数管理"，通过分析挖掘这些历史数据，便可以清楚地了解哪些专业就业情况良好、哪些地区学生辍学率高、哪些课程的老师课业压力重，进而改善课程设置、提升入学补助决策，优化教育决策。例如，美国亚利桑那州公立大学运用 Knewton 在线教育服务系统来提高学生的数学水平，该系统通过数据分析区分出每个学生的优缺点，给学生提供有针对性的指导。全校 2000 名学生使用该系统两学期之后，该大学的辍学率下降了 56%，毕业率从 64% 提高到 75%。

（四）大数据对教育的破除效应

由于标准体系的不健全以及缺乏信息化统筹推进机制，我国各地、各层级的教育信息系统在数据规范、接口标准等方面缺乏协同，互通性较差，信息孤岛现象严重。这就需要借助大数据对教育行业内部和行业间的"数据孤岛"现象做除法，这里提到的除法更多的是指"破除"，统一异构数据、打破数据壁垒，实现与其他部门数据的互联互通，使智慧教育成为智慧城市的有机组成部分。例如，学校系统可以和公安系统的数据系统互联互通，通过流动人口数据，预测学生数量和特点，解决教育资源的结构性错配问题，提前预警，合理引导家长优化选择，正如我们之前所分析的，大数据的发展是个渐进的过程，大数据从诞生到成熟将经历从技术、能力、理念到时代的演进。人们对大数据的理解认同和应用实践，也将会随着大数据自身的发展不断调整和改变。因此，我们把大数据引入教育领域中后，其影响将十分深远和重大，但这个影响过程是漫长的，从思维变革到应用能力提升需要长时间的演进过程大数据应用到教育领域的初期，只是被当作一种信息化工具，利用其改变教学模式、提升教学效率等，使教育更加智能化、普惠化、个性化和扩大化。随着应用的深入，越来越多的人将认识到大数据是一种可以解决传统教育难题的"新能力"。随着当大数据被全社会广泛认同，数据资产观念等逐渐普及，人们发现大数据与教育结合后，会形成巨大的社会效应，如整合教育资源带来的资源聚合效应、挖掘数据资源带来的创新倍增效应。最后，当教育领域形成"数据文化"氛围、建立"数据治理"理念时，将形成一个自循环和可持续发展的教育生态体系。

二、破解教育"六大难题"

利用大数据，不仅将改变教育思维方式，更加关注开放性、普惠化、个性化和智能化，也可以用新技术实现教育的全方位变革与创新，破解传统教育难题。

（一）破解教育资源不均衡问题，实现教育普惠化

大数据让公平教育普惠化成为教育发展的目标之一。"普"可以理解为更为平等的教育机会，"惠"可以理解为更低的教育成本。大数据在教育领域的广泛应用，将促进区域教育资源的共建共享和优质教育资源的普及，进而推动教育普惠和公平。

1.促进区域教育资源共建共享，降低重复建设和浪费

传统的数字校园建设导致大量的信息孤岛与数字鸿沟，云计算为新时期的教育信息化建设带来了新思路，"集中力量办大事""集中建设、分散使用"的建设方式，将更有利于教育信息资源的收集、存储、共享与应用，有利于形成区域性的教育大数据。教育大数据可以有效促进区域教育资源共建共享，突出表现在高度集成的资源共享和随处随时可得的优质资源，进而降低教育资源的重复建设和浪费。

以目前国家在建的两个教育大平台"国家教育资源公共服务平台"和"国家教育管理公共服务平台"为例，其目标是汇聚教育管理、教学支持领域的海量信息，形成有效支持教育教学过程、教育管理的教育大数据。其中，国家教育资源公共服务平台采用资源征集、资源汇聚、资源共建、资源捐赠几种方式实现教育教学资源数据的汇聚。国家教育管理公共服务平台采用学生和教师"一人一号"、学校"一校一码"的思路，全面准确地汇聚全国学生、教师和学校办学条件的动态数据。这些大数据成为我们观察、监测教育系统的"显微镜与仪表盘"，成为智能化教育分析与决策的基石，决策科学化将使得教育整体成本呈下降趋势。

2.加大优质教育资源的普及，缩小不同地区间的差距

第一，远程教育、同步课堂等信息化在教育领域的应用和普及将进一步缓解不同地区、不同学校与城乡间的教育资源不均衡问题。第二，建立统一教育数据资源库，缩小教师资源和学校资源差距。第三，随着手机和平板电脑的兴起与普及，以及在线学习系统的广泛应用，免费教学资源开放程度的不断提高，线上学习的成本和门槛在不断降低，学习者可以在不受时间、空间、年龄等条件的限制下，"随时随地"地访问更多内容，有利于避免公共教育资源的浪费，可以有效促进教育公平。

（二）破解教育方式单调化难题，助推教育个性化

大数据让教育更加个性化后信息时代信息将变得极度个性化。在后信息时代，信息具有很强的细分能力。大数据时代信息受众分类更加明确，很多数据信息服务是根据个人需求量身定做，目的性更强，定位更准确，效果也更好。未来教育是一个基于智慧教育的"人人有学上，人人上好学"的教育图景：每一个学生都有自己的学习模型（可以由知识基础、学习风格、学习行为等构成），学生不仅可以自主地选择学习内容和策略，还可以根据自己的喜好和发展愿望来选择甚至构建适合自己个性的课程，而无须关心课程究竟来自哪个学校或什么地方。学生能够充分利用信息技术的无时空、无主体限制优势，获得更优质的个性化发展服务，提高教育的质量和品质。此外，随着分类考试、综合评价、多元录取的高等教育改革基本模式的逐渐形成，学生学习的主体性要求得到更好发挥，个性化的学习和教育需求也将更加强烈。

1. 大数据驱动个性化教学

大数据可以帮助教师选择更适合学生的教学内容。因材施教是教育的根本，有了大数据，因材施教将得以真正实现，大数据可以记录学生的学习情况，挖掘学生的学习习惯、学习兴趣、学习偏好，教师只需要有一台可以接入互联网的计算机或移动终端设备，便可以真正认识每一位学生。在教育领域广泛应用大数据，你可以看见并跟踪学生，进而了解他们学习时在哪个阶段遇到困难和花费时间较长，他们重复访问的页面，他们可能

"深陷其中"的环节，他们偏爱的学习方式，他们学习效果最佳的时间段。简而言之，大数据能够帮助我们更好、更准确地了解学习者，家长、教师、学校管理者能够通过这些数据了解有价值的信息，进而做出更好的教学决策。教师通过分析学生的学习轨迹，在教学还未正式开始前，就已经能够较为精准地分析出教学中的难点问题，进而针对性地进行备课，大大节省了时间成本。例如，美国加州马鞍山学院所开发的 SHERPA（高等教育个性化服务建议助理系统），能根据学生的喜好为他们的课程、时段和可选节次做出推荐。这样的推荐引擎可以帮助咨询专家解决学生所面临的选课难题，便于他们了解所有的专业相关课程，从中挑选适合学生个人的课程，还可以通过智能分析为教师和课程设计者提供反馈，使他们能够有的放矢地改进教材。

2. 大数据驱动个性化学习

大数据可以帮助学生更容易找到自己需要和感兴趣的学习内容，奥斯汀佩伊州立大学的课程推荐系统，冠名为"学位指南"，为学生提供个人课程推荐服务、使学生了解最适合他们的专业和发挥他们聪明才智的课程。选课建议并非摸索学生最"喜欢"什么样的课程，而是分析哪些课程最适用于学生的学习计划，课程学习的顺序，以及哪些课程会帮助他们达到最好的学习效果。该系统还为学生顾问和系主任提供信息，协助他们定向干预和调整课程安排，该系统功能的进一步加强，还可帮助学生选择合适专业。

3. 大数据驱动个性化交互

大数据凭借其数据跨界整合、跨界流动和跨界挖掘的优势，可以有效整合原有零散的线上线下教学资源，改善传统落后的教学关系，实现更为个性化的交互，从而为老师、学生、家长搭建"一对一"的精准交互平台。这种精准交互就是在精准定位学习目标的基础上，依托现代信息技术手段建立个性化的、精准的学习资源体系和考核体系，实现学习速度和学习质量可度量的学习之路。这种"一对一"精准交互保障了学生、家长、教师、班主任等多方的密切互动沟通，进而不断满足学生的个性需求，建立稳定的"一教一学加多管"的机制，与学生进行线上和线下的长期个性化沟通，实现个性关怀，极大降低学习的时间成本，显著改善学习效果。

（三）破解教育信息隐形化难题，促进教育可量化

原来的教育信息都是隐形的，缺少搜集、汇聚、分析和公开，大数据促使教育变得可以量化。雅虎首席科学家沃茨博士在《21世纪的科学》中谈到，"得益于计算机技术和海量数据库的发展，个人在真实世界的活动得到了前所未有的记录，这种记录的粒度很高，频度在不断增加，为社会科学的定量分析提供了极为丰富的数据。由于能测得更准、计算得更精确，社会科学将脱卜准科学的外衣，在21世纪全面迈进科学的殿堂，例如，新闻的跟帖、网站的下载记录、社交平台的互动记录等都为政治行为的研究提供了大量的数据。政治学作为古老的科学，将登堂入室，成为地道的科学"。教育领域作为社会科学的一个重要组成部分，也将借助数据科学的发展，由"非量化"向"可量化"的方向转变。

智慧教育的兴起和发展正是依托于信息化基础设施的不断完善以及云计算、物联网、大数据等信息化新技术的广泛应用，这些关键技术的发展为教育提供了海量的教育数据，使得教育智能化不仅仅停留在表面，而是真正成为"有源"之水。例如，借助信息技术，学生学习的兴趣点、难点等以往只能凭借教师经验才能确定的东西，现在利用学习软件实现了从"非量化"到"可量化"的转变，事实上，这种"可量化"体现在教育各个层面和环节，包括教学过程的可量化、校园管理的可量化、教育评估的可量化等多个方面。以教育质量评估为例，大数据使单独进行过程性评价的测量和评估变为可能。在课堂教学中，学生的出勤率、作业的正确率、师生互动的频率与时长等多方面发展的表现率数据均可通过收集、分类、整理、统计、分析，形成新的过程型教育质量评价方式，对于办学、科研的过程也可以以同样的方式实现对具体过程的考核。

其中，基于大数据技术的这种"可量化"衍生出来的个性化教育是智慧教育的一个显著特征，通过对学生学习轨迹、学生活动轨迹、学校资源的使用轨迹等的分析，能够预测学生的兴趣点，能够针对学员的需求为其提供更具针对性的资源与服务，满足不同学员的学习目标与期望，进而真正实现智慧学习。

（四）破解教育决策粗放化难题，提升决策科学化

如何利用教育数据科学地制定教育政策是教育领域长期以来探索的重大课题之一。传统的教育决策制定往往是根据经验主观化，从我国的目前情况来看，很多的教育决策过分依赖于经验、直觉甚至流行趋势，而往往缺乏数据的支撑，无论此前的四、六级英语改革，还是最近公布的高考改革方案，教育决策的科学性和可操作性成为教育研究者和公众对教育领域诟病的问题之一。随着教育信息化的投入，以教育信息化服务于课程教学、提高学生综合能力、改进教育管理质量、教师专业发展和加强学校与社会沟通，也早已不再停留于政策理念，更希望落实在具体的教育信息化实践中，充分利用数据进行科学合理的教育决策。在大数据时代，以"数据驱动决策"将成为大数据背景下提高教育决策绩效的一个新视角，大数据将贯穿教育决策制定的各个环节。这种基于"数据驱动决策"的方法，既有信息技术发展所带来的技术可行性，也有着大数据浪潮下时代发展的必然性。

从其可行性来看，随着大数据技术的日益成熟，大数据分析正变得越来越容易，成本越来越低，相比以前更容易加速对有关业务的理解。以往，教育机构简单利用其教学视频的下载量、点击率等用户行为数据，调整视频资源、优化教师资源配置，但在大数据时代，越来越多的教育机构通过跟踪用户访问路径中的用户点击行为获取用户行为数据，尤其是一些互联网企业进军在线教育行业后，利用其技术优势，对在线教育视频更加细分的用户数据（暂停、重播、评价）进行综合分析，优化教育资源配置、创新教育产品、变革教学方法，这些过程其实就是"数据驱动决策"在教育行业中的真实应用。

从其必然性来看，基于大数据提升教育决策科学化的做法已经被国际和国内广泛认可。从国际上来看，世界联合国教科文组织从 2009 年起持续发布 "Global Education Digest"（全球教育摘要）报告，希望通过利用教科文组织统计机构对全球教育数据进行分析以改善教育决策环境，为全球教育提供科学的支撑。

（五）破解教育择校感性化难题，推进选择理性化

在我国由于教学资源分配不均带来的"择校"问题已经成为影响中国基础教育发展的一个难题，长久以来"择校"现象得不到有效的解决。

除了由于教育资源分配不均带来的择校难问题，教学资源信息不对称带来的择校难问题也困扰着家长学生。

在我国，百度利用大数据技术，通过对历年高考后大学搜索关键词、大学排名、专业排名等原始数据与实时更新的数据进行深度挖掘分析，从报考难度和报考热度两个维度推出了全国多所大学的"大学报告图谱"，同时从专业热度和难度两个维度针对不同高校的不同专业推出了"专业报考图谱"，为学生和家长在高考择校提供了"技术"支持。此外，百度还在智能终端上发布"手机百度"应用，通过对大数据的运用推出高校热力图、《手机百度 2014 高考蓝皮书》和全国高校、专业热度排行榜，让这些大数据真正实用化，让科技真正能够为考生决策提供更智慧的建议。

三、加速智慧教育生态体系的构建

（一）智慧教育生态体系的构成要素

大数据对教育影响的更重要意义在于，它有助于加速智慧教育生态体系的形成。这里的智慧教育生态体系是指围绕人的教育活动，基于大数据平台等一系列应用，按照智慧教育发展模式，形成双向的价值转移，可以实现教育自循环和可持续发展的多元互动环境体系。主要包括五大核心要素：多元化的教育主体、核心的教育活动、良好的教育环境、完善的教育机制和成熟的教育产业基础。五大核心要素相辅相成、相互作用。智慧教育活动围绕教育主体开展，成熟的智慧教育产业为教育活动的开展提供产品和服务支撑，良好的智慧教育环境和完善的智慧教育机制为教育活动提供基本制度保障，保证智慧生态系统的有机运行，最终实现教育资源的全面整合共享、教育资源的无处不在和随时可得，以及教育资源的多层次全民覆盖。

具体而言，多元化的教育主体是指以管理者、教师、学习者、家长和公众为核心的主体对象；核心的教育活动是指智慧教学，智慧学习、智慧管理、智慧科研、智慧评价和智慧服务；良好的教育环境是指教育政策环境、市场环境和社会氛围；完善的教育机制是指管理机制、运营机制、反馈机制等；成熟的教育产业基础是指以丰富多元的教育产品与服务体系为基础的较为完整的教育产业链。

(二) 智慧教育生态体系的运行机制

在智慧教育生态体系中，大数据发挥着怎样的独特作用？它将如何加速智慧教育生态体系的形成？我们认为，随着大数据技术在教育领域的深化应用，它将推动建设"大平台"系统，汇聚各种教育数据资源形成教育大数据平台；构建"大服务"体系，提供便捷泛在的教育服务；实现"大教育"愿景，满足多层次人群的全生命周期教育需求。其中，"大平台"系统是智慧教育生态体系发展的基础支撑，利用该平台可以实现对各种教育资源的整合，为优质教育资源共享提供支撑平台；"大服务"体系是智慧教育生态体系发展的实施路径，通过丰富教育产品和服务体系、拓展教育服务渠道、提供方便的教育服务；"大教育"愿景是智慧教育生态体系发展的根本目标，满足多层次人群全生命周期的教育需求。

"大平台"系统充分发挥大数据对教育的"整合效应"，将全社会各类教育数据资源进行汇聚整合，使教育管理机构、教育机构、学生、家长等主体所掌握的教育数据实现互联互通，通过对教育大数据的治理，打造智慧教育综合服务平台，实现对教育大数据的共享；通过数据开放、数据共享和交换等运营机制实现对教育大数据的有效治理。企业、教育机构可以利用这些数据资源为教师、学生、家长等提供更加丰富的教育产品和服务，教育管理部门可以利用这些数据资源制定科学的教育决策、实现对智慧教育产业的有效监管，进而推动"大服务"体系的形成。

　　"大服务"体系在教育数据资源"大平台"系统的基础上，以服务教育管理者、学习者、教师、家长和公众五大主体为核心，围绕智慧教学、智慧学习、智慧管理、智慧科研、智慧评价和智慧服务六大核心教育活动，提供更加完善的教育产品和服务，提供更加便捷的获取服务的渠道，提供更加广泛的服务内容。目前这些教育产品和服务主要表现为诸如面向管理人员的教育管理系统，如学籍、成绩、教务、校产、办公等管理系统；面向教师的资源库和备课、授课、教研、师资培训等应用系统；面向学生的学习资源和多种学习方式，如自主学习、协作学习、探究学习，以及面向家长的家校互联等应用系统。这些应用系统将产生海量的数据资源，为"大平台"提供了新的教育大数据资源。从某种程度上来说，这种基于"数据—服务—数据"的转换模式使得教育"大平台"系统与教育"大服务"体系之间形成了良性互动、自循环、可持续发展模式。

　　"大教育"愿景是基于教育"大平台"系统和教育"大服务"体系形成的多层次、全生命周期的智慧教育发展模式，它将整合个体的、家庭的、学校的、社会的一切教育资源，使社会成员处在一种"人人学习，处处学习，终身学习"的教育环境之中。

　　此外，智慧教育生态体系的建立和发展离不开教育环境因素、教育机制体制和教育产业布局等因素的支撑。从智慧教育的环境基础来看，在政策环境上，国内外政府与相关管理者正逐渐认识到信息技术等对教育领域的影响和渗透。其中政府部门对大数据、云计算等的接受度与日俱增，越来越多的政府部门制定相关政策鼓励信息技术在教育领域中的应用，政策环境整体良好；在市场环境下，世界范围内在线教育、互联网教育等于智慧教育相关的教育前景被广泛看好，教育行业信息化的投入呈持续增长态势，在线教育市场规模不断壮大，同时针对不同服务主体教育市场细分程度越来越高；在社会环境上，公众利用网络、智能终端等进行全民化、碎片化学习成为一种习惯，基于社交网络的"群体"学习成为一种时尚。从智慧教育的运行机制来看，基于数据资源的跨区域、跨行业、跨机构协同推进机制取得新进展，在线教育企业与传统教育机构的合作规模不断扩大，线上教育资源和线下教育资源整合力度不断加大；以数据资源管理为核心的教育大数据运营机制不断创新，未来可能逐步形成非营利免费开放、公私合营特许经营、"众筹"运营等多种模式共同发展的格局；智慧教育决策机制、反馈机制等也有了新突破。基于大数据进行科学教育决策在教育管理部门中的认可度越来越高。然而从智慧教育的产业基础来看，尽管目前智慧教育尚未形成完整的智慧教育产业链，无论从"校内"的"教育信息化"产业发展来看，还是从"校内"的"互联网教育"产业发展来看，智慧教育产业链已具有雏形。从我国智慧教育产业发展现状来看仍存在一些问题，如顶层设计缺失导致的基础设施重复建设，行业规范不完善带来的数据整合难，产业间、产业内各环节融合不足带来的资源整合力度不足等问题，一定程度上制约了智慧教育的发展。

（三）大数据在智慧教育生态体系构建中的作用

1. 大数据加速"大平台"系统的形成

大数据将加大教育数据的开放度。教育资源的开放性可以有效汇集不同教育主体所掌握的教育资源，通过开放、共享和交易等方式全面改善教育发展环境，推动教育朝着"大平台"方向发展。一方面是以政府、学校教育机构、科研机构等为主体的"狭义"教育数据和教育资源的开放，这些数据资源的开放可以在很大程度上改善教育政策环境；另一方面是更加"广义"的教育数据开放，涵盖政府、企业、教育机构、公众等多方主体的全社会教育数据和教育资源共享与交换，教育数据实现从点对点的共享向多边数据交易、从一对多数据服务向多对多数据市场发展，从而在根本上改善教育发展的市场环境和社会环境。

大数据可以将教育信息实现有效共享，缩小地区之间的教育差距。在大数据的理念下，所有的教育信息可以形成教育资源信息化平台，通过互联网把教育资源进行数据整合和优化配置，让优质教育资源形成一种流动的良性循环，让分享和贡献资源的渠道越来越多，让学习资源发挥的效用越来越大，受用地域和受用人群越来越广，最终形成一个互通有无、交流共享、共同提升的教育资源信息化平台。在这个平台中，学习者可以通过文字、图片、音视频等不同方式实现知识学习的目的，教学者可以通过多种技术工具、远程教学平台、多媒体教学设备实现教学管理的目的，而更加人性化、个性化的交互式网络课堂也将在这个联盟中起到关键性作用。开放特性。一方面，以"智慧"为名义的教育平台对用户是完全开放的（用户可以根据需求自行上传、下载平台上的内容）。例如，哈佛大学和 MIT 宣布推出非营利性在线教育开源项目 edX，其课程的形式主要由在线视频、网页插入式测试和协作论坛组成，让学生上完课程后获得一个不同于全日制大学的技能证书和成绩。

2. 大数据加速"大服务"体系的构建

大数据将在一定程度上助推国家教育体制改革，其中可能会涉及教育制度改革、教学资源分配改革、课程设置改革、人才培养改革、就业分配改革等多个方面。例如，国家通过部分开放和共享与入学、毕业、注册等有关的教育基础数据，充分利用大数据技术对大量历史数据进行分析挖掘，进而实现改善教育决策制定过程、优化教育政策影响和推动国家教育体制改革的目的。

大数据将在很大程度上优化教育决策。在教育领域，大数据概念也已经开始实质性地应用于教育政策研究与实践中。借助大数据的科学化政策优势在于以下两个方面：首先，在大数据时代，随着软件和硬件的不断升级，有了分析更多数据的可能手段和条件，甚至可以处理和某个特别现象相关的所有数据，而不再依赖于随机抽样，即"样本等于总体"。其次，在大数据时代，我们不再热衷于追求精确度。拥有了大数据，我们不再需要对一个现象刨根究底，只需要掌握大体的发展方向。尤其对于决策，宏观层面的意义远大于微观层面，适当忽略微观层面的精确度会让我们在宏观层面拥有更好的洞察力。此外，大数据将助推学校人才培养模式改革。通过对学习系统、考评系统等产生的教育数据的分析，变革教育环境、教学模式等，并对学生学习行为轨迹数据的精准描绘。例如，通过记录鼠标的点击，可以研究学习者的活动轨迹，发现不同的人对不同的知识点有何不同的反应，用了多少时间，哪些知识点需要重复或强调，哪种陈述方式或学习工具最有效。记录单个个体行为的数据似乎是杂乱无章的。但当数据累积到一定程度时，群体的行为就会在数据上呈现出一种秩序和规律，通过分析这种秩序和规律，未来的在线学习平台才能弥补没有老师面对面交流指导的不足。

大数据将助推教学过程改革。在教学过程中应用大数据，能实现学习习惯、教学改进动作与学习效果对应的聚类分析。例如，在个性化英语教育领域，传统上教师需要花费大量时间分析单个学生的学情动态，逐一制定相应的教学解决方案，备课时间和教学成本居高不下。但"大数据"让这一切变得更简单了。在一款基于大数据应用的少儿英语学习 My English Lab 在线学习辅导系统（以下简称 MEL）中，应用大数据技术全程实时分析学生个体和班级整体的学习进度、学情反馈和阶段性成果，从而及时找到问题所在对症下药，实现对学习过程和结果的动态管理。大数据分析系统以学生为中心，按照教、学、测三个环节组织线上学习内容与学习过程，将学生、教师、家长、机构四类用户群有机整合在 MEL 学习管理系统中，各司其职、相互作用，实现了个性化的课堂教学、家庭辅导和自主学习管理环境。

大数据将通过鼓励公众的积极参与助推社会创新。社会团体、高校联盟等通过搭建公共教育资源共享平台，可以有效地对在线学习、全民教育等学习轨迹进行分析研究；鼓励社会创新，发现优秀人才，实现教育数据增值服务。企业等多家网络公众媒体积极提供开放课程资源，增加流量进行商业精准营销。

大数据将加速全民终身教育体系的形成。在大数据时代，由市场化形成的大数据接口与学生数据 API 应用将广泛得到重视，而服务于终身学习、学习个性化和学习行为支持的各种柔性教育的信息系统将得到开发和应用，翻转课堂、在家上学、社交网络和教育行为信息系统可视化的研究，将如显微镜的发明一样，变教育学为实证科学。信息服务于人，无处不在，终身教育将成为社区化教育的基石。如在美国的社区大学除了培养副学士，还开展外语、护士、育儿、书画等各种课程，社区大学旁边就是社区图书馆和教堂，基于云计算、大数据等技术将公立校区的服务体系凝结在一起形成一个开放的、免费的全民学习平台。

3. 大数据加速"大教育"愿景的形成

智慧教育的"大教育"愿景主要表现在以下方面：在教学范畴上，应包括学前教育、小学教育、中学教育、职业教育、高等教育、职业教育、特殊教育、全民教育等；在教育时间上，包括全日制、业余教育和终身教育；在教育对象上，涵盖从全日制学生到全民，即所有社会成员的学习。由此，现代大教育将从对部分社会成员的教育扩展到全民的教育。在教育机构上，大教育将打破单一的学校教育机构，使学校教育、社会教育、家庭教育有机整合，让教育能在人类存在的所有部门进行；在教育方式上，大教育将采取一切有效的途径、方法进行，包括教学与自学，正规教育与非正规教育，集中培训与闲暇教育等等；在教育目的上，大教育观所倡导的是，学习与教育不再仅仅是谋生或追求功利的工具与手段，而是为了完善人性，实现个性全面发展；在教育体系上，大教育构建家庭、学校、社会"三位一体"的教育网络，教育是学校的主要任务，然而同时又是相关家庭和全社会的共同义务。

大数据的应用使"大教育观"中的一些设想可以更容易实现，让我们所设想的大教育更具有可实现性，知识管理已经在工作领域得到了广泛的采纳。例如，上海市针对全民学习、终身教育的需求，建设教育大数据服务平台，积累数字教育资源，收集教育服务平台学习者行为数据和学习爱好数据，为千万级学习者提供个性化的终身在线学习服务。建立基于大数据支撑的优质教育资源开发、积累、融合、共享的服务机制，为全体学习者提供个性化选择与推送相结合的终身学习在线服务模式。

基于以上分析，我们认为，随着大数据在教育中的广泛应用，其影响力和效用将逐渐显示，利用大数据的开放性、服务性和智慧性将有效推动教育"大平台"系统、"大服务"体系和"大教育"愿景的形成，进而形成一个开放式的、可自循环的，能实现可持续发展的教育生态体系。在该体系中，通过免费开放、共享和交换等方式提升国家、社会、企业、学校教育机构与家长学生等主体对教育资源的使用率，进而有效改善教育政策环境、市场环境和社会环境。良好的环境基础将为智慧教育提供更加坚实的基础。同时，通过不断丰富教育产品和服务体系，进一步完善教育产业链，将大数据深入应用到教育领域，利用大数据驱动国家优化教育决策制定、驱动区域教育均衡发展、驱动教学过程智慧化和教育管理精细化等，打造可持续的教育生态系统，进而满足多层次人群的全生命周期教育需求。

第三节　大数据在教师知识管理中的应用

一、知识管理

21世纪是信息时代，知识在其中扮演着重要角色。某些专家认为，组织所具备的知识以及拥有的学习技能可使自身在竞争中具有一定优势。隐性知识和显性知识是知识的两大分类。显性知识可以通过书本、言语、文字等编码模式传播和学习，隐性知识只有经历实践与体验才能获取。知识管理的本质是创造与分享知识，目的是运用最佳的方式把适当的知识在合适的时候传递给需要的人，它主要研究的是显性知识与隐性知识间的组合、内化、社会化和外化。

（一）知识管理的含义

知识管理就是企业对其所拥有的资源进行管理，以协助收集、应用、分享、创新知识的系统办法。

（二）信息技术促进教育知识管理

知识在信息时代已成为最主要的财务来源，而知识工作者是最有生命力的资产，组织和个人最重要的任务就是知识管理。知识管理可以让个人与组织具备更强的竞争能力，并做出更好的决策。全球的信息资源已被网络联系在一起，从而形成了全球最大的信息资源库，为学习者提供了极为丰富的教育信息米源。教育知识管理就是知识增值和服务创新，通过知识管理、信息技术和网络联合提供的现代服务，丰富教育知识，通过将知识创新的理念和教育服务的文化相互融合，使服务和被服务的观念都发生转变——不是走出去找服务，而是让服务无处不在，无时不在。当前，信息资源的重要性已被大众认识到，而要想让繁多的信息更好地为教育服务，并将其有效地应用到全体成员的发展当中，就需要用到知识管理理论。知识管理理论正是以知识为研究对象，以实现个体和组织的知识收集、共享、应用和创造为目标的新理论，为教育信息化建设提供了全新的发展思路。

二、教师知识管理

（一）教师知识管理的目的

教师知识管理的目的可归纳为下面几点：

第一，使教师的持续学习能力、运用知识能力以及应变能力得到提高；

第二，培养教师独立思考的能力以及持续学习的习惯，并着重提高教师的教学效率；

第三，重点是怎样把知识转变为能力，而不仅仅是掌握知识；

第四，塑造学校的组织文化与适应变革的能力。

（二）教师知识管理的策略

莫滕·汉森等专家曾在知识管理政策这项研究上取得过重大成果，这些成果能够引导教师进行知识管理。结合他们的研究成果，下面对其在教师知识管理上的应用进行探讨。

1.系统化策略

着重把标准化与结构化的知识储存到组织的知识库中，使组织中的运用者能够反复运用知识，而不用接触最初的知识源，这就是系统化策略的中心思想。可以详细参照下面的做法把系统化策略运用到教师的知识管理上。

（1）建构教师知识地图

知识的"库存目录"即知识地图，它能够表现出组织中主要知识的所在位置，一般包括文件、人员和数据库等，并且要想达到运用和挖掘知识的目标，需要整合组织专业知识的资源体系。

（2）构建教师知识库

共享、保存、创造与运用知识的主要系统平台是知识库。通过容易理解和取得的方式把优秀的教师专业知识展现给需要此类知识的其他教师，是构建教师知识库的目的。知识库所涵盖的内容由其质量决定，是因为其是交换知识的重要媒介。所以，学校应把教师的经验和知识通过报告、文件的方式展现出来，并实行数据化，再经由系统分类、整理，建成教师知识库，以支持教师教学或研究。教师知识库在架构及内涵上的建设应该搭配教师知识地图，进行统一的规划与设计。教师知识库的发展必须通过教师、专家、技术人员的合作才能顺利完成。值得注意的是，任何知识库都无法包含未来的、创新的知识，它只是包含了以往的旧知识，甚至隐藏了部分过时的以及无用的知识。因此，知识库必须不断地进行更新和充实。

2.个性化策略

（1）建构教师专业共同体

教师与学校内外的其他教师一起探索教育教学问题，并进行专业对话、实践、批判、反思，以促进教师的专业发展。教师应使自己成为相关学科专业共同体中的一员，与其他教师共同参与教学情境的对话，不断检视自己的知识结构，并愿意与他人分享知识与经验。

（2）建立有效知识分享机制

知识拥有者与需要者之间的知识转移过程就是知识分享，它也是人和人之间的主要交流过程。知识分享的实现，特别是隐性知识分享的实现，需要知识拥有者自愿奉献自己的知识，需要者自愿学习与聆听对方的知识，他们的协作与交流是为了达到共享知识的目标，尤其是共享隐性知识。

三、大数据时代教师知识管理应用

（一）个人知识管理系统

PKM2 是基于内容的个人知识管理系统，可以把全部图像、文字信息转变为 HTML 模式文件储存在数据库中。这些信息包括本地机器里的文档内容、用户的笔记、网上的网页内容。PKM2 之所以不会损失数据，是因为所有资源都被储存在用户的项目中进行管理。

1.PKM2 的特色

（1）便携性。PKM2 是一款能够放在移动硬盘或 U 盘当作便捷式个体知识库的绿色免费软件。

（2）安全性。软件 Projects 目录的各个子项目中储存着全部数据，恢复和备份操纵简单，进行相关文件夹的拷入与拷出就能实现数据的恢复与备份。

（3）交互性。PKM2 可以便捷地进行数据的导入与导出。本地的文档（HT–ML、DOC、RTF、TEXT 等）和网上的页面数据都可存入或导入 PKM2。同时，PKM2 中的数据可以直接导入 Web 系统，发布到网站上，也可以用电子书格式发表，或导出为 DOC、HTML 等格式文档。

（4）规范性。PKM2 的文件数据是以都柏林核心元数据聚集十个因素

（关键词、分类、修改日期、创设日期、创建者、资源标识符、备注、编者、题目、资料来历）为依据，对资料进行标引，并在编辑器中集成了标引工具，对作者、关键词、标题和备注进行半自动标引。

（5）开放性。全部文档被 PKM2 使用 HTML 标准转变为 HTML 格式进行统一处理。基于 HTML，用户可以按照统一的方式编辑、管理文件。同时，用户能够基于开放的 HTML 便捷地进行二次研发。

2.PKM2 的结构

PKM2 是基于内容的个人知识管理系统，其中所有文档均需转为 HTML 格式，HTML 由文本数据和关联文件构成。PKM2 将所有文本数据保存在数据库中，所有关联文件保存在附件目录中，这样既可避免数据库过度膨胀，又可依托数据库的安全性和稳定性使资料得到可靠保护。同时，由于数据库的开放性，用户也可以直接管理自己的数据。

体系构造如下：（1）PKManager.exe，系统主程序。（2）RESOURCES，系统相关资源目录，与用户数据没有关系。（3）PROJECTS，用户数据均保存在该目录下各项目目录中。

3.PKM2 功能

（1）信息管理：可以对信息片段、网页、数据文件等多种多样、形式各异的信息进行管理；可为保存的信息指定标题、关键词、作者、备注、附件等；PKM2 可以保障其所保存信息的安全性，并具有对相关数据文件进行优化、文件压缩及备份的功能。

（2）信息评估：通过饼形图及其他图形的形式，形象化地描述数据库中各类信息的储存量及具体分布情况；以阅读的次数、保存的时间前后及是否具有书签等为依据，制定多种文件列表视图；PKM2 可以自行定义二十余种书签，用于对数据的分析及知识点的评估；PKM2 所具有的标签功能具有对数据进行汇总和排序的优势，能帮助用户分析数据分布情况、统计数据以及分析知识点。

（3）信息使用：可以通过网页的形式快速地浏览保存的信息；在浏览

时可以用特殊的标记对重要信息进行备注；提供打印、打印浏览功能；可以通过备注、网页地址、标注等特殊标记随时对附加信息进行查看；具有对已保存、收集的数据信息进行较为复杂的编辑的功能。

（4）信息检索：具有在所储存的数据及已安装的软件内部进行查找的功能；不仅可以对储存的信息进行分类查找，还可以对其所有的子文件进行检索；可以对所储存信息进行精确的查找或者模糊检索。

（5）信息共享：以 CHM 电子书的形式对导出的文件或者文件夹进行保存；通过类似网络文件的系统对信息进行分享，信息分享的主要途径是 Web 应用程序；通过光盘版单机运行数据库的形式进行信息的共享；以 PKM 数据包为中介进行相关数据的交换。

（二）网络日志

Blog 的全名是 Weblog，翻译为中文即 "网络日志"，后来才以 Blog 这种简写的形式广泛流传，在中国则被大众称为 "博客"。博客是指用户将自己的日常感悟以日记的形式记载并分享在网络平台上的一种方式，可以不断进行更新。简单来说，博客是用户分享心得的网络平台。博客是顺应大数据时代网络潮流而生的第四代网络交流方式，它以网络的形式向大众分享个人或他人的生活、工作，代表着新的生活方式和工作方式，更代表着新的学习方式。一个博客其实就是一个网页，它通常是由简短且经常更新的帖子所构成，其中文章的排列顺序与微信等其他网络平台一样，都是以日期倒序排列的。博客的内容千奇百怪、风格多样，既包含个人的日常生活感触，也包括科技小说的连载，甚至有社会热点的大众评论等。

第四节　大数据在远程教育中的研究与应用

一、基于大数据的教育研究与实践

(一) 大数据与教学研究前沿

1.学习者知识建模

通过采集学习者系统应答正确率、回答总量花费时间、请求帮助的数量和性质，以及错误应答的重复率等，构建学习者知识模型，为学习者在合适的时间，选择合适的方式，提供合适的学习内容。

2.学习者行为建模

通过采集学习者在网络学习系统中花费的学习时间、学习者完成课程学习情况、学习者在课堂或学校情境中学习行为变化情况、学习者线上或线下考试成绩等，构建学习者学习行为模型，探索其学习行为与学习结果的关系。

3.学习者经历建模

通过采集学习者的学习满意度调查，以及获取其在后续单位或课程学习中的选择、行为、表现和留存数据，构建学习者体验模型，以此对在线学习系统中的课程和功能进行评估。

(二) 教育大数据的研究应用

（1）个性化课程分析。佛罗里达州立大学利用 eadvisor 程序为学生推荐课程和跟踪其课业表现。奥斯汀佩伊州立大学的"学位罗盘"系统在学生注册课程前，通过机器人顾问评估个人情况，并向其推荐他们可能取得优秀学业表现的课程。系统首先获取某个学生以前（高中或大学）的学业表现，然后从已毕业学生的成绩库中找到与之成绩相似的学生，分析以前的成绩和待选课程表现之间的相关性、结合某专业的要求和学生能够完成的课程进行分析、利用这些信息预测学生未来在课程中可能取得的成绩，最后综合老师预测的学生成绩和各门课程的重要性，为学生推荐一个专业课程的清单。

（2）学术研究趋势的把握。斯坦福大学文学实验室的一项研究尝试以通过计划放置在互联网上的海量书籍为平台，进行数据挖掘和分析，把握和预测文学作品和学术研究的发展趋势。

二、大数据思维与现代远程教育教学平台的现状分析

现代远程教育从"三支持模式"来理解其平台支持、资源支持和学习支持都具有网络化、信息化和数据化的特性。而远程教育的运行，就是基于这三者之间的"交互活动"来实现，其"交互活动"的全过程在相应的平台数据库、后台服务器都能用数据的形式表现出来。因此，可以说远程教育的整个教学过程就是教育大数据的积累过程。那么，人们研究远程教育，从实证分析的角度来看，离不开大数据的研究思维与数据挖掘。下面以国家开放大学（原中央广播电视）的教务管理系统（2006版）为例进行探讨。该教务管理系统分四个层级的管理权限：超级管理员（平台技术维护人员和国家开放大学管理员），省校管理员，分校管理员，工作站管理员。据了解，省校管理员和超级管理员有后台数据库浏览及操作权限。如省校管理员，就可以看到学生的学籍情况、选课情况、报考情况、免修免考情况、网考成绩、学生历次成绩、奖惩信息、毕业情况查询等类别的数据，并进行操作。在学籍情况查询方面，可以看到学生的性别、民族、籍贯、出生日期、文化程度、政治面貌、婚姻状况、专业、学籍状态和联系方式。在学生选课情况方面，可以看到学生的课程名称、课程学分、课程类型、课程性质、考试单位、年度、学期和是否确认等情况。在学生的报考情况方面，可以看到学生报考的课程、试卷名称、考试单位、报考年度、报考学期、是否确认和考场、座次等信息。在学生的基本情况方面，可以

看到学生的姓名、学号、性别、民族、政治面貌、籍贯、出生日期、文化程度、毕业学校、毕业时间、毕业专业、婚姻状况、身份证号、联系地址和联系电话。

　　综合这些数据，可以分析出某一段时间、某一区域、某一学历基础、报读什么专业及其专业层次的总体情况和趋势，以及性别因素、民族因素对报读开放教育学历教育影响情况。这其中，从数据的完整性来看，因为开放教育（现代远程教育）是成人继续教育，它还涉及学员是否在职（在职的话，单位是否有相关的学费补贴等），是否有工作经验，家庭情况与个人收入水平、学费来源、学籍状态及其影响因素等。在完善数据结构和提高数据质量的基础上，通过数据挖掘，人们可以从省校的角度分析得出：全区各市县报读开放教育的、学历教育的学员专业选择与职业状态，学籍状态与个人收入水平、学费来源，学籍状态与学习满意度（需要补充的数据），专业选择与区域经济发展（如某一两年报读某专业较为热门），专业选择与政策环境（如某一时段报读某专业是因为政策环境），专业选择与毕业情况追踪数据等。通过某类数据趋势与另一类数据关联、趋势对比，人们就可以挖掘出许多有价值的信息。这些信息，可以反馈到远程教育的专业建设上，如哪些热门专业需要强化专业建设，哪些弱势专业因为报选趋势弱、教育成本偏高可以考虑取消；可以反馈到学生管理和教学支持服务上，如哪些因素导致了学员退学，进而可以采取哪些措施、提高哪些教学支持服务来降低退学率；可以反馈到招生工作上，如哪些区域哪些行业、哪些层次的适学人员可以加大宣传，提高招生效率，哪些区域、哪些行业、哪些层次的适学人员还是空白的，属于可宣传开发的类别。因此，对于招生工作研究、专业建设研究、教学管理研究、课程建设研究等，我们都可以通过基于教务管理的大数据及其数据挖掘，分析其趋势、关联和教学反馈等，为相关的教育教学决策提供较为科学的建议。

第五节　大数据时代下的高等教育管理

一、大数据时代下高等教育常规教学管理

（一）大数据时代下常规教学管理的意义

有效的管理决定着有效的教学，其中常规管理居于重要地位。所谓常规管理，其内涵是对规律性的活动给以规范性的限定。在实施某一学科的课堂教学常规管理时，必须注意到规律性与规范性这两个要点。

（1）规律性。就学校工作而言，除突发的与临时的指令性工作以外，整体是按部就班、依其自身规律运行的，如年级、学期、考核、升级、毕业、教学、实验、课外活动等，因此学校工作是有规律、有运行秩序的。就教学而言，则连突发与指令性工作也排除了，它必然遵循课堂教学规律进行，依照学期长度、教学周数、教学时数、教学内容、教材章节，并须依据学科特点、学生年龄特征和接受水平有序地进行教学，因此教学更具有规律性。把握事物的规律，使事物按照自身规律依序、和谐地进行，是一种科学，所以课堂教学常规的建立与实施，必须以把握学校工作、学科教学的规律为前提。

（2）规范性。规范是一种标准，是一种合乎科学的要求，亦即"这样做就对，那样做就不对"的限定。常规的规范性是十分重要的，常言说"没有规矩不能成方圆"，在教学中可以说没有规范性的常规管理，就没有科学合理的教学。学校工作或学科教学的规律，首先表现在各个环节的有序衔接和相关各环节的实际操作等方面，而在每一环节的操作当中，又有若干具体的，甚至是琐细的事情要做，这些工作是年复一年、日复一日地反复去做的，而恰是经由反复实践，对工作的顺序、步骤和要求大多已了然于胸，那么就可以对工作的环节、具体的事项以及琐碎的方面提出规范

的要求。

（二）大数据时代下建立教学常规的方法

1. 建立教学常规的依据

（1）依据教学规律。教学是一个特殊的认识过程，它是由教师面对众多的学生，通过教科书，把知识技能，以科学的精神，启发、引导，理论结合实际地传授给学生，并对其进行技能的训练。从学生方面来说，不同年龄段的学生有不同的心理特征与认知特点；从教师方面来说，则必须通晓不同年龄段的学生心理特征与认知特点，将知识的讲授与技能的训练纳入自己的教学系统。全部的教学活动都有其自身的规律，而建立教学常规正是为了实施科学和艺术的教学管理，因此教学常规的建立必须符合大数据环境下的教学规律，亦即只有依照教学规律建立起来的教学常规才是有效的。

（2）依据学科特点。不同的学科有不同的特点，仔细研究起来，不同学科的课堂教学间的差异也是很大的。从学科的知识体系、研究对象，到教学内容、方法手段，各门学科均有它们各自的个性。因此，建立学科的课堂教学常规，必须显示学科教学的特点，它在治学精神、科学态度、操作程序与纪律要求方面必须做出明确的规定与恰如其分的要求。这样做，完全是由学科课堂教学的特点所决定的，而符合学科特点的教学常规才是切实可行的。

（3）依据大数据环境条件。教学常规的建立，必须依照各地各校的具体的大数据环境条件，过分理想化往往会脱离实际。因为我国幅员辽阔，各地各校的设施、设备条件差异很大，因此在建立课堂教学常规时，不能不考虑各地各校的环境条件。然而，这只是就一方面而言的，另一方面，则要求那些基本性、原则性内容必须具有。这就是说，教学常规的建立既要坚持科学性、原则性，又要适应各地各校的不同环境条件，有一定的伸缩性与适应性。

2. 建立教学常规的步骤

科学的管理和艺术的管理强调着接受管理者的参与性，亦即在建立常规的过程中，要使接受管理者真正明白常规的每一条限定的道理，从而增强他们遵守常规的自觉性，这才是一种管理的艺术。因此，建立教学常规可采取以下步骤：第一，根据科学性原则及学科特点，将规范化的要求拟成条文；第二，向学生及有关人员宣讲教学常规，唤起大家的参与热情，征询意见，使教学常规变得更为完美；第三，形成教学常规定稿并贯彻实施，在实施过程中及时收集反馈信息，做进一步改进。

二、大数据时代下高等教育图书馆创新管理

（一）大数据时代下图书馆创新管理的含义

大数据时代下创新管理是指组织管理者结合组织内外环境和人员因素，进而引导组织成员进行知识、技术、产品革新的创造过程，激发其思维创新能力，并构建一个符合创新要求与现实需求的文化框架，利用新思维、新手段追求组织的长足发展。因此，创新管理不仅要求组织领导者具有创新意识，还要求其能够结合现实情况为组织成员创设创新环境，鼓励组织成员积极为组织管理提出合理化建议，激发组织成员的创新潜力和创新精神，进而为形成创新的组织文化提供保障，增强组织的整体竞争力。大数据时代下图书馆的创新管理具有两方面内涵：一方面，从宏观角度上看，图书馆的创新管理包括图书馆危机管理、营销管理分布式管理等多种管理理念与手段。另一方面，从微观角度上看，创新管理是采用全新的思想和手段对图书馆工作进行管理，既要求管理思想手段的创新，又要保证管理环境的创新，并且需要图书馆内全员参与，共同决策。因此，在对图书馆创新管理进行探讨时，应注重从宏观与微观相结合的角度进行具体的分析和操作。

（二）大数据时代下图书馆创新管理的原则

（1）勇于突破原则。图书馆组织内部应遵循勇于突破的原则，这是创新的第一步，只有保证组织内部成员能够突破常规，抛弃固有的思想和被

动的工作态度，才能够实现服务方式与工作模式的转变，进一步完善图书馆创新管理的内容与形式。

（2）全面参与原则。从覆盖范围上看，创新管理应涉及图书馆各部门、各层级的全体成员。不仅要求图书馆管理者具有创新思想，同时基层员工也要积极配合组织的创新管理，培养创新意识，推进创新服务的实现。

（3）沟通协调原则。创新管理需要进行细致的规划并给出合理的实施方案。对于方案中可能涉及的人力、物力、财力因素应进行多角度的衡量和判断，需要经过各部门、各层级的共同参与并进一步确认，对不合理的环节进行一定的调整，确保创新方案的确定是图书馆组织内各成员共同沟通协调产生的最佳结果。

（4）激励支持的原则。图书馆针对创新管理而实施的激励与支持机制是保证图书馆组织人员保持创新积极性的前提。当馆内成员提出合理性创新规划时，图书馆管理者应给予充分肯定，在适当情况下可以给予人力、物力、财力方面的支持，使得创新思想得以实现。

三、大数据时代下高校教育人力资源管理

（一）大数据时代下人力资源管理的基本理论

1.增值理论

对于一个经济组织来说，人力资源就是一种投资方式，通过对人的投资，实现企业经济效益的大幅度提高，这是一种投资最小、收益最大的投资方式。这里所说的增值理论指的是人力资源的增值，即人力资源质量的提高和人力资源数量的增大。如前所述，人力资源管理是指对除丧失劳动能力的人以外的人所进行的管理，要实现优质的人力资源管理，就要进一步加强对人力资源的营养保健投资和教育培训投资。正所谓"身体是一切的本钱"，只有健康的体魄才能创造更多的劳动价值，因此企业应该为内部员工的身体健康创造有利条件。而教育培训投资与营养保健投资相比，对

企业具有更大的意义，要想使企业中的员工提高其生产效率和生产能力，就必须对其进行相关的业务培训。社会在不断地发展，生产技术和方法、管理手段、人们的观念等都在发生着日新月异的变化，因此企业要加强对员工的各种培训，以适应科技发展，从而为企业做出更大的贡献。

2. 激励理论

激励理论是指通过承诺满足员工的物质或精神需求和欲望，增强员工的心理动力，使员工充分发挥积极性而努力工作的一种理论。一个人的能力通常会在他的工作中体现出来，在工作中他是否积极，以及积极程度的高低都会影响他能力的发挥。人力资源管理者在进行员工激励时，可以采取物质激励和精神激励两种方式。其中，物质激励有两种：一种是正激励，即通过工资、补助、津贴、奖金等方式提高被激励者的待遇，让他们努力工作，换取更多的物质价值；另一种是负激励，即通过罚款、扣除奖金等方式对被激励者进行刺激，让他们不要安于不利现状，要摆脱消极状态，积极为个人发展和企业发展寻求方向。而精神激励也同物质激励一样，具有两种方式，即正面精神激励和负面精神激励。所谓正面精神激励是指通过对被激励者的积极行为、良好态度、优秀业绩等进行正面评价与鼓励，在企业内部进行宣传和推广，使其进一步受到大家的尊敬；所谓的负面精神激励，顾名思义，即通过适当的批评，对被激励者形成精神刺激，激发他们奋勇向前、不甘人后的意志。在进行负面精神激励时，要把握好分寸，不能因方式夸张或言辞过激等原因使被激励者产生抵触心理，这不仅不利于员工的自我建设，更不利于企业的健康发展。

（二）大数据时代下人力资源管理的职能定位

1. 战略经营职能

人力资源管理是组织战略的重要内容，它的根本任务是确保人力资源管理相关政策与组织的战略发展相匹配，最终实现组织的战略目标。大数据时代下现代人力资源管理的战略经营智能包括两个方面的内容：一方面，人力资源管理要做好战略规划和策略的选择；另一方面，人力资源管理要做好战略的调整与实施。

2. 直线服务职能

首先，人力资源管理者是最熟悉国家有关劳动和社会保障方面法律法规问题的人，因此应该做好指导和帮助业务部门严格遵守组织内部及国家在人力资源管理方面的政策、规定，严格按照规定处理关系、安排工作。其次，人力资源管理者的主要工作内容就是针对组织的用人需求，进行人员的规划、招聘、考试、测评、选拔、聘用、奖励、辅导、晋升、解聘等工作，因此应该发挥本身优势对相关部门处理对员工的任用培训、辅导、劳动保护、薪酬分配、保险福利、合理休假与退休办理等各种事项时给予帮助和指导。最后，由于矛盾是普遍存在的，只要有人的地方就免不了产生各种纠纷，尤其是在涉及个人利益时，更是纠纷不断。在一个组织内部，由于立场不同以及考虑问题的角度不同等原因，导致员工和组织间很容易发生劳动争议和劳动纠纷，这时就需要人力资源管理者对发生这类问题的部门给予指导和帮助，以助其尽快恢复正常的工作秩序。

3. 人事管理职能

人力资源管理的对象是人，因此同传统的人力资源管理一样，现代组织的人力资源管理的核心智能依然是进行人事管理，这要求人力资源管理者根据企业或组织的实际情况，设计和贯彻独具特色且科学有效的人力资源管理制度、规章以及流程。

第六节　大数据时代下教育的具体变革

在教育界，大数据如雨后春笋般不断涌现。Altschool，一个面向学前班到八年级孩子的私立学校，2015 年吸引了 Facebook 创始人扎克伯格和 Paypal 创始人等硅谷传奇投资人。他们希望寻找一个答案：以"儿童为中心"的个性化教学是否绝对无法像公立学校那样规模化、标准化地运作？从目前来看，他们是成功的，如果说 Minerva 正在试图颠覆大学的话，Altschool 则是在探索一个新型的小学模式，Altschool 抓住现有的内容和观念，结合大数据的挖掘分析创建了"自我修复"的教育生态系统。

一、大数据时代下教师的教学

大数据时代对教师提出了新的要求。首先，在教学设计方面、教师需要贴合实际地设计有关本专业的大数据实验及实践环节。其次，教师要充分利用网络资源，运用基于任务的教学方法和多元化的教学策略。以创新的技术和教学模式激发学习兴趣，充分利用团队合作的方法，让学生学会合作、数据资源共享、协作学习以完成任务。

大数据时代，教师不再是单纯的知识传授者，而要成为学生学习的促进者、学术探究的合作者，在教学中培养学生敢于思考、勤于动手的能力。

（一）大数据时代，海量教学资源让人欣喜，谨慎选择更是关键

目前，互联网教学信息资源相当丰富，精品课程比比皆是，名师课件让人目不暇接。因此，大数据时代，在线学习资源的选择已经成为一个不可或缺的学习过程。目前许多高校综合自身办学特色，建立了规模不等的教学资源数据库，并利用数据库在线学习视频与网络，实现随时随地随心的学习模式，反映了学习的本质。

（二）大数据时代，对枯燥学习说"不"

大数据时代，课堂讨论可以从校园延伸到无处不在的网络，如微博、邮件和其他社交网络媒体，为学习各方提供更多的选择，打破学习交流的限制。开放式主动学习不受时间和空间限制，是目前主流的教育大环境，完全可以改变传统课堂枯燥、被动的学习方式。

（三）大数据时代，预测、了解、评估教学行为如此简单

美国教育部在 2012 年 10 月发布了《通过教育数据挖掘和学习分析促进教与学》报告，其中提出："目前教育领域中大数据的应用主要有教育数

据挖掘和学习分析两大方向"，前者是指"综合运用数学统计、机器学习和数据挖掘的技术和方法，对教育大数据进行处理和分析，通过数据建模，发现学习者学习结果与学习内容、学习资源和教学行为等变量的相关关系，来预测学习者未来的学习趋势"；后者是指"综合运用信息科学、社会学、计算机科学、心理学和学习科学的理论和方法，通过对广义教育大数据的处理和分析，利用已知模型和方法去回答影响学习者学习的重大问题，评估学习者学习行为，并为学习者提供人为的适应性反馈"。

有研究认为，大数据为学习带来了三大改变：我们能够收集在过去既不现实也不可能集聚起来的反馈数据；我们可以实现迎合学生的个体需求，而不是为一组类似的学生定制的个性化学习；我们可以通过概率预测优化学习内容、学习时间和学习方式。

简而言之，对教育大数据进行挖掘和分析，可以探索教学方法、教学环境、教学评价、学习内容、学习时间和学习方法等变量与学习者学习效果的相关关系，对于解密"教学黑箱"、明晰教学过程、提高教学的有效性具有重要作用。

二、大数据时代下学生的学习

（一）基于大数据的个性化自适应学习过程

美国《通过教育数据挖掘和学习分析促进教与学》报告中给出了学习者自适应学习结构及数据流程，能够分析显性数据和隐性数据，构建学习者特征模型，然后向其提供适应性的学习路径、学习对象等，同时教师也能根据学习者的学习行为、学习需求实施个性化指导和干预。

因此，基于大数据的个性化自适应学习系统需要考虑到利用协同过滤技术，向学习者推送与其有相同或相近兴趣偏好的学习者的学习信息，即整个学习过程既实现了学习者控制学习、自我调节学习，教师个性化干预指导，又实现了系统根据用户适应性特征推送资源进行学习，或推送具有类似学习兴趣偏好的学习者在学习过程中产生的信息以辅助学习。

（二）个性化自适应在线学习分析模型

从基于大数据的个性化自适应学习过程结构中可知，既需要考虑学生的个性化特征，又要考虑从海量数据中挖掘有价值的个性化学习信息方法等要素。

第一，数据与环境。数据环境主要指自适应学习系统、社会媒体（如博客、微博、社交网络、维基百科、播客等）、传统学习管理系统以及开放学习环境等。经过学习者与学习者、学习者与教师、学习者与资源等直接或间接的交互，生成海量数据（包括结构化数据、非结构化数据和半结构化数据），其中多数数据来自自适应学习系统中的读、写、评价、资源分享、测试等活动数据和交互生成性数据。同时需要考虑将数据环境中生成的开放、碎片化及异构数据进行有效聚合，实现学习者对知识资源的主动建构。

第二，关益者。根据作用不同，关益者包括学生、教师、智能导师、教育机构、研究者和系统设计师等。对于学生而言，考虑的是自组织学习，同时需要有能力保护用户信息，防止数据被滥用；对教师而言，要根据学习者信息调整教学策略，实施干预；对于智能导师而言，需根据学习者特征，如学习风格、兴趣偏好、知识水平等，个性化推荐学习资源、学习路径；对于教育机构而言，需分析潜在危险的学生，发出警告并实施干预，提高学生期末考试的成绩，改善平时的出勤和升学情况等。

第三，方法。为了全面地记录、跟踪和掌握学习者的不同学习特点、学习需求、学习基础和学习行为，并为不同类型的学生打造个性化学习情境，大数据学习分析方法主要采用数据统计、知识时视化、个性化推荐、数据挖掘和社会网络分析等。最为关键的是要考虑综合运用这些技术，形成提高学生成绩提供支持的个性化自适应学习分析系统，同时要确保系统性能良好、具有可用性和可扩展。

第四，目标。大数据学习分析实现的目标主要有监控／分析、预测／

干预、智能授导／自适应、评价／反馈、个性化推荐和反思等，并制定相应的测量指标。主要旨在实现学习者控制学习和学习者适应性学习，实施相应的教学策略，呈现个性化、可视化的学习路径、学习资源、同伴和工具等。

三、大数据时代下学校的管理

传统的教育决策通常被称为"拍脑袋"决策，决策者往往不顾实际情况以自己的假想进行推理，并最终做出决定，其中不乏决策者的个人思维局限以及个人情感因素。这种头脑发热型的决策往往不会太长久，朝令夕改着实尴尬，而合理利用教育大数据可以有效避免这种狭隘的决策思想，弥补传统教育决策的不足。

（一）大数据从哪些方面优化了教育管理

首先，大数据为教育管理提供了一个较为平和、开放的平台。教育者可以有针对性地获取数据，并对数据进行添加、修改、分享。大数据平台又包括底层数据，即大量、多变、生成性的系统外的社会数据和资源，这些数据都有可能对教育决策产生重大影响。

其次，大数据使得教育管理具体化。教育管理催生了教育活动，两者结伴而行。大数据包含了教育过程中的教育主题、活动、结果等数据，需要及时处理，所以教育管理变得更加具体。

最后，大数据促使教育管理专业化、简约化。教育管理系统不仅作为教育数据的远程存储仓库，更作为一个专业的平台进行数据处理，其处理过程更为简洁、专业。

（二）大数据教育管理应该遵循哪种模式

自20世纪50年代以来，西方教育管理经历了若干种教育管理模式的演变，从"正规模式""学院模式"到"文化模式"，不同的模式以各具特色的理论为依据，因而也专注于不同的角度。过去几年，我国一些年轻学者也在研究中西方的教育管理问题，但多是进行"理论研究"或者"理论思维模式"建构，基于教育管理实践或者教育管理实践研究的成果有待丰富化。

教育管理大数据应以"主体、客体、资源、目标"为核心构建一个共享的多媒体平台，利用云技术提供教育服务，提供多个终端的个性化需求以及合理公平的教育资源配置。那么，大数据教育管理的新模式应该是怎样的呢？

首先，教育管理的多样化和专业化决定了教育管理主体的多元化。管理系统的多样化允许和鼓励社会机构作为第三方参与教育管理流程，而校长和教师是第一责任人。

其次，教育对象是一切教育数据的来源，除了校长、教师和学生等学校内部人员，还包括社会上接受教育的其他人士。

再次，教育管理资源是主导，包括人才资源、财务资源、知识资源和技术资源。人才资源是核心；财务资源是基础配置；知识资源包括教育内容、教育理论、教育方法和教育经验等；技术资源是生产力，满足教育服务需要。

最后一步往往是预期达成的目标，教育管理也不例外。大数据教育管理的目标是建设以智慧教育为标志的现代教育治理体系，建立基于数据的现代化教育公共服务体系；提升教育管理主体和教育服务对象的数据挖掘能力，进而实现教育管理模式的根本转变，推进教育的智慧化发展。

（三）大数据将教育决策推向科学性

有人认为，"在大数据时代，教育政策的制定不再是简单的经验总结，更不是政策制定者以自己有限的理解、假想、推测来取代全面的调查、论证和科学的判断，而是强调更精细地捕捉各个层面的变化数据以及由数据展现的复杂相关与因果关系，将教育治理与政策决策层面的危机化为机遇"。

还有人认为，"利用大数据，我们可以使决策者得以在全面而坚实的经验基础上提高其决策的质量，进而使教育决策从意识形态的偏见中脱离出来"。

（四）大数据助力质量管理

有报告指出，"继超级计算机和云计算技术之后，大数据的兴起，为海量数据，包括高等教育运行数据的汇聚、结构化、统计分析以及指数计算等，提供了更为综合与精良的工具。高等教育质量指数不仅有助于系统运行和质量监测，还可以作为云计算和大数据在教育领域应用的突破口"。

在大数据时代，不论是初等教育、中等教育还是高等教育，都可以建立全面、实时、动态的教育质量监控体系。该体系可以对影响教育质量的因素进行调控，进而保障教育质量。

第七节　大数据时代信息化教学的改革要点

一、大数据变革教育的第一波浪潮：翻转课堂、MOOC和微课程

大数据变革思维方式和工作方式，为信息化教学变革创造了现实条件。其中翻转课堂、MOOC和微课程就是大数据变革教育的第一波浪潮。

（一）翻转课堂触摸教育的未来

翻转课堂起源于美国，有两个差不多同时启动的经典范本：一个源于科罗拉多州林地公园高中两位科学教师的探索，还有一个源于孟加拉裔美国人萨尔曼·汗的实验。两个范本都采取让学习者在课前学习教学视频、在课堂上完成作业、利用工作坊研讨或做实验的方式，教师则在学生做课堂作业遇到困难的时候给予他们一对一的个性化指导。结果，学生成绩提高，学习信心增强，学生、家长和教师的反馈都非常好。

特别是萨尔曼·汗的翻转课堂实验，揭示了人性化学习的重要原理，

颠覆了夸美纽斯以来的传统课堂教学结构，被比尔·盖茨称为"预见了教育的未来"。

　　萨尔曼·汗发现了产生"学困生"的真实原因。在传统教学模式环境中，学生经历听课、家庭作业、考试等过程，无论得 70 分还是 80 分，得 90 分还是 95 分，课程都将进入下一个主题。即使得到 95 分的学生，也还有 5 分的困惑没有解决，在原有的困惑没有解决的情况下，建立下一个概念将增加学生的困惑。那种只要学生快速向前，而不管他们面临的"瑞士奶酪式的保证通过原有基础继续建构的间隙"的传统教学模式，其效果适得其反。

　　翻转课堂创造了人性化学习方式。学生在家观看教学视频，可以根据个人需要安排一个自定进度的学习。即按照自己的节奏、步骤、速度或方式，随意地暂停、倒退、重复和快进。如果忘记了较长时间之前学习的内容，还可以通过观看视频获得重温。萨尔曼·汗发现，那些在某个或某些概念上多用一点点额外时间的孩子，一旦理解了概念，就会进步很快。

　　人性化学习的另一个方面是教师对学有困惑的学生适时给予个性化指导：由于学习者在课前通过教学视频学习新知识，于是，课堂成为学生当堂做作业、利用工作坊研讨或做实验的场所。学生做作业的时候，教师通过"学习管理平台"，及时发现学有困惑的学生，并立即介入给予一对一的指导，进而解决了忽视学习中的"瑞士奶酪式"间隙、"一个版本"针对所有对象讲课造成的问题，效果非常好。

　　翻转课堂凸显大数据促进信息化教学变革的重要性。关联物之间的相关关系分析方法，被萨尔曼·汗成功地移植到教育领域，他开发软件帮助教师发现需要帮助的学生就是大数据预测的成功范例。

　　在洛斯拉图斯学区的实验中，教师通过学习管理平台了解每一位学生的学习状况。在这个管理平台上，每一行反映一个学生的学习情况，每一列是一个概念。每个概念有绿、蓝、红三种颜色。绿色表示学生已经掌握，蓝色表示他们正在学，红色表示他们在设定的时间内还没有完成学习。这样，就把学生作业时间、完成作业与否、是否遇到困惑，与三种颜色关联起来，让电脑快速处理，即时呈现在屏幕上。教师一眼望去就能预判学生学习情况，快速发现需要帮助的学生，并及时对他们进行有针对性的个性化指导。因此，产生"学困生"的可能性大幅降低。

（二）MOOC 风暴来袭放大翻转课堂效应

受翻转课堂"用视频再造教育"的启发，2012 年，MOOC 开始井喷式发展，领军的三驾马车是源于斯坦福的 Coursera.Udacity 以及由麻省理工学院与哈佛大学联合创办的 edX。

选修 MOOC 可以取得学分，可以充实生活与职业生涯。例如，斯坦福大学 Sebastian Thrun 与 Peter Novig 教授的"人工智能导论"课程，有来自 190 个国家超过 16 万人注册学习，最后 2.3 万人完成整个课程学习。如果仅仅从通过率来考察，14.375% 的合格率似乎根本无法与传统课堂教学的合格率相匹敌。但是，假如从单门课程合格人数的绝对值考察，那么，2.3 万人合格的绝对数，绝对在任何一个名校史上都是伟大的创举。

哈佛大学和麻省理工学院强调进入 MOOC 是为了改善课堂教育，而不是取代课堂教育。麻省理工学院校长苏珊·霍克菲尔德认为："在线教育不是住宿制学院教育的敌人"，而是"令人鼓舞的教育解放联盟"。在麻省理工学院，选修 MOOC 的学生必须在有监考老师的教室中进行测试，麻省理工学院从事材料科学与工程研究的 Michael J.Cima 教授使用来自 MOOC 的数据进行平行分析，研究结果令他惊讶，"证据表明，在线学习效果可能比在教室内的学习效果更好"，他已考虑将 MOOC 教学中的一些自动评估工具带到传统课堂教学课程中去。目前，三家主流机构的课程加起来已经超过 230 门，大部分为理工类课程。在英国，爱丁堡大学、伦敦大学加入了 Coursera，伯明翰大学、卡迪夫大学、伦敦国王学院、兰卡斯特大学、开放大学、布里斯托大学、东英格利亚大学、埃克赛特大学、利兹大学、南安普敦大学、圣安德鲁斯大学、沃里克大学等 12 所院校联合组建了新的 MOOC 平台：Future Learn LTD。英国一份题为《雪崩来了》的报告指出，全球高等教育领域正在发生一场前所未有的革命，主要驱动力就是网上大学的兴起，对此，英国的大学再也不能无动于衷。

面对全球性的 MOOC 浪潮，中国的大学也开始行动。2013 年，上海市推出"上海高校课程资源共享平台"。从 2013 年 3 月 3 日起，上海市 30 所高校的学生可以在平台上选课，复旦大学"哲学导论"等 7 门课程实行校际学分互认口虽然这 7 门课程目前针对学历教育，但是课程强调学习过程，融入了作业、考试、论文、讨论组研讨和承认学分等评价机制，与 MOOC 非常类似，是中国大学开始 MOOC 行动的先声。

2013 年 5 月，清华大学、北京大学加盟 edX，清华大学将配备高水平教学团队与 edX 对接，前期上线的课程将面向全球开放，其中电路课在线教育已做了小规模实验，成为热门候选。北大推出 edX 后，如果校内学生选修相关课程，就多了一个"edX"课堂。

MOOC 的兴起，使萨尔曼·汗"用视频再造教育"的学习模式迅速推广到高等教育，而且进展到可以通过选修 MOOC 获得学分、进入正轨教育的程度。高等教育变革向来会影响基础教育实践，微课程就是来自我国中小学校的回应。

（三）微课程兴起：回应翻转课堂和 MOOC 浪潮

与 MOOC 一样，微课程灵感来源于可汗学院的翻转课堂实验，利用微课程资源，学生可以在家自主学习。如果学有困惑，可以暂停、倒退、重放，方便个性化地达成学习目标。遇到实在不能解决的问题可以记录下来，方便教师提供指导，在课堂上则可以通过作业、实验、工作坊等活动内化所学知识，很有翻转课堂中国化的味道。

微课程灵感还与视觉驻留规律有关。通常一般人的注意力集中的有效时间在 10 分钟左右。MOOC 的制作者借鉴萨尔曼·汗的成功做法，通常把视频的长度限定为 8 到 12 分钟，并且会在中途暂停数次，增加测试与互动，以避免视觉和听觉疲劳。中小学用于"前置学习"的微课程教学视频，也是学生自主学习不可或缺的资源，尤其强调遵循视觉驻留规律，避免因视觉、听觉疲劳而降低学习效度。目前，微课程已开始影响我国中小学信息化教学实践。

二、大数据促进信息化教学变革：新的资源观、教学观和教师发展观

翻转课堂和微课程的显著特征是信息化教学前移。与此相适应，新的资源观、教学观、教师发展观在大数据浪潮中应运而生。

（一）新资源观：变教师上课资源为学生学习资源

以往的资源建设积累了丰富的教育资源，但仍无法满足教学工作需求。原因并不在于资源匮乏，而是资源选择的个性化。由于教师对教学内容的理解不同，技术偏好不同，审美习惯不同，教学风格或教学特长不同，以及资源占有情况不同，对资源的选择也会不同，即资源选择具有鲜明的个性化色彩。这种个性化色彩是导致同题异构的直接原因，也是"教学有法，各有各法"的生动体现。因此，尽管资源总量已经可以用海量来描绘，仍旧没有公司或组织有能力开发适用于所有教师的资源。

更大的问题在于：这些资源就总体而言，属于为教师教学准备的课件资源，主要是为以教师为中心的传统教学方式服务的，很难服务于培养创新人才，其性质属于传统资源观。

从大数据的观点看，只有用户无限扩展的资源才是有前途的资源。在信息化教学领域，只有学生才具有这种"无限扩展"的"用户"的意义。翻转课堂、MOOC和微课程的兴起，不仅为信息化教学打开了新的视野，而且昭示我们，大数据时代，应当告别传统的以教师教学为中心的资源观，代之以大力开发学生自主学习用微课程资源的新资源观。

大数据时代的新资源观倡导智慧拥有云资源，这是因为，在云计算和大数据背景下，信息资源是以海量形式存储于"云"上的。一般来说，无论文本、视频、音频、动画，只要输入关键词，都能十分方便地找到比较

难找的图片资源，采用"意象化感悟"法能够方便地找到，办法是先根据教学需要在头脑中形成所需具象，再给具象一个关键词，形成意象，然后把关键词输入搜索栏，就能找到并优选自己所需要的图片资源。

（二）新教学观：信息化教学前移

1.信息化教学前移的心理学依据：一对一效应

通常教师为缺课学生补课，45分钟的课堂教学内容，最多只需要20分钟就可以完成。这是因为，在一对一的补课中，学生受环境干扰最少，注意力特别集中，所以，"一对一教学"效率特别高。

翻转课堂和微课程等新型信息化教学的显著特征是"人机一对一"，只要微课程有足够的重要性或趣味性，学生在"人机一对一"的互动过程中也会注意力特别集中，从而取得成效。

2.信息化教学前移的理论依据：人性化学习理论

信息化教学前移的灵感，源于萨尔曼·汗创造的"用视频再造教育"的云时代学习方式。这种学习方式以人性化学习理论为指导，让学生有一个自定进度的学习，遇到有困惑的地方，可以重复观看教学视频，使不同的学生可以用不同的时间通过"瑞士奶酪式的保证通过原有基础继续建构的间隙"的学习方法，直达学习目标；如果学习仍然有困惑，则有教师在课堂上进行一对一的个性化指导，帮助需要帮助的学生，从而提高学习质量。

3.信息化教学前移的实践优势：自主学习卓有成效，教学创新有了新空间

在信息化教学前移实践中，教师事先根据不同年龄段学生的特点设计供学生课前学习使用的"自主学习任务单"，制作适合学生自主学习的教学视频与之配套使用，促使自主学习有任务、有测评、有目标、有动力、有成效。根据"自主学习任务单"的要求，学生在家观看教学视频，完成基本的评测任务，可以根据个人学习特点，自定学习进度。有困惑的地方可以暂停、倒退、重播，即按照自己的节奏、步骤、速度或方式学习。避免

了课堂教学中教师一个版本面对所有对象讲课的弊端，有利于根据个人情况完成学习，夯实基础。

参加实验的教师惊喜地发现，现场测评的情况大大超过预想，学有困惑的学生内化知识的质量较之于传统教学方式要好得多。实验改变了教师原来认为学生不会自学的看法，他们发现，信息化教学前移，可以更好地发掘学生的学习积极性并提供更多的内化知识的课堂教学时间，进而为教学创新提供新空间。在教学结构翻转了的课堂上，学生有足够的时间商讨难点，既内化知识，又学会协作学习，既发展人际交往能力，又收获学习成就感。

（三）新教师发展观：新素养、新"微格"、新职能——转型呼之欲出

1.发展教学新素养

信息化教学前移的载体是微课程学习方式。微课程是将原有课程按照学生学习规律，分解成为一系列包括目标、任务、方法、资源、作业、互动与反思等在内的微型课程体系。从操作层面看，需要教师精心设计"自主学习任务单"及其配套的可供学生自主学习的教学资源。这些教学资源可以用录屏软件、写字板、数位板、交互式电子白板软件、PPT（配精讲或不配讲）、录像（各类摄像机、带摄像功能的照相机、手机＋纸笔）等技术方式制作，但是，最终成品在技术上都应该采用视频格式，以方便学生暂停或反复观看。

因此，除了传统的教学功底之外，要求教师在信息化教学、可视化教学、视听认知心理学、视音频技术、艺术修养和批判性思维等方面有一定修养。这些新的教学素养与传统教学素养融为一体，构成系统最优化教学的备选项，从而扩展教师关于教学最优化的视野，增强教师实施教学最优化的能力，促进教师专业素养新提升，正如与微课程同源的MOOC的教学实践者、美国杜克大学物理学和数学副教授诺能·普莱士感慨而言："与我十年校园教课的经历相比，我发现录制视频讲座刺激着我的教学到一个更高的水平。"

2.养成"新微格"常态化反思习惯

信息化教学前移学习模式，要求教师事先设计"自主学习任务单"和制作教学视频实际上是浓缩精华的微型课，简称微课。经观察与询问，发现几乎所有的教师在制作微课之后，都会播放审查，既欣赏自己的劳动成果，同时寻找瑕疵并立即着手修改。

这样一个制作与自审的过程，与通过微格教室录课、切片、反思与研讨的过程极为相似。于是我们可以发现，只要一台电脑、一套耳麦，就可以录制微课并自省，相当于人人有一个微格教室。我们将这种信息化教学前移导致的"一个教师一个微格教室"的格局，称为"新微格"。"新微格"的特征是变"贵族"微格教室为可移动的"平民"微格教室，实现教学反思常态化，进而促进教师专业发展的日日精进。

3.从"演员"到"导演"，教师新职能呼之欲出

在信息化教学前移环境下，教师不再需要去"演"完剧本。教案最重要的部分是精心设计好"自主学习任务单"，准备好发展自主学习能力的教学视频（必要的话，还需要准备好发展高级思维能力的其他学习资源），设计好主体为学生的课堂创新学习形式，准备好在课堂上指导学有困惑的学生和提高学习深度。实际上，设计"自主学习任务单"就是教师指导学生自主学习，准备好教学视频就是帮助学生自主学习，课堂上指导学有困惑的学生和拓展学习深度则直接体现了"指导者"职能。于是，我们可以清晰地发现，在信息化教学前移的前提下，教学职能的重心从讲课转变为设计、组织、帮助与指导。因此，信息化教学前移成为帮助教师从"演员"向"导演"转型提升的绝佳良方。

三、大数据促进信息化教学改革的关键

（一）明确信息化教学目标的科学性和弹性化

教学目标为信息化，指的就是教师要准确地理解信息技术作用和地位，

信息化教学改革必然会利用新兴的媒介，因此，传统教学环境和模式就会发生很大的变化。信息化教学的本质目标就是有效改善学生的学习成绩，其主体对象就是学生，要让学生真正地"学会"，促进教学活动开展下去。具备科学的教学目标，教学目标要具有一定的弹性，主要目的就是将当前的教学实效进行有效地提升。信息化教学要不断追求高效教学的目标，信息化教学目标的落实情况和规划设计存在一定的差距。因此教学目标就一定要具备弹性，这样一来，将信息化教学的新模式充分发挥出来，将信息化教学的优势充分凸显出来。

（二）信息化教学情境要具备协调性和流畅性

信息化教学在创设全新的情境的时候，需要将信息化教学要素的具体特征和实际情况进行有效结合，要始终保持很高的协调性。教学目标在设置的过程中，要着重将育人的目标凸显出来，信息技术的教学作用不能夸大教学内容在实际筛选的过程中，要结合不同的教学内容，从而选择出相应的信息技术：为学生创设出贴切的教学情境，要有效协调其他要素。如果教学要素发生任何变化，那么就会导致所创设的教学情境随之发生变化，这样一来，信息化的高度协调性才能得到保障。针对信息化教学，创设出全新的情境，将传统的教学观念进行有效的革新，促使传统的教学方式进行调整，对传统的评价手段进行有效的改进。

信息化教学要具备较高的协调性，信息化教学情境要进行有效的创设，这样一来实践过程才具备流畅性，这对于教师的教学水平和专业知识技能具有很高的要求。教师的教学水平比较高超，其专业知识比较扎实，在实际教学过程中，才可以使教学氛围变得更加轻松活跃，让学生积极配合自己的教学活动，从而可以真正地参与到实际教学活动当中。

（三）信息化教学策略要具有合理性和灵活性

教师利用教学策略，开展信息化教学活动，为了达成学习目标，进而采取有效的教学设计。在信息化教学活动当中，教师所采用的教学方法和使用的教学技能都属于教学策略。教师在设计信息化教学策略的时候，教学设计要有效结合教学规律，这样设计出来的教学策略才会更加有效。教师制定的教学策略要具备合理性和可行性，教学当中的各种影响因素都要进行有效的兼顾，制定的教学策略要和教学目标有效结合，实际教学环境和学生情况进行有效的结合，将教学设计的教学优化作用充分发挥出来。

信息化教学的开展情况是比较多变的，预先设计好的教学方案很有可能无法得到有效的落实，会具备一定的困难和阻碍：在制定教学策略的时候，需要具备一定的灵活性和创造性，以具体的信息化教学情况进行有效地结合，选择最适合的教学策略，还要准备好替补方案，使教学活动可以有效开展。

四、大数据背景下信息化教学改革策略

在大数据及信息化技术的推动下，各院校纷纷推进数字校园、智慧校园的建设，旨在搭建完善的信息技术平台，对学校管理、科研管理、后勤服务加以整合，打造数字化、信息化校园，促进教学实效性的提升，全面提高学校的教学、科研、社会服务水平。为了推动信息化教学改革，应从如下几点着手。

（一）增强信息化平台建设，深化教学方法的创新

作为教学改革的核心，教学方法的创新关乎学校教学质量的提升，因此，应注重结合素质教育、创新教育等战略方针的指引，探索多样化、高效性的教学方法，将信息技术全面引入教学工作中，推进现代化教学理念，切实提升教学实效性。对于教学方法功能而言，应促进其由教给知识朝着教会学习方向转变；就教学方法结构而言，应由讲解朝着讨论、研究方向转变；就教学方法运用方面而言，应由传统方式朝着现代化教育技术的应用方向转变。具体应用教学方法时，应注重加强信息化平台建设与利用，为学生构建可供交流、研讨、自主学习、实践探索的平台，全面开启研究、启发、开放式教学。

（二）增强问题意识，着力促进教学内容的改革

在如今这个大数据时代，教学内容不仅是最基础的内容，也是信息化教学改革的重点所在。高质量教学内容不是简单的课本修补，而是把教学课程和信息技术深度结合起来，从而实现教学内容的信息化。完整性和系统性不是教学内容应该追求的目标，应用性和针对性才是改善教学内容的根本所在。因此，必须从学生角度出发，着力解决他们的思维能力和解决问题能力。突出问题意识，在改革教学中以解决问题需要为基础，强化问题意识，思考、研究和解决问题，切实提高学生知识掌控能力和综合素养。

（三）树立资源开发与共享意识，推进信息化平台的构建

学校应充分认识到资源共享、开发与利用的重要性和必要性，切实推进信息化平台的构建，为资源开发、利用、共享提供平台。一方面，学校应加快推进微课、精品课程的建设，注重引进现代化教学软件，构建数据库，促进资源、信息的共享。随着教师、学生需求的日趋多样化，学校应搭建信息化平台，并提供更全面、丰富的资源信息。另一方面，应加快促进基础设施建设，完善基本服务，为学生、教师提供完善的信息化环境。此外，还应促进系统信息的共享。注重提供人力资源、学生信息、精品课程信息、教学信息、文献资源信息、就业库等信息查询服务，同时，注重实现同校园网的连接，完善互联网、论坛、微博、FTP 等资源整合，全面提升数据共享程度。注重搭建师生信息库，提供多种类型的教学资源、网络课程、专业资源信息库等服务，同时，利用大数据技术，对此类数据加以整合，促进应用扩展。

第十章　大数据与公共安全应用

第一节　公共安全与大数据的概述

一、公共安全大数据的定义和特征

(一) 公共安全大数据的定义

公共安全大数据是指围绕社会公共安全需求，在国家政策法规允许范围的，用于支持公共安全保卫的所有数据。按照数据采集方式来区分，公共安全大数据的主要数据来源有以下三类。第一类是对象被动产生的数据。这类数据主要是通过强制的法规或者各种手段，公共安全事件涉及对象产生的数据，如宾馆住宿时需要登记身份证信息，乘坐飞机高铁需要进行安检等。第二类是对象主动产生的数据。这类数据主要是公共安全事件涉及对象在案事件过程中，为了达到犯案目的，在犯案过程中所主动产生的数据，如同伙之间的通联数据，案发现场留下的生物特征信息等。第三类是对象自动产生的数据。这类数据主要是从对象身上自动获取的数据，如人的定位信息、车辆的定位信息等。公共安全大数据涉及的技术是指针对公共安全大数据，采用挖掘、分析、提炼等手段获取其相应的价值，并且进行有效的展示与研判的一系列技术与方法，包括数据采集、预处理、存储、分析挖掘、可视化、数据安全等过程。公共安全大数据的应用，是针对特定的公共安全大数据集，采用特定的技术方法，获取特定相关应用的有效数据价值的过程。

（二）公共安全大数据的特征

公共安全大数据具有一般大数据的特征，包含以下四个方面：

（1）数据量巨大（volume）。公共安全大数据的数据量规模巨大，单以视频监控举例，视频数据有着非常大的容积，以一个城市为例，安装了多个摄像头，每台摄像头每天收集超过固定 GB 数据量级的高清视频数据。

（2）多样性复杂（variety）。公共安全大数据的数据类型多样，数据来源众多。

（3）数据产生速度快（velocity）。公共安全大数据产生的大多是实时性数据，需要极快的处理速度，同时由于案件发生后需要快速分析，因此对数据的分析也需要极快的速度，如视频数据需要及时的处理与分析。

（4）数据价值密度低（value）。公共安全大数据产生的大量数据是无价值的，有价值的数据往往需要及时的处理与分析。

公共安全大数据除了具有上述一般大数据的"4V"特征之外，还包含以下四个方面的特征，可简称公共安全大数据的"4P"特征。

（1）强政策性（policy）。公共安全大数据的采集、处理、分析等过程，高度依赖于国家相应的法规政策。在法规政策范围允许内的数据，才可以被采集。

（2）强私密性（privacy）。区别于一般数据，公共安全数据很大一部分是与对象相关的隐私数据，如地理位置信息、通联记录等。因此，公共安全大数据具有隐私性，通过统计方法或其他数据挖掘技术来提取隐藏的信息和相关性。而提取出的价值与相关性要平衡于与公共利益、群体利益无关而且个人或团体不愿意被外界所知的信息。

（3）高精准性（precision）。公共安全大数据的挖掘分析结果需要极高的精准性，公共安全事关人民群众的最高利益，因此必须做到最精准的处理。

（4）高时效性（promptness）。公共安全的趋势主要为事中快速响应，事后准确溯源，事前精准预防预警，因此公共安全大数据的分析、挖掘要求极高的时效性。

二、公共安全大数据的挑战和关键问题

（一）公共安全大数据的挑战

大数据本身是一把"双刃剑"，对于公共安全行业来说，既带来了前所未有的机遇，也相伴而生了许多挑战。

（1）大数据带来了公共安全领域数据处理成本与收益之间的矛盾。大数据的一个重要特性是海量性，而数据规模越大，必然导致存储成本的上升。由于大数据强调在全量数据中进行挖掘分析而非传统的抽样调查，因此增加了处理成本。如何快速地过滤无价值的数据，对于公共安全数据进行准确的处理是一个重要的挑战。

（2）大数据带来了公共安全数据互联互通需求与管理体制之间的矛盾。大数据的重要特性是建立数据之间的关联，通过关联挖掘提取数据的价值。但是当前的管理体制是由于各类安全数据之间缺乏统一的标准，现有组织、部门、制度间的分割以及信息管理理念的滞后，往往导致"数据孤岛"现象的出现。

（二）公共安全大数据的关键问题

为了应对公共安全大数据的几个挑战，本节提出了公共安全大数据所涉及的几个关键问题。第一，如何将数据由存不起转变为存得起。大数据的重要观点是对全量数据进行分析，在公共安全领域最迫切的是需要解决数据存储安全与空间成本的问题。数据存储多久，如何存储，采用分布式还是集中式，都是亟待解决的问题。第二，如何将数据由联不通转变为互联互通。大数据的重要观点是对数据进行关联分析，然后从中获取数据的

价值。由于数据类型、数据模态等多种问题，公共安全相关的数据依然无法做到有效地互联互通。如何建立数据之间的联通机制，如何对数据进行有效的关联融合，也是急需考虑的问题。第三，如何将数据由找不准转变为找得到、看得准、挖得深。目前对于公共安全相关的数据处理仍然缺乏非常有效的手段。例如视频，依然无法做到非常精准的对象识别，因此仍需要采用有效的数据分析手段，把原始的非结构化的数据转变为结构化的可理解、可分析的数据。

第二节　公共安全大数据可视化

一、大数据可视化概念

数据可视化，是关于数据视觉表现形式的科学技术研究。这种数据的视觉表现形式被定义为，一种以某种概要形式抽提出来的信息，包括相应信息单位的各种属性和变量。它是一个处于不断演变之中的概念，其边界在不断地扩大。

二、可视化设计的视觉感知和认知

感知是客观事物通过感觉器官在人脑中的直接反映。认知指在认识活动的过程中，个体对感觉信号接收、检测、转换、简约、合成、编码、储存、提取、重建、概念形成、判断和问题解决的信息加工处理过程。

（一）颜色

1.颜色与视觉

从物理学角度而言，光的实质是一种电磁波，它本身是不带颜色的。所谓颜色只是人的视觉系统对所接收到的光信号的一种主观视觉感知。物体所呈现的颜色由物体的材料属性、光源中各种波长分布和人的心理认知所决定，因此存在个体差异。所以，颜色既是一种心理、生理现象，也是一种心理、物理现象。关于颜色视觉理论，主要存在两种互补的理论：三色视觉理论与补色过程理论。三色视觉理论认为人眼的三种锥状细胞分别优先获得相应敏感波长区域光信号的刺激，最终合成形成颜色感知。补色过程理论则认为人的视觉系统通过一种对立比较的方式获得对颜色的感知：红色对应青色、蓝色对应黄色、绿色对应品红色。这两个理论分别阐述了人眼形成颜色感知的过程。

2. 色彩空间

色彩空间（也称色彩模型或色彩系统）是描述使用一组值（通常使用3个或4个值）表示颜色的方法的抽象数学模型。人眼的视网膜上存在三种不同类型的光感受器（即三种锥状细胞），所以原则上只要三个参数就能描述颜色。例如，在三原色的加法模型（如常见的 RGB 色彩模型）中，如果某一种颜色与另一种混合了不同分量的三种原色的颜色表现出相同的颜色，则认为这三种原色的分量是该颜色的三色刺激值。设计人员或者可视化系统的用户经常需要为一些可视化元素设置适当的颜色，以达到用颜色编码数据信息的目的，这通常就需要一个良好且直观的界面使得用户可以直接操作、选择各种颜色。由于某些历史原因，在不同的场合下存在着不同的颜色定义方式，因而所使用的色彩空间也就不尽相同。如日常使用的显示器使用的是 SRGB 色彩空间，而打印机使用的是 CMYK 色彩空间。大部分色彩空间所能表达的颜色数量通常都无法完整枚举人眼所能分辨的颜色数量，不同色彩空间之间通常存在有损或无损的数学转换关系。

（二）视觉编码原则

1. 相对性与绝对性

人类感知系统的工作原理决定于对所观察事物的相对判断。如人们通常会选取一个参照物，而将另外一个物体的长度描述为其相对于参照物的长度的变化量。如果物体使用相同的参照物或者相互对齐，则会有助于人们做出准确的相对判断。另外一些实验表明，感知系统对于亮度和颜色的判断完全是基于周围环境的，即通过与周围亮度和颜色的对比获得对焦点处亮度和颜色的感知。在信息可视化设计中，设计者需要充分考虑到人类感知系统的这种现象，以使得设计的可视化结果视图不会存在误导用户的可视化元素。

2.标记和视觉通道

（1）视觉通道的类型。第一种感知模式得到的信息是关于对象的本身特征和位置等，对应于视觉通道类型为定性或分类，即描述对象是什么或在哪里。第二种感知模式得到的信息是关于对象的某一属性在数值上的程度，对应于视觉通道类型为定量或定序，即描述对象具体有多少。

（2）表现力判断标准。第一，准确性。精确性标准主要描述了人类感知系统对于可视化的判断结果和原始数据的吻合程度。源自心理物理学的一系列研究表明，人类感知系统对于不同的视觉通道感知的精确性不同，总体上可以归纳为一个幂次法则，其中的指数与人类感觉器官和感知模式相关。第二，可辨性。视觉通道可以具有不同的取值范围，然而如何调整取值使得人们能够区分该视觉通道的两种或多种取值状态，是视觉通道的可辨性问题。换言之，这个问题相当于如何在给定的取值范围内，选择合适数目的不同取值，使人们能够轻易地区分。第三，可分离性。在同一个可视化结果中，一个视觉通道的存在可能会影响人们对另外视觉通道的正确感知，从而影响用户对可视化结果的信息获取。例如，在使用横坐标和纵坐标分别编码数据的两个属性的时候，良好的可视化设计就不能使用点的接近性对第三种数据属性进行编码，因为这样的操作对前两种属性的编码产生了影响。

（3）视觉通道的特性。第一，平面位置。平面位置是视觉通道中唯一的既可用于分类，又可用于定量或定序，此外还可以表示分组类型数据的接近性的视觉通道，因此平面位置是视觉通道中最特殊的一个。所以，使用平面位置来编码哪种数据的属性是设计者需要首要考虑的问题，这会直接影响用户对可视化结果的理解。平面位置中包含水平位置和垂直位置两个视觉通道，由于受到真实世界中重力因素的影响，人们对垂直位置的感知会比对水平位置的感知会更加敏感。第二，颜色。颜色包含色调、饱和度和亮度三个视觉通道，其中色调属于定性的视觉通道，而饱和度和亮度则属于定量或定序的视觉通道。这三种视觉通道在使用时都要注意与其他视觉通道相互影响的问题，色调在小尺寸区域和间断区域中比较难区分，而饱和度和亮度的识别则会受到对比度的影响。颜色是所有视觉通道中最复杂的一个，因此在可视化编码中也是最常用的视觉通道。在可视化设计中，颜色除了需要考虑以上三个视觉通道以外，还需要考虑配色方案的设计。配色方案往往会影响到可视化结果的表达和美观性，一个好的配色方案不仅能很好地展现出所需的信息，而且视觉上带来的美感也可促使用户对可视化结果进行进一步探索。第三，斜度和角度。斜度可用于分类的或有序的数据属性的编码。斜度，也就是方向或角度，在其定义域内并非单调的，即不存在严格的增或减的顺序。在二维的可视化视图中，它具有四个象限，在每一个象限内可以被认为具有单调性，从而适合于有序数据的编码。也正因如此，斜度也可以通过四个象限的区分来对分类的数据进行编码。第四，纹理。纹理可以被认为是多种视觉变量的组合，包括形状、颜色和方向。简单的纹理被广泛地用来区分不同的物体。纹理通常用于填充多边形、区域或者表面。在三维应用中，纹理一般作为几何物体的属性，用来表示高度、频率和方向等信息。同样地，对于二维的物体图形，可以通过使用不同的纹理来表示不同的数据范围或分布。形状的变化或者颜色的变化都可以用来组成不同的纹理。

三、跨媒体数据可视化

(一) 图像

图像是日常生活中最常见、最容易创造的媒体，数字化图像的规模和增长速度都达到了空前的规模。根据 2011 年的统计数据，社交网络 Facebook 每天照片的上传量超过 1 亿张。图像适用于表现含有大量细节（如明暗变化、场景复杂、轮廓色丰富）的对象，对于图像数据的可视化可以帮助用户更好地从大量的图像集合中发现一些隐藏的特征模式。

1. 图像网格

图像网格指根据图像的原信息对图像按二维数组形式排列，形成一幅更大的图像。图像网格方法实现简单，但选择图像和排列图像的过程不仅需要符合数据特性的转变方式，还需要处理一些关键操作，如合理安排可视元素凸显用户难以直接观察到的信息模式等。

2. 时空采样

对图像或图像序列的部分内容或区域进行时域或空间域的重采样并呈现的方法统称为基于时空采样的图像可视化。其中，时间采样指根据图像序列源信息中与时间或者顺序相关的属性（图像上传时间、视频帧序号、连环画页码）从图像序列中挑选出子序列进行重采样并显示。这一方法对文化艺术作品的展现特别有效。本质上，时间采样与视频流摘要的思想相似，后者自动生成有代表性的图像集来简洁地概括整段视频的内容。时间采样的一个有趣的例子是平均化技术：将同一时间段内同一上下文的图像进行平均，以此呈现这一时间段的概括性视觉特性。空间采样仅对每张图像中的一部分内容进行显示。相比于图像网格，这种显示方式能更有效地利用空间。

3. 基于相似性的图像集可视化

当图像数量增加到数千甚至上万张时，需要有效的搜索和可视化算法来显示图像之间的关联性和结构特征。关联性往往通过计算图像内容、文字描述或者语义注释中特征的相似性得到。基于相似性的图像集可视化系统设计包含三个步骤：第一，数据预处理；第二，映射，将图像从数据空间（图像特征）映射到可视空间中，以二维视图方式显示，此时图像集合对应于二维空间中的点集，且尽量保留图像之间的特征；第三，交互，用户交互选择感兴趣的图像并给出反馈。

（二）视频

一方面，视频的获取和应用越来越普及，如数字摄像机、视频监控、网络电视等，存储和观看视频流通常采用线性播放模式。但是在一些特殊的应用中，如视频监控产生的大量视频数据的分析，逐帧线性播放视频流既耗时又耗资源。另一方面，视频处理算法仍难以有效地自动计算视频流中复杂的特征，如安保工作中可疑物的检测。此外，视频自动处理算法通常导致大量的误差和噪声，其结果难以直接用于决策支持，需要人工干预。因此，如何帮助使用者快速准确地从海量视频中获取有效信息依旧是首要的任务挑战，而视频可视化恰好为理解视频中的规律提供了帮助。

视频可视化旨在从原始视频数据集中提取有意义的信息，并采用适当的视觉表达形式传达给用户。针对每个类别的视频，可视化设计需要考虑多个不同方面：处理的视频类别区别于其他类别的特点，如何充分利用这些线索，以便更好地浏览或者探索视频；是否存在工具计算、浏览、探索视频内容；使用优化的方法浏览、探索并可视化视频的核心内容。

视频可视化设计视频结构和关键帧的抽取、视频语义的理解以及视频特征和语义的可视化与分析。其中，前两个内容是视频信息处理的研究范畴，而视频可视化主要考虑采用何种视觉编码表达视频中的信息（拼贴画、故事情节或者缩略图），以及如何帮助用户快速精确地分析视频特征和语义。

1.视频概要可视化

视频概要可视化的思路是将视频流转化成线性或非线性形式组织起来，以便帮助观察者快速有效地理解视频流中宏观的结构信息和变化趋势。可将视频的每一帧看成高维空间中的一个点，并采用投影算法，将其嵌入低维空间，然后顺序连接低维空间的点，形成一条线性轨迹，这个轨迹可以提供很多有用的信息。常规的视频概要方法是将原始视频变换为简单的视频或多帧序列图像。然而，这些方法受限于原有的时间序列，难以表达视频中复杂的语义信息。视频海报是另一类非线性高度概括的视频概要方法，提炼视频关键元素与自动海报排版是其要解决的核心问题。

2. 视频立方

将视频看成图像堆叠而成的立方是一种经典的视频表达方法。为了减少对视频数据的处理时间，可采用更为简洁的方法呈现视频立方中包含的有效信息，如科学可视化中的立体可视化方法。这种方法的主要步骤包括视频获取、特征提取、视频立方构造、视频立方可视化，关键是依赖一组视频特征描述符来刻画视频帧之间的变化趋势。用户通过设计视频立方的空间转换函数交互地探索动态特征场景。常规的信息可视化模型的第一步是将原始数据处理成规范的数据模型，如数据聚合或数据分类。在视频处理时，数据层面的处理可由低层次的计算视觉完成，而高层次的推理则必须由用户执行，这就需要视频可视化方法呈现处理后的数据，引导用户完成高级智能操作。视频立方表示允许实现各类三维图像操作和立体视觉方法。例如，采用光流算法可以在视频立方体中构造基于目标跟踪的流场，为抽取和实现视频中的运动信息提供方便。

3. 视频可视摘要

视频可视摘要是指对视频的内容或特征采用某种变换形成的简化可视表达，从而实现以较少的信息量来传达视频中蕴含的特征模式。

（1）视频条形码。视频条形码将视频中的每一帧图片（二维）摊开为沿纵轴排列的彩色线，并以时间轴为横轴将彩色线依次排列，形成一个长形的彩色条形码，成为一部电影所特有的视觉标识。这种方法本质上起到了降维的作用：通过将视频立方中的每帧图像从二维聚合成一维，将整个三维视频立方转化成二维平面上的一张彩色图像，称为视频条形码。色彩起伏较大的视频条形码色彩丰富，而色调单一的电影的条形码颜色变化不大。

（2）视频指纹。视频指纹是从每个片段中提取出现频率最高的若干种颜色，按照时间顺序将片段排列成圆环。同时，从视频中提取任务和场景的移动，并根据移动的幅度和频率，变换圆环中代表各个场景片段的弧段沿径向的位置，从而生动地呈现视频的色调和运动规律。

（三）声乐

声音是能触发听觉的生理信号，声音属性包括音乐频率（音调）、音量、速度、空间位置等。人类语言的口头沟通产生的声音称为语音。音乐是一种有组织的声音的集合，由声音和无声组成的时序信号构成的艺术形式，旨在传达某些讯息或情绪。音乐可视化通过呈现各种属性，包括节奏、和声、力度、音色、质感与和谐感来揭示其内在的结构和模式。声乐可视化往往与实时播放音乐的响度和频率的可视化联系在一起，其范围从收音机上简单的示波器显示到多媒体播放器软件中动画影像的呈现。五线谱实际上是音乐可视化的典型代表，它采用蝌蚪符表达音律。在电子时代之前，人们发明了声波振记器，可将声音转换成可视轨迹，它模拟了人类耳鼓膜随声波振动的现象，采用连接在号角型话筒较小一端的一片薄膜，模仿耳鼓膜随声波振动的形态。

1.声乐波形可视化

在信号处理领域，声音经过接收后产生的时域信号构成了声音频谱图。语音是人类语言发音，针对语音数据的语音频谱图包含三个变量：横坐标表示时间，纵坐标表示频率，坐标点值表示语音数据能量，用颜色表达。将频谱图的思路应用于不同的声音属性，如谐波、音调等，可产生各类声乐波形的可视化方法。

2.声乐结构的可视化

声乐结构的可视化是抽象音乐结构的一个视觉增强方式，它为听众提供了理解和感知音乐韵律的视觉方法，也可以表现出不同时期作曲家作品中的差异。音乐中的一些重要元素如节奏、和声和音质的变化反映了音乐的韵律，将三者组成三元放射状分布的坐标轴，用不同的颜色可视化每个轴的数值：绿色表示和声、红色表示节奏、蓝色表示音质。

四、可视化展示手段

(一) 指挥大屏

指挥大屏的特点表现为高分辨率、跨平台显示需求，大屏幕系统主要用于共享信息、决策支持、态势显示等功能的直观显示。为指挥中心的决策提供现代化、直观有效的显示手段。可视化大屏系统的核心变化是：视频内容会经过智能处理，被分离出更多的元信息、并有效组织这些元信息；大屏系统会接受更多非视频传感器提供的数据信息，并以智能处理技术实现量化定义，这些非视频传感器信息会与视频信息、视频智能处理得到的元信息进行逻辑结构重建，并获得更深层次的数据关联。

(二) 移动终端

目前，公安行业的通信系统已具备相当规模，视频监控、视频会议系统都已建设完成。同时配备可兼容与各系统平台实现无缝对接并具备实时双向视频互通的移动执法终端，方可建设完成全方位的智能执法体系。可视化终端在公安移动执法中突破传统实时可视化通信，通过终端可以实现群组通信、点对点通信、多方协同通信、位置显示、位置回传、拍照摄像等功能，实现便携执法、智能可视通信、一键应急等综合应用，从而提高日常警务处理能力，提升日常警务处理效率，达到即时可视化警勤管理。

五、可视分析系统框架设计

可视分析是通过交互式可视化界面提升分析推理的学科。可视分析结合自动的分析技术，基于大量、复杂的数据集，通过交互式的可视化方式高效地理解、推理和决策。人机交互的可视分析框架包括两个部分：计算机系统和分析者，并且人与计算机之间没有明显的分割，两者对于数据分析都是必需的。该可视分析框架共包括三个循环：探索循环（exploration loop）、验证循环（verification lop）、知识生成循环（knowledge generation loop）。其中，计算机部分由三个元素组成：第一，数据（data），是一切分析的开始，用于结构化、半结构化、非结构化地描述现象，在一次分析中附加的数据可以通过一定方法自动或人工生成，称作 metadata，就是"关于数据的数据"。第二，模型（model），可以简单理解为一个子集数据的属性或者复杂数据挖掘算法的统计描述。KDD（知识发现，是从各种信息中根据不同的需求获得知识的过程）过程包括的范围从对数据做最简单的统计分析，到复杂的数据挖掘算法，是从数据集中识别有效、可理解的模式的过程。模型服务不同的可视分析目的，即可以通过计算单一的数据来解决简单的分析任务。第三，可视化（visualization），从数据到知识的路径就是可视化技术，可视化使分析员直观地观察到数据间的关系。在可视分析里，可视化是基于自动的模型，如聚类模型用于可视分组数据。同样，一个模型也可以被可视化，如一个盒形图展示数据在一维上的分布。一个模型的可视方法依赖于可视的状态，如在语义缩放（semantic zooming），一个可视化可能用不同的模型属性在缩放等级。Visualization 通常用作分析与可视分析系统之间的基础接口，这是因为理解模型通常需要更多感知的付出。

（一）**数据管理**

有效地管理种类繁多、质量参差不齐的数据是可视分析数据源的关键。将数据集成、一致化是对数据分析的前提。数据库技术集中在同构数据中的高效和可扩展的查询，以及异构的数据查询，如数值、图像、文本、音频、视频等类型的数据。可视分析要求这些异构的数据可以映射到数据库模式中，同时清洗数据中的不确定、缺失的数据，最好尽可能智能地自动实时融合数据，特别是流数据、传感器网等数据。

（二）**数据分析**

数据分析（data analysis）也称为数据挖掘或知识发现，研究通过自动分析算法，自动从原始数据中提出有价值的信息。对于不同的分析任务，应用不同的分析方法，一个比较常见的分析任务，如监督学习方法，基于一个训练样本集，用决策或概率算法来构建模型用于分类（或预测）之前不可见的数据集。这类算法有决策树、支持向量机（support vector machines）、神经网络等。另一种常见的分析任务是聚类分析（cluster analysis），即从预先不知道的数据集中提取数据之间的结构，将相似的数据聚集为一类。还有分析任务，如关联规则挖掘（association rule mining）和降维分析。可视化与交互对于优化分析结果有明显的优势。大部分的数据分析算法需要指定相关的参数，然而在某些情况下需要结合人的经验进行辅助。可视化是一个合适的沟通渠道，连接自动分析过程与人。

（三）交互技术

人机交互作为大数据可视分析的重要部分，关系到用户对时空数据的理解，好的交互设计能提升分析师分析效率，帮助分析者与机器传递信息。交互设计存在一些基本准则，如交互设计要保持分析师思维的连续性，最小化人需要完成的认知模型与计算机理解人们任务之间的阻碍，这是交互技术的关键所在。因此，人机交互与任务模型之间存在密切关系，任务模型有许多种，其中最为常见的有 GOMS、MAD 等。根据可视化分析交互的划分，可以将交互技术分为两类：导航与对比。其中导航包括缩放、平移、视点选择、排列；对比包括像素多分辨率、多级别、"focus+context"。

第三节　公共安全大数据采集、分析及处理

一、公共安全大数据采集

（一）数据采集

数据采集，又称数据获取，是指从传感器和其他待测设备等模拟和从数字被测单元中自动采集信息的过程。新一代数据体系将传统数据体系中

没有考虑过的新数据源进行归纳与分类，可将其分为行为数据与内容数据两大类。

（二）采集对象和手段

1. 采集对象

（1）人。人员信息库，汇聚各人员信息；轨迹信息库，汇聚各轨迹信息；音视频图像结构化信息库，主要是音视频结构化信息；生物特征库，主要包括人的主要生物特征，如虹膜特征、视网膜特征、面部特征、声音特征、签名特征、指纹特征、体貌特征等。

（2）物。车辆信息库：汇聚车辆登记信息、车辆卡口信息、车辆违章信息等车辆相关信息。

（3）事件。对事件的信息收集主要收集以下信息：时间、地点、人员、组织、其他关联信息等。

2. 采集手段

（1）人工采集。人工采集主要指通过人工的方式，不借助或者少借助相关设备进行数据的采集，如用调查问卷的方式、填表格的方式等进行数据的采集。

（2）设备采集。第一，音视频采集装备。公安数据的音视频采集装备包括警用单兵设备，如执法记录仪可以对音视频数据进行采集。监控摄像头可以采集相应的视频数据。第二，生物特征采集装备。生物特征包括人脸、虹膜、指纹、掌纹、DNA 等信息。采集的装备一般属于专用的设备，如人脸、虹膜一般采用图像的方式进行采集，一般为非接触设备。指纹、掌纹等信息需要对对象进行接触式的采集。第三，空间信息采集装备。空间信息主要采集空间信息采集装备（如 GIS）信息、网络信息（GPS 信息等）。此外，还有一些传感器设备的信息，如水文的传感器、交通的传感器等。空间信息的采集是空间信息处理与分析的前提和基础，准确获取空间信息原始数据对正确分析实物的空间特征和运动规律十分关键。空间信息采集装备主要包括全球卫星导航系统、摄影测量系统、三维激光扫描系统、遥感与遥测系统等。现代空间信息采集装备产生了海量的空间信息。因此对海量空间信息的处理与分析，需要运用大数据与人工智能技术。

二、公共安全大数据分析

（一）公共安全大数据分析挖掘分类

1.人工分析

人工分析主要指具有领域知识的专家或者行业经验较为丰富的从业人员，对数据进行分析，采用经验或者知识分析出相应的有价值的信息。在信息化不普及的时代，人工分析为主要的方式。在公共安全大数据时代，人工分析依然占有相应的地位，如在颜骨分析、用户外貌特征画像分析方面，有经验的人员依然具有较高效准确的分析水平。

2.智能分析

信息时代，人们在日常的生活工作中每天都要面对浩如烟海的信息，如何从这些信息中找到对自己有用的信息，是大家需要共同面对的问题。借助人工智能等技术手段，智能分析的应用可以提供强大的帮助，能够让人们从纷繁芜杂的情报中找到真正有用的信息。

3.辅助分析

辅助分析类似于人工分析与智能分析的结合。采用较为先进的技术手段，对人工分析提供相应的数据或者服务的支撑。例如，警用 PGIS 系统可以辅助人工分析，对对象的轨迹、位置等信息进行可视化的展示。

（二）公共安全大数据分析挖掘技术

1.时空分析技术

（1）高性能时空大数据存储。时空数据是一种多维数据，它的结构非常复杂，同时拥有空间和时态特征，它不仅能够正确地反映事物的时空位置状态和时空变化过程，而且能正确地反映出事物的过去、现在和将来的状态。高性能的时空数据存储方法是存储、管理时空大数据必备的技术，主要研究时空数据模型和时空索引。

（2）时空大数据分析。对时空数据进行分析可以进行时空变化探测、时空格局识别、时空过程建模、时空回归和时空演化树等分析，具体如下：①时空变化探测。探测空间统计量随时间的变化序列，将时空变化看作是空间分布随时间的变化，在每个时间点分别做空间统计，如几何中心、最近邻距离、半变异系数、空间回归系数等，均可做时间维度分析。②时空格局识别。时空格局是指事物属性的时空规律性，能够被人类智力理解、掌握和预测。时空格局识别的主要方法有 SOM 时空聚类、EOF 时空分解、时空热点探测、多维热点探测、地球信息图谱等。③时空回归。回归的目的是寻找因变量（y）和自变量（x）的关系，对经典回归或空间回归模型进行简单延伸即可得到时空回归模型。时空回归模型包括时空面板模型、时空 BHM、贝叶斯网络有向无环图模型、时间 T-GWR、时空 GAM 等。④时空过程建模。当时空过程机理清晰和主导时，可以据此建立时空过程的数学模型，相对于统计模型而言，过程模型反映运动本质，容易解释，多用于仿真和预测。不同的过程具有不同机理，因而有不同的模型，这种不同体现在模型机理不同，或者模型形式不同，或者变量不同，或者参数不同。过程模型包括有元胞自动机模型、智能体模型、反映扩散方程等。⑤时空演化树。时空演化树的核心理念是：个体状态变化形成状态空间的演化路径，多个个体的演化路径产生状态空间的层次结构，可以用状态变量来刻画。状态变量可以通过人类知识经验获取，也可以通过统计聚类获取。得到群体的演化规律，预测个体下一个状态。因此时空演化树的思路是：确定状态变量（数据项）→确定状态空间（树的结构）→把属性变量时空数据投影到状态空间→个体（树叶）演化路径（树枝）→总结不同类型群体演化规律→个体状态沿着演化树的结构进行发育、成长、演化、变异，据此可以进行状态预测和分析。

2. 视觉信息分析技术

（1）目标分割。在实际的视频场景中，视频对象体现为一个或者多个区域的集聚，代表了某些拥有特定语义的区域集合。在视频序列中，通过一些技术手段把人们感兴趣的若干个物体从视频场景中提取出来的过程，就是视频对象提取或分割。这些物体一般具有重要特性或某些一致属性，如在亮度、色彩、运动特性以及形状方面具有一致性或拓扑结构相关性。从操作上来说，对视频序列或图像按照一定的标准分割成若干区域的过程就是视频分割。简而言之，就是通过某些手段和方法把待分析的视频按照需要截断分割，获得需要的部分。视频分割的目的在于从视频序列中分离出视频对象，这些视频对象都是具有一定意义的实体。人眼能够很容易分辨相应的语义对象，但是对于计算机来说，目前还不存在一个通用的完全与对象无关的视频分割方法。在实际应用中，视频分割应用往往根据具体的要求采用不同的技术。如对于非实时分割场合，离线式的车牌识别和人脸识别，分割的要求是视频对象轮廓较为精准；对于实时分割场合，如在线的移动目标分割，则对轮廓的精准性要求不是那么严格。根据视频分割所依据信息的不同，一般有三类分割方法：基于空间信息的分割方法、基于时间信息的分割方法和基于时空信息联合的分割方法。在目前实际应用的各类视频序列分割方法中，占主流的是基于时间信息的分割方法，主要有三种：光流法、背景差法和帧间差法。在复杂场景中，如果仅仅依靠时域的分析方法很难获取比较精确的对象。空域分割是指通过利用图像中灰度、颜色、纹理、位置等空间特性将图像集聚成多个相似的区域，一般能获得较好的对象轮廓。相比于单纯利用时域或空域信息进行分割，如果在分割中将空域分割与时域分割两种方法相结合，那么在获取运动对象的时候也考虑到了空间对象的结构特征信息及意义，这种结合能够更精确地获取运动对象的边缘信息，比单纯的时域分割和空域分割具有更好的性能。

（2）目标跟踪。对于一个运动检测系统而言，在运动目标检测后，还需要对运动目标进行跟踪。运动跟踪就是在图像序列的每一幅图像中定位找出位置，用以对运动进行估计。运动跟踪的常见方法包括粒子滤波跟踪、模板匹配、卡尔曼滤波跟踪，以及各种改进方法。

三、公共安全大数据处理

（一）数据降维与压缩

1.降维技术

数据降维的传统方法是假设数据具有低维的线性分布，代表性方法是主要成分分析（PCA）和线性判别分析（LDA）。两种算法已经形成了完备的理论体系，并在应用中发挥出良好的作用。但由于现实数据的表示维数与本质特征维数之间存在非线性关系，由斯特罗维斯等人提出来的流形学习方法，逐渐成为此领域的研究热点。流形学习方法假设高维数据分布在一个本质上低维的非线性流形上，在保持原始数据表示空间与低维流形上的不变量特征的基础上进行非线性降维。因此，流形学习算法也被称为非线性降维算法。其中代表性算法包括局部线性嵌入算法（LLE）、局部切空间排列（LTSA）、Hessian 特征映射等。流形化的学习从最初的非监督学习扩展到了监督学习和半监督学习，流形学习也成为机器学习相关领域的一个热点。

2.压缩感知

随着信息和数据量的剧增，研究者基于数据稀疏性提出一种新的采样理论——压缩感知，使高维数据的采样与压缩成功实现。只要数据在某个正交变换域中或字典中是稀疏的，那么就可以用一个与变换基本不相关的观测矩阵变换所得高维数据投影到一个低维空间上，然后通过解答一个个优化问题，从这些少量的投影中以高概率重构出原数据，可以证明这样的投影包含了重构数据的足够信息。假设一个数据是可压缩的（原始数据在某变换域中可快速衰减），则压缩感知过程可分为两步：数据的低采样、数据的恢复。

（二）数据去噪

1.图像数据去噪

图像去噪是数字图像处理中的重要环节和步骤。去噪的效果直接影响到后续的图片处理工作,如图像分割、边缘检测等。图像信号在产生、传输过程中都可能会受到噪声的污染,一般数字图像系统中的常见噪声主要有高斯噪声(主要由阻性元器件内部产生)、椒盐噪声(主要是图像切割引起的黑图像上的白点噪声或光电转换过程中产生的泊松噪声)等。

2. 音频数据去噪

OMLSA(optimally modified log spectral amplitude estimator) 与 IMCRA(improved minima controlled recursive averaging) 是以瑟列·科恩(Israel Cohen)提出的经典单通道音频降噪算法。与传统的谱减法等常规发放比较,几乎屏蔽了音乐噪声(谱减法由于未完整消除统计噪声而带来的周期性噪声)的影响。其中,OMLSA 采用了 voice(噪声)估计方法,通过做先验无声概率及先验信噪比(SNR)的估计来进一步得到有声条件概率,进而计算出 voice 有效增益,实现了 voice 估计。IMCRA 则是通过先验无声概率估计和先验信噪比(SNR)估计来计算得到条件有声概率,进而获取噪声估计。将 OMLSA 同 IMCRA 相结合,便能实现优秀的单通道音频降噪处理。

(三)数据清洗

在大数据平台实际处理数据的过程中,从各种来源汇聚的海量数据存在以下问题:一是不同数据来源的数据格式定义并不完全相同;二是不同途径获取的数据存在重复、相互关联,甚至相互矛盾的数据;三是非结构化数据中存在许多可用于关联分析的线索,但因其存储空间大、保存时间短,难以充分有效发挥作用。针对以上情况,数据存入数据中心之前,需要进行预处理,即对数据进行数据比对、多源虚拟身份整合、非结构化数据的结构化线索抽取、垃圾过滤、格式清洗、数据关联和属性标识、数据去重等操作,提高数据中心中数据的质量和关联性。

数据清洗过程包含以下处理过程:第一,数据比对。根据指定规则逐条比对各类有特定关键词匹配要求的特定对象或重点人员。一旦发现中标数据,按照指定规则为数据设立标识。第二,多源虚拟身份整合。按照指定规则,对虚拟身份数据进行归并、去重。第三,非结构化数据的结构化线索抽取。抽取全文数据中的关键性结构化信息，提高现有全文数据的利用价值，如提取全文数据中的人名、地名、身份证号（护照号）、电话号码、网络账号、车牌号、银行账号等信息，并将这些结构化数据关联存储。第四，垃圾过滤。按照用户定制的垃圾过滤规则，以内容过滤为主，对原始数据（如垃圾邮件等）进行分析过滤。第五，格式清洗。按照用户定制的规则支持对不完整、无效数据予以丢弃并记录日志；按照统一的数据标准，对数据格式进行转换处理。第六，数据关联和属性标识。按照用户定制的规则对各类数据进行关联分析，并将数据来源前端来源地等作为数据属性进行标识。第七，数据去重。将不同来源的数据进行综合去重处理，基于重复判定规则，将内容相同的全文数据进行合并。

第十一章　大数据与人工智能应用

第一节　人工智能的概述与研究

一、人工智能的基本概念

人工智能是利用数字计算机或者数字计算机控制的机器模拟、延伸和扩展人的智能，感知环境、获取知识并使用知识获得最佳结果的理论、方法、技术及应用系统。

人工智能的定义对人工智能学科的基本思想和内容做出了解释，即围绕智能活动而构造的人工系统。人工智能是知识的工程，是机器模仿人类利用知识完成一定行为的过程。根据人工智能是否能真正实现推理、思考和解决问题，可以将人工智能分为弱人工智能和强人工智能。

二、人工智能研究的特点

从上面的讨论中可以看到，人工智能是一门综合性很强的学科，它涉及众多不同的学科，集中了这些学科的思想和技术。人工智能又是一门实践性很强的学科，这可以从人工智能的研究目标看出来。同时人工智能也是具有广泛应用领域的学科。

人工智能研究的第一个原因是理解智能实体，为了更好地理解我们自身。但是这和同样也研究智能的心理学和哲学等学科不一样，人工智能努力建造智能实体并且理解它们。第二个原因是人们所构造的这些实体在我们看来非常有意义，即使是在人工智能的早期阶段，人们也开发出了很多有意义的系统。虽然没有人能够对未来进行准确的预测，但是有一点可以肯定：具有人类智能层次的（或更好的）计算机将会对我们的日常生活和人类文明的未来发展产生很大影响。第三个原因是仿制出一些具有人类智慧（能）特点的机器（或机制），以代替人类做一些重复性的工作，特别是代替人类从事一些需要在特殊场所、危险场所或人类目前无法到达的场所中进行的工作。

虽然人工智能涉及多个学科，从这些学科中借鉴了大量的知识、理论，并取得了一定的应用成效，但是人工智能还属于不成熟的学科，与人们的希望以及与人类自身的大脑结构和组织功能都有很大的差距。研究表明，大脑大约有1011个神经元，并按并行分布式方式工作，具有较强的演绎、联想、学习、形象思维等能力，可以对图像、图形、景物凭直觉、视觉等快速响应和处理，而传统的计算机在这方面的能力却非常弱。从目前的条件看，只能依靠智能程序来提高现有计算机的智能化程度。

人工智能系统推理机制的研究和传统的计算机程序设计研究在很多方面有所不同。从研究对象上看，人工智能系统的第一个特点是以符号表示知识，并且以知识为主要研究对象，而传统的程序是以数值为研究对象的，这说明了知识在人工智能中的重要性。知识是一切智能系统的基础，任何智能系统的活动过程都是一个获取知识、运用知识以及提炼新知识的过程。智能系统的第二个特点是采用启发式的推理方法而不是常规的算法。启发式方法是利用了问题本身的信息来指导问题的求解过程，提高问题求解的效率。智能系统的第三个特点是控制结构和领域知识是分离的。第四个特点是允许出现不正确的答案。因为智能系统一般应用在知识应用不一定准确的问题中，这样就可能导致在目前已知情况下得出不正确的结果。

三、人工智能的研究途径

（一）符号主义（Symbolism）学派

符号主义学派又称为逻辑主义学派、心理学派或计算机学派，其理论基础是物理符号系统假设和有限合理性原理。

著名哲学家瑟尔（Searle）认为，思考仅发生在那些十分特殊的机器上，即有生命且由蛋白质构成的机器上。这一观点指出了智能的存在依赖于类似人类一样的生理机能。与 Searle 的观点相反，纽厄尔（Newell）和西蒙（Simon）提出了物理符号系统假设：物理符号系统具备必要且足够的方法来实现普通的智能行为。

Newell 和 Simon 把智能问题都归结为符号系统的计算问题，把一切精神活动都归结为计算。他们指出物理符号系统是类似数字计算机的机器，具备灵活处理符号数据的能力。所谓符号就是模式，任何一个模式，只要它能够和其他模式相区别，它就是一个符号，不同的英文字母就是符号。对符号进行操作就是对符号进行比较，即找出哪几个是相同的符号，哪几个是不同的符号。物理符号系统的基本任务就是辨认相同的符号和区分不同的符号。

（二）联结主义（Connectionism）学派

以网络联结为基础的联结主义是近年来研究的比较多的一种方法，也属于非符号处理方法。

联结主义学派的代表性成果是 1943 年麦卡洛克盖尔（W.S.Mc Culloch）和皮茨（W.Pitts）提出的一种神经元的数学模型，即 M–P 模型，并由此组成一种反馈网络。可以说 M–P 模型是人工神经网络最初的模型，开创了神经计算的时代，为人工智能创造了一条用电子装置模拟人脑结构和功能的新的途径。从此之后，神经网络理论和技术研究的不断发展，并在图像处理、模式识别等领域实现重要突破，为实现联结主义的智能模拟创造了条件。

第二节　人工智能相关学科

一、人工智能的研究范畴

（一）机器学习（Machine Learning）

在人工智能所涉及的领域中，机器学习需要关注。关注所谓机器学习就是让计算机能够像人一样自动地获取知识，并在实践中不断地完善自我和增强能力。机器学习是机器具有智能的根本途径，只有让计算机系统具有类似人的学习能力，才有可能实现人工智能的最终的研究目标，即建造人工智能人。所以，机器学习成为人工智能研究的核心问题之一，同时也是目前人工智能理论研究和实际应用的主要瓶颈之一。

例如，通过一个孩子向其母亲学习发音的过程可以说明学习的基本概念。孩子的听力系统听到"我"的发音并试图去模仿该发音，母亲的发音和孩子的发音的不同，称为误差（error）信号，孩子的学习系统会通过听觉神经感受到该误差信号，然后由学习系统产生刺激信号，以调控孩子的发音。该过程会一直进行下去，直到误差信号很小或可以接受。声音系统每次都会经过一个调整循环周期，孩子发出"我"的时候舌头的位置会由学习过程保留下来。

上面的这种学习过程就是所谓的有参学习（parametric learning）：自适应的学习系统自动地调控孩子的声音系统的参数，以保证和"样本训练模式"一样或接近。我们知道，人工神经网络是用电子信号模拟生物神经系统，由于它不断地应用于有监督的（supervised）或有参的学习问题中而变得越来越重要。除此以外，还有一些重要的学习方法，如归纳学习、类比学习、发现学习等。归纳学习中，学习者从一些实例中归纳总结，得到泛化的结论，如 AQ 算法、ID 算法等；类比学习是通过目标对象与源对象的相似性，应用源对象的求解方法来解决目标对象的问题；发现学习是根据实验数据或模型重新发现新的定律的方法。

近年来，随着 Internet 的发展和信息量的剧增，数据库知识发现引起了人们极大的关注。数据库知识发现主要是发现分类规则、特性规则、关联规则、差异规则、演化规则、异常规则等。目前数据库知识发现已经成为机器学习的一个重要的分支。如何从数据库包含的大量数据中发现和获取隐含的知识，是机器学习领域面临的重大挑战，也给机器学习技术的实用化带来了新的机遇。

（二）逻辑程序设计（Logic Programming）

一个多世纪以来，数学家和逻辑学家一直在设计各种工具，试图用符号、操作符表示逻辑语句。其中一个成果就是命题逻辑，另一个成果就是谓词逻辑。基于谓词逻辑的程序被称为逻辑程序，PROLOG 是支持逻辑程序设计的著名的语言。最近逻辑程序设计被认为是人工智能研究中主要的研究领域之一，其研究的最终目标就是扩充 PROLOG 编译器，支持空间一时间模型和并行程序设计。日本的第五代计算机计划，也使得建造适合于PROLOG 机器的体系结构在过去 20 年里成为热门的研究课题。

（三）软计算（Soft Computing）

到目前为止，关于什么是软计算还没有大家公认的定义，但是通常大家把模糊计算、神经计算、进化计算作为它的 3 个主要的内容。泽德赫（Zedeh）教授认为：软计算是"计算的工程方法，它对应于在不确定和不精确的环境下，人脑对于推理和学习的巨大的能力"。根据应用领域的不同，这些工具可以独立使用，也可以联合在一起使用。目前，软计算主要的问题是算法的"可扩展性"和"可理解性"问题，即所给的算法对处理海量数据是否有效，以及由所给的算法得来的规则对人来说是否易于理解。

下面对几种主要的工具进行简要介绍。

1.模糊逻辑

　　模糊逻辑处理的是模糊集合和逻辑连接符，以描述现实世界中类似人类所处理的推理问题。和传统的集合不同，模糊集合包含论域中所有的元素，但是具有 [0，1] 区间的可变的隶属值。模糊集合最初由 Zedeh 教授在系统理论中提出，后来又扩充并应用于专家系统中的近似计算。对模糊逻辑做出贡献的主要有：特纳卡（Tanaka）在控制系统稳定性分析方面的工作，曼达尼（Mamdani）的水泥窑控制，科斯科（Kosko）等的模糊神经网络，我国汪培庄教授的真值流推理、因素空间模型，等等。

　　2. 人工神经网络

　　典型的生物神经元的电子模型由一个线性触发器（activator）和一个非线性的抑制（in-hibiting）函数组成。线性触发器生成输入激励的权重和，非线性抑制函数得到该和的信号级别。因此由电子神经元产生的结果信号是有限度的（幅度上的限制）。人工神经网络是这种电子神经元的集合，它们之间可以连接成不同的拓扑结构。人工神经网络最通常的应用是机器学习。在学习问题中，权重和或非线性函数需要经过自适应的调整周期，更新网络的这些参数，直到达到一个稳定状态后，这些参数便不再更改。人工神经网络支持有监督和无监督的机器学习。基于神经网络的有监督学习算法已成功地应用于控制、自动化、机器人、计算机视觉等领域，基于人工神经网络的无监督学习算法也已成功应用于调度、知识获取、规划、数据的数字和模拟转换等领域。

　　3. 遗传算法

　　遗传算法是一种随机算法，它是模仿生物进化的"优胜劣汰"自然法则及进化过程而设计的算法。它基于达尔文的进化论，存在于物种自然选择过程中，其基本信念是适者生存。遗传算法最初是在 1967 年提出的，近年来，陆续有人在这方面进行研究，特别是 1975 年 Holland 出版的专著 Adaptation in Natural and Artificial Systems，对遗传算法的理论和机理做了出色的工作，奠定了遗传算法的理论基础。如今，遗传算法在众多领域得到了广泛的应用，如在智能搜索、机器学习、组合优化问题（TSP 问题、背包问题）、规划（生产任务规划）、设计（通信网络设计）以及图像处理和信号处理等领域中得到了应用。

在遗传算法中，问题的状态一般用染色体表示，通常表示为二进制的串。遗传算法中最常用的操作是杂交（crossover）和变异（mutation）。遗传算法的进化周期由下面三个阶段组成。

（1）群体（population）的生成（用染色体表示问题的状态）。

（2）先杂交然后变异的遗传进化。

（3）从生成的群体中选择一个更好的候选状态。

在上述循环中，第一步确定一些初始问题状态，第二步通过杂交和变异过程生成新的染色体，第三步是从所产生的群体中选择固定数量的更好的候选状态。

上述过程需要重复多次，以获得给定问题的解答。

不精确和不确定的推理（management of imprecision and uncertainty）：在很多典型的 AI 问题中，如推理和规划，其数据和知识常常包含着各种形式的不完全性。数据的不完全称为不精确（imprecision），常常出现在数据库中，一般原因有：①缺少适当的数据；②信息源的真实性不好。知识的不完全性常常称为不确定性（uncertainty），一般出现在知识库中，原因是缺少知识的可信度。数据不精确和知识不确定的推理是一个复杂的问题，目前已经有了很多关于不精确或不确定的推理工具和技术，如采用随机过程、模糊、信念网络等技术的方法。在随机推理模型中，系统可以从一个给定的状态转换到多个状态，从给定状态转换到多个状态的概率之和严格地为 1（unity）。另外，在模糊推理系统中，从给定状态转换到下一个状态的隶属函数值之和可能大于或等于 1。信念网络模型对嵌入在网络中的事实更新其随机或模糊赋值，直到满足某个平衡条件，这些信念不再变化为止。最近，模糊工具和技术已经成功地应用于一种特殊的信念网络，称为模糊网络。该网络可用一种统一的方法处理数据的不精确和知识的不确定。

二、人工智能技术的应用

当前，几乎所有的科学与技术的分支都在共享着人工智能领域所提供的技术和工具。

（一）**图像理解和计算机视觉**（image understanding and computervision）

一个数字图像可以被认为是一个包含有灰度级别的二维像素矩阵，这些灰度对应于摄像机接收到的放射光线的强度。为了对某个图像进行解释，该景象的图像需要通过三个基本的处理过程：低级、中级、高级视觉处理（vision）。低级别处理主要是对图像进行预处理，以滤掉噪声；中级处理是对细节的增强和分区（即把图像分成多个感兴趣的目标区域）；高级处理包括三步，即从划分的区域中识别目标、标记该图像以及对图像进行解释。很多 AI 工具和技术都可以用在高级视觉处理系统中。从图像中识别目标可以通过模式分类技术实现，目前该技术可以由有监督的学习算法实现。另外，对图像的解释过程也需要基于知识的计算。

（二）**语音和自然语言理解**（speech and natural language understanding）

语音和自然语言理解基本上是两类问题。在语音分析中，主要问题是分离口语单词和音节，确定特征相似度以及每个音节的主要和次要的频率。这样，该单词就可以由模式分类技术根据所提取的特征识别出来。目前，人工神经网络技术主要被用于单词的识别和分类。自然语言（如英语）理解问题包括文章中的句子、句子中的单词的句法分析和语义解释，它的研究起源于机器翻译。句法分析是根据句子的文法对其进行分析，与编译的过程类似。句法分析之后的语义解释是根据单词之间的相互关系确定句子的意义，并根据句子的其他信息确定文章的意思。一个能够理解自然语言并能用自然语言进行交流的机器人，由于它可以执行任何口头命令，因此将会得到广泛的应用。

（三）**调度**（scheduling）

在调度问题中，必须对一组事件的时间进行安排，以提高效率。例如在一个教师讲课安排教室问题中，教师在不同的时间被安排在不同的教室，一般学校都希望在大多数时间里大多数教室都在使用。在 Flowshop 调度问题中，一组任务（假设为 J1、J2）分配给一组机器（假设为 M1、M2、M3）。假设每个任务需要以一个固定的顺序（假设为 M1、M2、M3）在所有的机器上执行一定的操作才能完成。现在，对于任务（J1—J2）和（J2—J1），怎样调度才使得每个任务的完成时间（称为 Make-span）最短？令每个任务 J1、J2 在各个机器 M1、M2、M3 上的处理时间分别为（5，8，7）和（8，2，3）。在图 10-1（a）和（b）中分别给出了任务 J1—J2 和 J2—J1 的 Gantt 图。从图上可以看出，J1—J2 需要较少的完成时间，因此应被优先考虑。

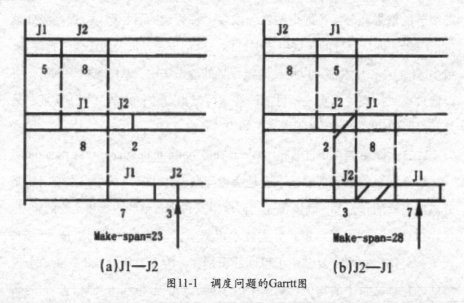

图 11-1　调度问题的 Garrtt 图

Flowshop 调度问题是一个 NP 完全问题以及优化调度的确定问题，因此是机器多少和任务大小的指数时间量级。最近有人采用人工神经网络和遗传算法来解决这类问题。同时，启发式搜索也被用来解决这类问题。

（四）移动机器人的导航规划（navigational planning for mobile robots）

移动机器人有时被称为自动导向车，是一个很有挑战性的研究领域，在这里可以发现人工智能大量的应用，具有广泛的应用前景。一个移动机器人通常有一个或多个摄像头或超声感应器，可以帮助发现障碍物。在静态和动态环境中都存在导航规划问题。在静态环境中，障碍物的位置是固定的，在动态的环境中障碍物可以用不同的速度向任意的方向移动。很多研究人员使用空间—时序逻辑解决静态环境中移动机器人的导航规划问题。而对动态环境中的路径规划问题，遗传算法和基于神经网络的方法也取得了一定的成功。

（五）**智能控制**（Intelligent Control）

在过程控制中，控制器是根据已知的过程模型和需要控制的目标而设计的。在设备的动态性并不完全已知的情况下，已有的控制器设计技术就不再有效。在这种情况下，基于规则的控制器比较合适。一方面，在基于规则的控制系统中，控制器由一组产生式规则实现，这些规则是出专家级的控制工程师给出的。规则的前件与设备的参数的动态变化相比较，如果匹配成功，则激活该规则，当有多个规则被激活时，控制器就需要一定的消解策略来消除冲突。另一方面，可能存在没有一个动态变化的参数和规则的前件精确匹配，这种情况可以采用近似匹配技术，如采用模糊逻辑。除了控制器设计以外，过程控制的另一个问题是设计评估程序（estimator）。对于一个同样的输入信号，当设备和评估程序都被激活的时候，它用来跟踪实际设备的反应。模糊逻辑和人工神经网络学习算法已经作为一个新的工具应用于设备的评估。

第三节 人工智能在各行业的应用

一、交通

将人工智能应用于交通领域可以提高生产与交通效率，缓解劳动力短缺的问题，达到安全、环保、高效的目的；其应用之一是自动驾驶，自动驾驶技术目前处于驾驶的 LV2–LV3 阶段，传统车企和互联网企业均在向高度或完全自动化方向突破。自动驾驶的方案商也在推动人工智能芯片、视觉、语音方案等方面的研发与应用。

二、智能制造

智能制造是基于新一代信息通信技术与先进制造技术深度融合，贯穿于设计、生产、管理、服务等制造活动的各个环节，具有自感知、自学习、自决策、自执行、自适应等功能的新型生产方式。伴随年轻人从事重复性体力劳动的意愿降低的现状，相关领域的劳动力成本急速上升，工业制造领域对联网化、智能自动化设备的需求日益凸显，为人工智能技术在该领域的研发落地提供了市场基础。

人工智能应用于工业领域，可以显著促进优化制造周期和效率，改善产品质量，降低人工成本。工业机器人是人工智能在工业领域的应用之一，工业机器人可以代替人类完成重复性、危险性的体力劳动，如完成焊接、组装、液体物质填充、涂胶、喷涂、搬运等作业。

三、医疗

在全世界范围内，专业的、高质量的医疗资源是稀缺的。在很多缺乏专科医生的相对贫困的地方，许多人对自己的疾病状况不自知；即使在相对发达的城市区域，由于城市人口多、人口老龄化、慢性病发病率增高等导致病人数量庞大，而对应的专科医生供不应求，也使得大量病人不能及时转诊就医，从而延误就诊治疗的最佳时机。

目前，人工智能技术在智能诊疗、医疗机器人、智能影像识别、智能药物研发、智能健康管理等领域中均得到了应用。

2017年2月，国家卫生健康委员会发布四份医疗领域应用人工智能的规范标准，从国家层面鼓励人工智能在辅助诊断和治疗技术等应用领域的发展，同时为人工智能医疗的规模化应用提供了基础保障。中国阿里巴巴、腾讯等大型互联网企业也积极参与到医疗大脑采用深度学习的技术、中国人基因信息收集分析、人工智能医学影像等研究中。人工智能技术的应用不仅提高了医疗机构和人员的工作效率、降低了医疗成本，而且使人们可以在日常生活中科学有效地检测预防、管理自身健康。

（一）人工智能辅助诊疗

在人工智能医学影像方面，以宫颈癌玻片为例，一张片上至少 3000 个细胞，医生阅读一张片子通常需要 5—6 分钟，但人工智能阅读后圈出重点视野，医生复核则只要 2—3 分钟。一般来讲，具有 40 年读片经验的医生累计阅读数量不超过 150 万张，但人工智能不会受此限制，只要有足够的学习样本，人工智能都可以学习，因此在经验上人工智能超过病理医生。

腾讯在 2017 年 8 月发布了其首款 AI+ 医疗产品"腾讯觅影"，可实现对食道癌、肺结节、糖尿病等多个病种的筛查，且保证高准确率，目前该产品已在全国超过 100 家三甲医院应用。

（二）人工智能健康管理

人工智能健康管理是以预防和控制疾病发生与发展，降低医疗费用，提高生命质量为目的，筛查健康及亚健康人群的生活方式相关的健康危险因素，通过健康信息采集、健康检测、健康评估、个性化监管方案、健康干预的手段持续加以改善的过程和方法。如爱尔兰创业公司 Nuritas 将人工智能与生物分子学相结合，进行肽的识别，根据每个人不同的身体健康状况，使用特定的肽激活健康抗菌分子，改变食物成分，消除食物副作用，从而帮助个人预防糖尿病等疾病的发生。

此外，由于追踪活动和心率的可穿戴医疗设备越来越便宜，消费者现在可自己检测自身的健康状况。人们越来越多使用可穿戴设备意味着网上可以获取大量日常健康数据。大数据和人工智能预测分析师可在出现更多重大医疗疾病前持续检测并提醒用户。

第四节　大数据与人工智能的未来

一、人工智能对人类的影响

人工智能广泛的研究和应用，已涉及人类的经济利益、社会作用、国防建设和文化生活等诸多方面，并且正在产生广泛和深远的影响。

（一）对经济的影响

人工智能的应用对经济产生了重大影响，已为人类创造了可观的经济效益。例如，专家系统的广泛使用，便于长期和完整地保存人类专家的经验，使之延续而不受人类专家寿命的限制；由于软件的可复制性，使专家系统能广泛传播专家的知识和经验。就这方面来说，这是一笔巨大的财富。另外，在研究人工智能时开发出来的新技术，推动了计算机技术的发展，进而能使计算机为人类创造更大的经济效益。

（二）对社会的影响

人工智能的发展应用，也给社会带来了一系列的影响。如人工智能能代替人类进行各种脑力劳动和体力劳动，专家系统代替管理人员或医生进行决策、诊断、治病，智能机器去担任医院的"护士"、旅馆和商店的"服务员"、办公室的"秘书"、指挥交通的"警察"，等等。从而使劳务就业、社会人员结构发生变化，也引起人们的思维方式和思想观念等发生变化。此外，还可能出现技术失控的危险，有人担心智能机器人有一天会威胁到人类的安全，就像化学科学的成果被人用于制造化学武器、生物学的新成就被用于制造生物武器那样。总之，影响是多方面的。

（三）对文化的影响

人工智能对人类文化，如对人类的语言、知识以及文化生活都产生了不同程度的影响。例如，由于采用人工智能技术，综合应用语法、语义和形式知识表示方法，人类有可能在改善知识的自然语言表示的同时，把知识阐述为适用的人工智能形式，以利于描述人们生活中的日常状态和求解各种问题的过程，描述人们所见所闻的方法、信念，等等。人工智能技术亦为人类文化生活打开了许多新的窗口，如不断出现的智力游戏机就是例证。

（四）对国防建设的影响

新技术的出现，往往在军事上得到应用，同样，人工智能技术在军事上得到广泛应用，对国防建设起着重大的影响。如军事专家系统、仿真模拟训练系统军事作战决策系统等，对提高决策能力、训练质量、军事安全保密，节省国防开支，加强综合防御能力等都发挥了很大的作用。可以说，人工智能技术在军事上的应用水平是一个国家国防现代化的重要标志之一。

总之，人工智能技术对人类的社会进步、经济发展、文化提高和国防的加强都有巨大的影响。随着时间的推进和未来人工智能技术的进步，这种影响将越来越明显地表现出来。

二、人工智能未来的发展与特点

人工智能的近期研究目标是制造智能计算机，用以代替人类从事脑力劳动。人工智能的远期研究目标是探究人类智能和机器智能的基本原理，研究用自动机器模拟人类的思维过程和智能行为。

（一）网络化时代人工智能的发展

现在人类正在进入信息化、网络化的时代，而现代电信网是信息社会的基础设施。那么，在网络时代人工智能又如何发展？总的来说，网络时代的人工智能的发展重点集中在智能的人机界面、智能化的信息服务、智能化的系统开发和支撑环境等方面。

智能的人机界面，是实现智能化人机交互的需要。其发展方向一是开发多模式的人机界面，使计算机能通过文件、图形、语音等多种模式进行交互，并能根据用户需要进行选择、组合和转换；二是开发目标导向的合作式的交互，在更高的层次上与计算机对话，即从用户叫怎么干就怎么干到只要提出干什么（即目标），机器就能主动地去完成怎样干的问题；三是开发具有自适应性与沉浸感的交互，即为不同类型的用户提供不同的交互方式，并提供三维的物理实现和具有真实感的虚拟环境等。

智能化的信息服务，主要包括数据与知识的管理服务、集成与翻译服务、知识发现服务诸方面。由于网络中存在各种异构的数据和以不同方法表示的知识，且规模巨大。因而需要人工智能中的依据语义的索引与查询方法，需要从形式到语义的互相翻译与集成。同时，随着数据与信息的大量增长要求机器能从中自动抽取有用的知识，并保证它的一致性，这即是知识发现的任务。

智能化的系统开发与支撑环境，能够提供一种为制定系统技术指标、进行系统设计、修改和评价的智能化的环境和工具，如快速建立系统原型的工具、智能项目管理、分布式模拟与综合环境等，以使得网络便于使用，并能开发出更多的应用系统。

总之，未来的计算机网络将是一个传感器密集、大规模并行的自治系统，它的"传感器"和"执行机构"分布在世界各地，各种不同用户的任务同时在网络上传送和加工处理，各种任务互相交互。解决这类系统的调节、控制与安全问题等均需新的概念和方法，这就需要开辟人工智能的新的研究领域，如利用人工智能技术与计算机病毒做斗争，又如利用人工神经网络，通过自学习，自动识别新的病毒，利用基因分类器鉴别不同的病毒类型，通过自动免疫系统消除病毒等。

（二）未来人工智能发展的几个特点

1.多种学科的集成化

未来人工智能技术将是多学科的智能集成，要集成的信息技术除数字技术外，还包括计算机网络、远程通信、数据库、计算机图形学、语音与听觉、机器人学、过程控制、并行计算、光计算和生物信息处理等技术。除了信息技术外，未来的智能系统还要集成认知科学、心理学、社会学、语言学、系统学和哲学等。未来新一代（亦称为第六代）计算机系统就计划由多种学科、多种技术及多种应用进行集成。要实现这个计划，当然要面临很多挑战，例如，创造知识表示和传递的标准形式，理解各个子系统间的有效交互作用以及开发数值模型与非数值知识综合表示的新方法，等等。

2. 方法和技术结合的多样化

未来 AI 智能技术的研究往往采用不同的方法和技术相结合，博采众长，产生新的技术和方法，这将大大提高求解问题的能力和效果。例如，人工智能与人工神经网络的结合，则是人工智能中两种研究方法的结合。因为人工智能主要模拟人类左脑的智能机理，而人工神经网络则主要模拟人类右脑的智能行为，人工智能和人工神经网络的有机结合就能更好地模拟人类的各种智能活动。如对于企业信誉评估、市场价格预测等应用，就可利用人工神经网络的长处，将一段时间以来顾客和业务的变化、利润的变化等数据输入神经网络，神经网络就能做出相当好的决策。而涉及行政法则、经营方针等与商业活动密切相关的信息，通常都是由符号表示的，这恰是专家系统善于处理的。在语音识别、图形与文字识别等领域，由于原始数据的非符号性与对识别结果理解的符号性，两者展现了相关结合的良好前景。又如人工智能和自动控制的结合，则是两种学科和技术的结合，产生的智能控制技术则获得了广泛的应用，并提供了广阔的发展前景。而不同领域的多个专家系统技术的结合，同样展现了广阔的应用前景。总之，不同领域的技术与方法的相互结合、相互渗透是未来发展的一大特点。

3. 开发工具和方法的通用化

由于人工智能应用问题的复杂性和广泛性，传统的开发工具和设计方法显然是不够用和不适用的，因此，人们期望未来能研究出通用的、有效的开发工具和方法。如高级的人工智能通用语言、更有效的人工智能专用语言与开发环境或工具、更新的人工智能开发机器等。在应用人工智能时，需要寻找和发现新问题分类与求解方法。通过研究开发工具和方法的通用化，从而使人工智能应用于更多的领域。

4. 应用领域的广泛化

随着人工智能的不断发展、技术的不断成熟，其应用的领域也日趋广泛。除了工业、商业、医疗和国防领域外，在交通运输、农业、航空、通信、气象、文化、教学、航天、海洋工程、管理与决策、搏击与竞技、情报检索等部门，乃至家庭生活中都将获得应用。可以预言，人工智能、智能机器、智能产品一定会在广泛的领域中得到应用。

人工智能为什么具有这么大的吸引力？与其说是由于它的已有成就，不如说是由于它的潜在能力。专家们已经看到并做出大胆的预言，人工智能将使计算机能够解决那些人们至今还不知道如何解决的问题，将大大地扩充其用途，将带来诸多领域的更新换代和革命性的变化。也就是说，哪里有人类活动，哪里就将应用到人工智能技术。

第十二章　大数据与医疗健康应用

第一节　医疗大数据概念

一、医疗大数据定义

人们在讨论大数据的时候，更多地是从若干基本特征去认识它。例如，IBM 把大数据的特征概括为 3 个 "V"，即规模（volume）、快速（velocity）和多样（variety）。而更多的人习惯将其概括为 4 个 "V"，也就是增加一个价值（value）。

作为传统行业，医疗卫生行业的 IT 建设具有一定的复杂性与特殊性。任何一个初具规模的医院，每天都要接待上万的患者前来就诊，患者的基本信息、影像信息与其他特殊诊疗信息汇集在一起是一个庞大的数据。日积月累，这个数据量将会持续快速增长，为医院的数据存储、集成、调用等应用带来巨大压力。除了数据规模巨大之外，医疗行业的数据类型和结构极其复杂，如 PACS 影像、B 超、病理分析等业务产生的非结构化数据，这些数据存储复杂，并且对传统的处理方法和技术带来巨大挑战。

医疗数据是医生对患者诊疗和治疗过程中产生的数据，包括患者基本数据、入出转数据、电子病历、诊疗数据、医学影像数据、医学管理、经济数据等，以患者为中心，成为医疗信息的主要来源。相对于其他行业，医学中的数据类型更加多种多样，如电子病历中关于人口学特征的数据为纯文本型；检验科中有关患者生理、生化指标为数字型；影像科中如 B 超、CT、MR、X 线片等为图像资料。

医疗大数据的来源主要有以下四个方面：

（1）制药企业、生命科学。药物研发所产生的数据是相当密集的，对于中小型的企业也在百亿字节（TB）以上的。

（2）临床医疗、实验室数据。临床和实验室数据整合在一起，使得医疗机构面临的数据增长非常快，一张普通 CT 图像含有大约 150 MB 的数据，一个标准的病理图则接近 5 GB。如果将这些数据量乘以人口数量和平均寿命，仅一个社区医院累积的数据量就可达数万亿字节甚至数千万亿字节（PB）之多。

（3）费用、医疗保险、利用率。患者就医过程中产生的费用信息、报销信息、新农合基金使用情况等。

（4）健康管理、社交网络。随着移动设备和移动互联网的飞速发展，便携化的生理设备正在普及，如果个体健康信息都能连入互联网，那么由此产生的数据量将不可估量。

由此，医疗数据可以主要归纳为以下几种类型：医院信息系统（HIS）数据、检验信息系统（LIS）数据、医学影像存档和传输系统（PACS）数据和电子病历（EMR）数据。其中，HIS 是医院的核心系统，是对医院及其所属各部门的人流、物流、财流进行综合管理的系统，围绕着医疗活动的各个阶段产生相关数据，包括各门诊数据及病房数据两大主流数据流。LIS 是HIS 的一个重要组成部分，其主要功能是将实验仪器传出的检验数据经分析后，生成检验报告，通过网络存储在数据库中，使医生能够方便、及时地看到患者的检验结果。PACS 数据主要是将数字化医院影像科室日常核磁、CT、超声、各种 X 线机、各种红外仪等设备产生的图像存储起来。EMR 不同于以医疗机构为中心的门诊或住院病历，是真正以患者为中心的诊断和其他检验数据的"数据池"，它将患者诊断过程中生成的影像和信号，如 X

线检查、CT 扫描等纳入电子病历中，并以统一的形式组织起来。

随着医疗卫生信息化建设进程的不断加快，医疗数据的类型和规模正以前所未有的速度快速地增长，以至于无法利用目前主流软件工具，在合理的时间内达到撷取、管理并整合成为能够帮助医院进行更积极的经营决策的有用信息。规模巨大的临床试验数据、疾病诊断数据以及居民行为健康数据等汇聚在一起形成了医疗大数据，并呈现出大数据的特性，即：

（1）数据规模大（volume）。例如一个 CT 图像含有大约 150 MB 的数据，而一个基因组序列文件大小约为 750 MB，一个标准的病理图则大得多，接近 5 GB。

（2）数据结构多样（variety）。医疗数据通常会包含各种结构化表、非（半）结构化文本文档（XML 和叙述文本）、医疗影像等多种多样的数据存储形式。

（3）数据增长快速（velocity）。一方面，医疗信息服务中包含大量在线或实时数据分析处理，例如临床决策支持中的诊断和用药建议、流行病分析报表生成、健康指标预警等；另一方面，得益于信息技术的发展，越来越多的医疗信息被数字化处理，因此在很长一段时间里，医疗卫生领域数据的增长速度将依然会很快。

（4）数据价值巨大（value）。毋庸置疑，数据是石油、是资源、是资产，医疗大数据不仅与每个人的个人生活息息相关，对这些数据的有效利用更关系到国家乃至全球的疾病防控、新药品研发和攻克顽疾的能力。

除了大数据所具有的特征（即 Volume，Variety，Value，Velocity）外，医疗大数据还具有多态性、不完整性、时间性及冗余性等医疗领域特有的一些特征。

（1）多态性。医疗大数据包括纯数据（如体检、化验结果）、信号（如脑电信号、心电信号等）、图像（如 B 超、X 线等）、文字（如主诉、现／往病史、过敏史、检测报告等），以及用以科普、咨询的动画、语音盒视频信息等多种形态的数据，是区别于其他领域数据的最显著特征。

（2）不完整性。医疗数据的搜集和处理过程经常相互脱节，这使得医疗数据库不可能对任何疾病信息都能全面反映。大量数据来源于人工记录，导致数据记录的偏差和残缺，许多数据的表达、记录本身也具有不确定性，病例和病案尤为突出，这些都造成了医疗大数据的不完整性。

（3）时间性。患者的就诊、疾病的发病过程在时间上有一个进度，医学检测的波形、图像都是时间函数，这些都具有一定的时序性。

（4）冗余性。医学数据量大，每天都会产生大量信息，其中可能会包含重复、无关紧要甚至是相互矛盾的记录。

二、医疗大数据分类

根据大数据在医疗行业的主要应用场景，医疗大数据可分为以下三类。

（一）医药研发大数据

大数据技术的战略意义在于对各方面医疗卫生数据进行专业化处理，可以使对患者甚至大众的行为和情绪的细节化测量成为可能，挖掘其症状特点、行为习惯和喜好等，找到更符合其特点或症状的药品和服务，并针对性地调整和优化。医药公司在新药品研发阶段，可以通过大数据建模和分析，确定最有效的投入产出比，从而配备最佳资源组合。除了研发成本，医药公司还可以更快地得到回报。同样通过数据建模和分析，医药公司可以将药物更快推向市场，生产更有针对性的药物，获得更高潜在市场回报和治疗成功率的药物。

（二）疾病诊疗大数据

2012 年，我国高血压发病率接近 18%，患者接近 2 亿，糖尿病患者约5 000 万，血脂异常患者 1.6 亿。通过健康云平台对每个居民进行智能采集健康数据，居民可以随时查阅，了解自身健康程度。同时，提供专业的在线专家咨询系统，由专家对居民健康程度做出诊断，提醒可能发生的健康问题，避免高危患者转为慢性病患者，避免慢性病患者病情恶化，减轻个人和医保负担，实现疾病科学管理。

另外，通过对大型数据集（如基因组数据）的分析提供个性化医疗方案。个性化医疗可以改善医疗保健效果，如在患者发生疾病症状前，就提供早期的检测和诊断。个性化医疗目前还处于初期阶段，麦肯锡估计，在某些案例中，通过减少处方药量可以减少30%—70%的医疗成本。

（三）公共卫生大数据

大数据可以连续整合和分析公共卫生数据，提高疾病预报和预警能力，防止疫情暴发。公共卫生部门则可以通过覆盖区域的卫生综合管理信息平台和居民健康信息数据库，快速检测传染病，进行全面疫情监测，并通过集成疾病检测和响应程序，进行快速响应，这些都将减少医疗索赔支出，降低传染病感染率。通过提供准确和及时的公共健康咨询，将会大幅增强公众健康风险意识，同时也将降低传染病感染风险。

第二节　医疗大数据安全

随着医疗信息化的不断深入，诸如电子病历、区域医疗和健康物联等各种应用不断拓展，数据分析方法与手段的重要性日益突出，大数据技术开启了一扇高效利用医疗数据的"大门"。当然，新技术带来新机遇的同时也带来了新的挑战，医疗大数据安全问题就是其中之一。

本节将从界定医疗大数据安全的含义入手，通过"人"与"数据"的两个维度来阐述数据隐私保护、数据资源共享、数据资产界定和数据真假判断等核心问题。

一、医疗大数据安全的界定

过去，获取和传递数据的装置呈零星分布或间歇联络时，数据安全是重要的，保存数据的载体经常被锁在保险箱里；现在，面对全球上万亿个联通设备，数据安全更重要了。所以，如何构建大数据的"保险箱"，是值得探讨的。

一般来说，数据安全有机密性（confidentiality）、完整性（integrity）和可用性（availability）三方面要义，大致要保证五项内容：其一，应保证数据是保密的、完整的、可用的、真实的、被授权的、可认证的和不可抵赖的；其二，应保证所有的数据（包括副本和备份），被存储在合同、服务水平协议和法规允许的物理位置；其三，应保证可有效地定位、擦除或销毁数据；其四，应保证数据在使用、储存或传输过程中，在没有任何补偿控制的情况下，用户间不会混合或混淆；其五，应保证数据可备份和可恢复，能防止意外丢失或者是人为破坏。

在此意义上，数据安全有两层含义：一是数据本身的安全，即能采用现代密码算法对数据进行主动保护，如数据保密、数据完整性、双向强制身份认证等，能确保数据不被不应获得者获得；二是数据防护的安全，即能采用现代信息存储手段对数据进行主动防护，如通过磁盘阵列、数据备份、异地容灾等，确保数据在传输、存储过程中不被未授权的篡改。

然而，医疗是一个特殊的领域，其特殊性在于它是以"人"为研究对象的，所有医疗行为及其果都以获取个人信息为基础。因此，医疗大数据安全应被界定为涉及"人"和"数据"两种维度的安全。

二、人的安全

1.医生隐私

医疗大数据安全中"人"的安全，涉及的是数据隐私保护问题，这里需要特别强调的是医生和患者的个人隐私是同等重要的。

个人隐私，即个人敏感数据（sensitive data），根据 1995 年欧盟的《数据保护指令》，指的"有关一个被识别或可识别的自然人（数据主体）的任何信息；可以识别的自然人是指一个可以被证明，即可以直接或间接地，特别是通过对其身体的、生理的、经济的、文化的或生活身份的一项或多项的识别"，主要有两个显著法律特征：一是有关"个人"的，二是能对主体构成直接或间接识别。

2. 患者隐私

医疗是为了理解、干预和恢复人体这个由器官关联的有机体而存在的。人体是神奇的，在人的一生中，会有30亿次心脏跳动，6亿多次肺部呼吸，大脑上千亿个神经元和千万亿个突出的复杂脑电活动从不停歇，即便是在深度睡眠中也是如此。为了得到患者神经、循环、呼吸、消化等生理系统的工作状态，如血压、脉搏、心率、呼吸等反馈信息，而进行的数据采集、存储、传输和处理的行为过程，从社会伦理学角度是带有个人隐私性的。

在医疗过程中，患者的个人隐私主要有：在体检、诊断、治疗、疾病控制、医学研究过程中涉及的个人肌体特征、健康状况、人际接触、遗传基因、病史病历等。这些内容还能被分为显性与隐性，显性一般是医嘱、诊断书、X线片、检查结果、报告单、病历、病案、住院患者床头卡等数据；隐性则是指蕴藏在这些数据里的信息，如患者血液组织所蕴藏着的基因信息，患者罹患疾病所反映出的生活方式或者折射出的家族遗传历史等。

有些人认为患者隐私等同于个人医疗信息，这显然是不对等的。个人医疗信息并不全是隐私；患者隐私应包含患者私人信息、私人领域和私人行为，而且在界定上有一定的差异。例如保守的患者会视疾病信息为隐私，而有些则不然。从隐私所有者角度，患者隐私可被分为两类：一类是某个人不愿被暴露的个人信息，这与该特定个人及其是否确认相关，如身份证号、就诊记录等；另一类是某些人组成群体所不愿被暴露的共同信息，这与此特定群体及其是否确认相关，如某种传染性疾病的分布状况。所以，个人医疗信息中隐私部分与患者的隐私信息存在交集，但两者涵盖的范围并不相同。明晰患者隐私和个人医疗信息的异同，有助于明确医疗信息及其隐私保护对象，进而分辨出哪些医疗数据属于隐私，需要重点保护，哪些医疗数据则是可以共享和利用。

3. 现有隐私法律法规

最高人民法院《关于审理名誉案件若干问题的解释》中规定："医疗卫生单位的工作人员擅自公开患者有淋病、梅毒、麻风病、艾滋病等病情，致使患者名誉受到损害的，应当认定为侵害患者名誉权。"其他的还有一些部门法中的规定，如中华人民共和国国家卫生健康委员会发布的《护士管理办法》规定："护士在执业中得悉就医者的隐私不得泄露"；《执业医师法》规定："医师应当关心、爱护、尊重患者，保护患者的隐私""泄露患者隐私造成严重后果的，由县级以上人民政府卫生行政部门给予警告或责令暂停6个月以上一年以下执业活动；情节严重的，吊销其执业证书；构成犯罪的，依法追究刑事责任"。《中华人民共和国母婴保健法》第34条规定："从事母婴保健工作的人员应严格遵守职业道德，为当事人保守秘密。"《中华人民共和国传染病防治法》第12条规定："疾病预防控制机构、医疗机构不得泄露涉及个人隐私的有关信息和资料。"中华人民共和国国家卫生健康委员会、公安部等联合发布的《艾滋病监测管理的若干规定》明确规定："任何单位和个人不得歧视艾滋病患者、病毒感染者及其家属，不得将患者和感染者的姓名、住址等有关情况公布或传播。"2002年7月19日发布的《医疗事故技术鉴定暂行办法》第26条规定："专家鉴定组应当认真审查双方当事人提交的材料，妥善保管鉴定材料，保护患者的隐私。"

4. 医疗数据探讨

为了不再让数据隐私成为阻碍医疗大数据安全的"绊脚石"，应从以下几方面进行完善。

首先，在法律的内容上，应进行系统化的完善，避免规定太过于抽象，如医患关系中隐私的概念不清晰，对患者所具有的隐私范围也没有立法解释。

其次，在法律的实施上，应具有可操作性，条款不能只规定对患者的保密义务，还应涉及医生的，另外对隐私权的侵害缺乏明确和严厉的法律责任的规定，不利于具体司法实践操作。

其三，在医疗隐私保护的手段上，应多考虑受害人权利的民事救济，而不应仅从行政法角度予以规定，导致患者医疗数据受到侵害后，其人格利益和财产利益的损失得不到相应的补偿。

最后，在技术规范上，应加大力度。目前，国内对医疗隐私保护的研究十分有限，多数研究者都将目光集中在仅针对信息系统的隐私保护上面。如访问角色控制技术、加密技术、匿名化技术等，忽略了对医疗数据采集、使用和共享等各个环节中潜在的隐私安全风险开展评估研究，故不易获悉医疗数据在哪个环节容易发生隐私泄露或遭受破坏。

三、数据安全

从"数据"本身而言，一般意义上的安全问题大致有两方面：一是易成为网络攻击的显著目标，在网络空间中，医疗大数据的关注度高，其含有的敏感数据会吸引潜在的攻击者；二是对现有存储或安全防范措施提出挑战，特别是数据大集中后复杂多样的数据存放在一起，常规的安全扫描手段无法满足安全需求。

这些问题将表现在数据资源共享、数据资产界定和盘活，以及数据真实性判断等各个方面。当前国际国内涉及数据的法律法规尚没有形成体系，所以应在资源产权保护、竞争制度安排等各方面开展讨论。

1. 数据资源共享

不同的庞大数据集，在多个逻辑上集中的数据组织（Data Organization）和物理上集中的数据区域（Data Area）中达到"一定规模"，就构成了数据资源（Data Resource）。数据资源之所以能成为人类重要的现代战略资源之一，并且其重要性"在21世纪可能超过石油、煤炭、矿产"，这是因为数据资源如同现实世界的自然资源（如森林、草原、海洋、土地、水、水产和野生动植物等）或能源（如石油、煤炭、矿产、电力和其他可再生能源），既形态多样、具有有限性、不可替代和不稳定，又可利用、可发展、分布不均和受技术开发水平制约。

近年来，在国家科学技术部（简称科技部）、国家卫生健康委员会的引导下，北京、上海、浙江、广东等省市都在努力开展区域医疗建设，并取得了显著成效，实现了区域内医疗机构信息的互联互通和医疗数据共享，这对提高区域医疗卫生服务水平和工作效率，促进区域医疗卫生资源的合理配置和有效利用，支持区域临床科研、教学及流行病学分析，提升区域卫生宏观调控和科学决策能力等都发挥了积极的作用。

然而，这种围绕医疗卫生服务的提供方、接受方、支付方、管理方以及产品供应商，提供医疗数据的采集、传输、存储、处理、分析层面的共享还远远不够。除了个体所形成的数据资源外，群体层面进行医疗诊断、大规模筛查等数据资源也需要进行共享。融合人类各种数据收集手段形成的数据资源，包括无线生理监控、基因组学、社交网络和互联网，从而使各利益相关方以此形成更大的机会和经济效益。

2. 数据资产界定

数据是具备资产属性的，如电子化有价证券、虚拟货币等都是数据。根据现行会计制度的规定，资产的会计核算标准有时间和价值两大内容，例如不属于生产经营主要设备的物品，单位价值在 2 000 元人民币以上，并且使用期限超过 2 年的，也作为资产。借鉴此项标准，就可以从数据资源的分布、赋存、开发和资源利用等方面进行资产界定。

正确对数据资产进行界定，有助于盘活这部分资产。数据类型多和价值密度低是大数据的重要特征。医疗领域，只有数据的所有者们围绕核心业务构建起数据间的关联关系，如从数据中了解疾病、药物、医生和患者，提高不同来源获取的结构化与非结构化数据的活性，才能让数据资产保值增值。

3. 数据真假判断

在日常生活中，"眼见为实"是最基本的生存判断；在网络空间内，这种基本判断往往会失真。所以，需要有一种技术来判断哪些数据真实或者准确可靠、又或是将会被人引为误判，并提供相应证据。不幸的是，以当前技术条件来看，完全实现这一目标还有待时日。

然而，利用大数据这种数据集的大规模和数据来源的多元化等特征，使用挖掘交叉验证，能为数据真假判断提供帮助。微软研究院米歇尔·班科等人和斯坦福大学阿南德·拉贾拉曼 Netflix 竞赛获胜队，都曾证明了在大数据集上差的算法效率几乎等同于小数据集上好的算法。

需要说明的是，尽管新技术会带来威胁和挑战，但同样更大的发展机遇也正等着人们，相信医疗领域的大数据变革无论在健康还是在产业契机上都能使更多的人受益。

第三节　大数据在医疗行业的应用

一、大数据在医疗行业已有应用概述

根据全球管理咨询公司麦肯锡的一份最新报告显示，医疗保健领域如果能够充分有效地利用大数据资源，医疗机构和消费者便可节省高达 4 500 亿美元的费用。

大数据在医疗行业的应用涉及以下几个方面：

（1）服务居民。居民健康指导服务系统，提供精准医疗、个性化健康保健指导，使居民能在医院、社区及线上的服务保持持续性。例如，提供心血管、癌症、高血压、糖尿病等慢性病干预、管理、健康预警及健康宣教（保健方案订阅、推送）。

医疗机构物联网的建设，包括移动医疗、临床监控、远程患者监控等（例如，充血性心脏的标志之一是由于保水而增加体重，通过远程监控体重发现相关疾病，提醒医生及时采取治疗措施，防止急性状况发生），减少患者住院时间，减少急诊量，提高家庭护理比例和门诊医生预约量。

（2）服务医生。临床决策支持，如用药分析、药品不良反应、疾病并发症、治疗疗效相关性分析、抗生素应用分析；或是制定个性化治疗方案。

（3）服务科研。包括疾病诊断与预测、提高临床试验设计的统计工具和算法、临床试验数据的分析与处理等方面，如针对重大疾病识别疾病易感基因、极端表型人群；提供最佳治疗路径。

（4）服务管理。机构规范性用药评价、管理绩效分析；流行病、急病等预防干预及措施评价；公众健康监测，付款（或定价）、临床路径的优化等。

（5）公众健康服务。包括危及健康因素的监控与预警、网络平台、社区服务等方面。

二、大数据在智慧医疗中的应用案例

1.用药分析

美国哈佛大学医学院通过整理八个附属医院的患者电子病历信息，从中归纳出某一年销售额达到百亿美元的一类主要药物有导致致命的副作用的可能性，该分析结果提交美国食品药品管理局后，此类药物被下架。

2.病因分析

英国牛津大学临床样本中心。选取15万人份的临床资料，通过数据分析得出了50岁以上人群正常血压值的分布范围，因此改变了人们对高血压的认识。

3.移动医疗（手机APP）

（1）IBM推出MobileFirst策略，专门针对各种无线终端，支持IOS、安卓系统。通过MobilcFirst平台，在各种移动终端对象里嵌置API和相关的APP应用采集和分析这些无线终端的数据。

（2）Gauss Surgical正在开发一款iPad APP来监测和跟踪外科手术中的

失血情况。外科手术工作人员使用 iPad 扫描手术过程中纱布和其他表面吸收的血液。使用算法估测这些表面上的血液总量，然后估算出患者在手术过程中的失血量。此 APP 最初是通过斯坦福大学的孵化器项目 startx 来开发的能有助于防止患者手术后的并发症，如贫血症。同时它还可以防止不必要的输血，而这对于医院来说是昂贵的。

（3）意大利电信近期推出 Nuvola it Home Doctor 系统，可让在都灵 Molinette 医院的慢性病患者通过手机在家中监测自己的生理参数。相关数据将自动地通过手机发送到医疗平台，也可以通过 ADSL、WiFi 和卫星网络得到应用。

（4）IBM 在上海的部分医院推出了 BYOD 系统，即员工自费终端，用来提高医生和护士在医院的移动性。通过和开发商合作，推出移动护理应用，将医生和护士的各种移动终端连在同一网络下，便于医生和护士了解患者在医院的位置和健康状况，也提高了医生和护士的移动性。

（5）美国远程医疗公司研制成功了一款功能强大的医疗设备"智能心脏"（smart-heart），把手机变成一款功能齐全的医疗工具，用来监测用户可能存在的心脏病问题。智能心脏与智能手机相连，在安装运行了相应的程序之后，手机拥有"医疗级"的心脏监测功能，并能够在 30 秒内在手机屏幕上显示用户的心电图。医生可随时对患者的心脏进行监测和分析，提前做好预防措施。智能心脏解决了心脏病预防方面的最关键问题——时间。这在心脏病预防领域的确是一项重大的突破性技术。目前，"智能心脏"设备已经开通了网上销售，售价 300 英镑，相应的应用程序将免费提供。

4. 基因组学

DNAnexus、Bina Technology、Appistry 和 NextBio 等公司正加速基因序列分析，让发现疾病的过程变得更快、更容易和更便宜。戴尔也为两个医疗研究中心提供计算力，根据每个孩子的不同基因信息，制定专门的癌症治疗方案。

5. 语义搜索

医生需要了解一位新来的患者，或想知道新治疗手段对哪些患者有效。但是患者病历散布在医院的各个部门，格式各异，或用自己的术语创建病历。一家创业公司 Apixio 正试图解决这个问题，Apixio 将病历集中到云端，医生可通过语义搜索查找任何病历中的相关信息。

6. 疾病预防

如何能不通过昂贵的诊断技术就能诊断早期疾病是医学界的一大课题，Scton 医疗机构目前已经能借助大数据做到这一点。例如充血性心力衰竭的治疗费用非常高昂，通过数据分析，Seton 的一个团队发现颈静脉曲张是导致充血性心脏衰竭的高危因素（而颈静脉曲张的诊断几乎没有什么成本）。

7. 众包

医疗众包领域最知名的公司当属社交网站 Patients Like Me，该网站允许用户分享他们的治疗信息，用户也能从相似的患者的信息中发现更加符合自身情况的治疗手段。作为一个副产品，Patients Like Me 还能基于用户自愿分享的数据进行观测性实验（传统方式的临床试验通常非常昂贵）。

8. 可穿戴医疗

（1）智能手表等消费终端动态监控身体状况。

（2）针对白领女性对健康和美的追求推出计步减肥的应用，针对婴儿和老人等推出的位置定位和健康监测应用等。

（3）NEC 提供婴儿防盗、人员定位解决方案，集成 FRID 技术、手持 PDA、腕带技术、监控系统、报警系统等，使医院可以实时了解患者的动向及状况，很大程度上避免了抱错婴儿、婴儿丢失、患者走失等事件的发生。该系统中还增加加速感应装置，监视老年患者摔倒，使老年人能得到及时有效的救治防护措施，提高医疗服务质量，加强医疗安全。

9. 自然语言处理技术应用

IBM 将 Watson 系统部署到医生的办公室里。Watson 能"听懂"医生的自然语言问题，同时快速分析堆积如山的医疗研究数据并给出答案。

第四节　大数据在全社会医疗健康资源配置优化中的应用

一、大数据驱动的全社会医疗健康资源配置优化的内涵

在研究全社会医疗健康资源配置优化时，全社会医疗健康资源的定义为：在一定社会经济条件下，国家、社会和个人为了向有健康需求的顾客提供不同层次的医疗保健服务，而采用的能够为有健康需求的顾客和医疗保健服务机构带来实际收益的社会资源综合投资的总和。全社会医疗健康资源管理则是在位于医疗健康服务体系中需方、供方、支付方和机构方多方，以个性化医疗健康服务模式构建为目的，分别从费用（医保）支付与资源配置优化两个维度促进医疗卫生服务需方与供方的动态匹配与调节。全社会医疗健康资源的配置优化问题是全社会医疗健康资源管理的重要组成部分，一直以来都是提升医疗服务体系运行效率和提升民众生命质量的关键问题。

从世界范围来看，众多西方发达国家发现提高医疗机构效率和竞争力的关键，在于医疗服务系统中各种资源的相互协作。英国政府的国家卫生服务体系（National Health Service.NHS）将医疗健康服务向社区进行实质性转移，提出将 1500 万医院门诊患者的服务转由社区卫生服务机构来提供，充分发挥国家医疗机构与社区医疗体系之间医疗健康资源的协同配置优化。美国、加拿大、澳大利亚、德国、日本等国家都是通过施行分级诊疗策略以实现各层级医疗机构间分工协作、全社会医疗健康资源合理配置和患者管理服务精细化的。就美国而言，社区医院占医院总数的 60% 以上，社区医院病床数量占总床位数的 70% 以上，这为社区医院和综合医院分级诊疗服务职能的实现提供了硬件保障，而医疗保险支付体系则是引导患者分诊的软件支撑。

在我国，国务院办公厅印发的《全国医疗卫生服务体系规划纲要（2015—2020年）》（以下简称《规划纲要》），部署促进我国医疗卫生资源进一步优化配置，提升服务可及性、能力和资源利用效率，指导各地科学、合理地制定实施区域卫生规划和医疗机构设置规划。

《规划纲要》指出：开展健康中国云服务计划，积极应用移动互联网、物联网、云计算、可穿戴设备等新技术，推动惠及全民的健康信息服务和智慧医疗服务，推动健康大数据的应用，逐步转变服务模式，提升服务能力和管理水平。加强人口健康信息化建设，到2030年实现全员人口信息、电子健康档案和电子病历三大数据库基本覆盖全国人口并实现信息动态更新。全面建成互联互通的国家、省、市、县四级人口健康信息平台，实现公共卫生、计划生育、医疗服务、医疗保障、药品供应、综合管理六大业务应用系统的互联互通和业务协同。积极推动移动互联网、远程医疗服务等发展。

继"互联网+"上升为国家战略且国务院印发了《关于促进和规范健康医疗大数据应用发展的指导意见》之后，国务院于2016年10月25日正式印发《"健康中国2030"规划纲要》。同时，为推进和规范健康医疗大数据的应用发展，国家卫健委公布确定福建省、江苏省及福州、厦门、南京、常州为健康医疗大数据中心与产业园建设国家试点工程第一批试点省市。大数据的应用能帮助医疗卫生机构提高生产力并节约成本。此外，大数据等信息化技术的快速发展，为优化医疗卫生业务流程、提高服务效率提供了条件，必将推动医疗卫生服务模式和管理模式的深刻转变。医改的不断深化也对公立医院数量规模和资源优化配置提出了新的要求。

全社会医疗健康资源配置优化，是指在时间和空间层面直接调度医疗机构之间以及医疗机构与其他社会单元之间的稀缺资源（资金、人力资源、空间等），或为稀缺资源制定相应的配置或交易规则，以在全社会层面实现更高福利水平。医疗健康资源的需求和供给存在差异性，这种差异性主要体现在地理区域、服务对象以及资源使用目的上。地理区域深刻影响医疗健康资源的需求与供给。以东西部差异为例，西部医疗健康资源的需求与供给长期以来均远远低于东部地区。然而，在医疗健康资源依旧稀缺的今天，有限的医疗健康资源应倾向于能带来更高经济收益的东部，还是更能缓解基本医疗供需矛盾的西部是一个值得研究的问题。服务对象的重叠是另一个影响医疗健康资源供需的重要因素。根据我国《医院分级管理办法》的规定，三级医院（包括三级特等、三级甲等、三级乙等以及三级丙等）被定义为向几个地区提供的高水平专科性医疗卫生服务和执行高等教育、科研任务的区域性以上的医院；一级医院（包括一级甲等、一级乙等以及一级丙等）是指直接向一定人口的社区提供预防、医疗、保健、康复服务的基层医院、卫生院。然而在现实生活中，医疗健康资源的需求与最初的目标方向相去甚远，本该提供专业专科医疗服务的三甲医院时常被患有严重程度较低、不具有特殊性疾病的患者所挤满。此外，医疗健康资源可以用于不同的利益主体以达到不同的目的。人力资源和社会保障部下属的医疗保险管理局以及国家卫生健康委员会下属的疾病预防控制中心，分别是医疗健康资源用于疾病预防和疾病治疗的最终管理者。但是，由于上述两个部门互不隶属，缺乏统一的系统分析和规划，医疗健康资源在上述两个部门间的配置需要进一步优化。综上所述，全社会医疗健康资源配置优化，应当从跨区域医疗健康资源配置优化、不同层级医疗机构间医疗健康资源配置优化以及不同管理主体间医疗健康资源配置优化展开。

跨区域医疗健康资源配置优化，主要研究医疗健康资源在不同区域间的直接调度、流转规则以及配置原则等。其要解决的主要问题为，平衡区域间医疗健康资源供给，缩小区域间供需差异，进而实现国家层面的医疗健康资源最优配置。跨区域的医疗健康资源配置方式大致可分为两类：其一，首次对不同区域间进行医疗健康资源的分配；其二，在不同区域间，根据具体情况分别进行调度，再次配置。当决策者从宏观层面进行资源配置时，影响其决策的因素主要有：区域间医疗健康资源配置优化的准则及原则、不同区域间的医疗健康资源配置公平性，以及在有限医疗健康资源的约束下运用最优化理论，使得社会总福利最大化，或社会成本最小化。不同层级医疗机构间医疗健康资源配置优化，主要研究医疗健康资源在不同层级医疗机构之间的配置，以使其在适应医疗健康资源需求的同时，引导当前不合理的医疗健康资源需求回归合适的途径。这种不合理的医疗健康资源需求主要体现在：部分人群以牺牲社会总体效率为代价，盲目追求高质量医疗服务。该研究要解决的主要问题为，通过医疗健康资源配置对需求的反作用，在满足公平性的前提下，引导社会公众合理选择满足自身需要的医疗健康资源。医疗健康资源和医疗服务的供给能力是不同层级医疗机构分工合作的重要因素。然而，医疗健康资源的配置错位和医疗服务供给能力的差距，同时在居民群众长期固定观念的影响下，大部分的医疗需求都集中在三级医疗机构当中，最终致使产生了进一步的资源配置错位以及医疗服务供给能力的差距，各个医院之间形成了非良性的竞争。为了解决这个问题就要将主要医疗健康资源在不同层级医院之间的合理配置，以在适应医疗健康资源需求的同时，引导当前不合理的医疗健康资源需求回归合适的途径，也就是让病人流进行分流。分级诊疗制度就是针对病人流分流的问题提出的，避免本该提供专业的专科医疗服务的三甲医院时常被患有严重程度较低、不具有特殊性疾病的患者所挤满。这个制度被视为优化医疗健康资源配置，解决"看病难，看病贵"的关键措施之一。

不同管理主体间医疗健康资源配置优化，主要研究不同管理主体间如何通过协商、沟通以及交易规则的制定，更好地整合全社会医疗健康资源，以实现更高效的医疗健康资源使用效率。该研究的难点在于，不同管理主体的软约束及决策目标是不易定义且不一致的。对于不同利益主体间的配置，以最大的两个利益主体疾病预防控制中心和医疗保险管理局为例，两者均占有可观的医疗健康资源，而两者目标却又不完全一致。如，对医疗保险管理局目标的解读为在当前预算约束下生命质量的最大化；而对于疾病预防控制中心而言，其目标为在当前预算约束下，新增疾病暴发量与现有患者发病控制情况的一个折中。因此，如何运用合理的资源配置手段，最大化二者在各自目标约束下的社会福利就显得格外重要。然而，在以往的研究中，由于缺乏大数据手段，只能对局部的、细微的医疗健康资源进行分析，不能从全局角度对全社会医疗健康资源进行系统的分析。

随着大数据技术手段的不断发展，以大数据为支撑的智慧医疗模式，将通过多种方式打破现有医疗模式的缺陷，更好地帮助实现全社会医疗健康资源配置优化。具体应用而言，大数据在医疗服务体系的应用主要包括电子病历共享、远程会诊、网上预约挂号、辅助诊疗等系统。通过这些系统的建立与应用，充分实现医疗机构之间信息点共享和综合利用，进一步缓解"看病难、看病贵"等问题，降低医疗成本，实现资源配置最大化。对科学研究而言，大数据技术和手段更好地记录和反映了医疗健康资源的规律，能够更好地支持上述研究问题。对政策方向而言，结合大数据和智慧医疗是深化我国医疗改革的重要手段，特别是解决目前资源配置存在的不均衡问题的重要方法，也是我国新型城镇化，特别是智慧城市建设的重要组成部分；体现了人类健康需求，符合医院发展趋势，不仅给医院的建设提供了新认识和新思路，也是未来医疗卫生信息化的主要发展趋势。

二、大数据驱动的慢性病医疗保险资源配置优化

本节是不同管理主体间医疗健康资源配置优化的重要研究部分，主要分析当前两大医疗健康资源管理主体（医疗保险管理局和疾病预防控制中心）的医疗健康资源协同管理的可能性，并从管理目标和约束条件出发，探讨大数据驱动的慢性病医疗保险资源配置优化。

（一）研究背景和动机

由于高病死率、低控制率以及沉重的经济负担，慢性病正成为全世界面临的主要健康威胁。《中国居民营养与慢性疾病状况报告（2015）》表明，慢性病在城市化、人口老龄化等诸多因素的催化下，已成为中国居民健康的最大威胁。近年来，中国慢性病发病率和死亡率呈快速上升趋势。2012

年，有 2.6 亿国人被诊断出患有慢性疾病，约占总人口的 19%；2000 年，慢性疾病造成的死亡人数占全国死亡人数的 80.9%，而这一数字在 2015 年上升到 86.6%。而在所有的慢性疾病中，呼吸系统疾病的死亡率也已经上升到了 11.8%，紧跟在肿瘤和心脑血管疾病之后。随着人们生活方式和水平的急剧变化，慢性病越来越成为医疗卫生系统的主要负担。目前，慢性疾病的经济负担占所有疾病负担的 70%。而其中仅每年在哮喘上的经济支出就达到了 600 亿元人民币，超过了肺结核和艾滋病的支出总和，可见其形势之严峻。尽管有研究表明，慢性病是可以预防和控制的。然而，当前国内的慢性疾病的预防和控制措施没有从根本上解决慢性病蔓延的问题。慢性病管理需要突破传统医学管理模式，采用科技手段提高慢性病管理的效率和质量，帮助人们更好地预防和监测慢性病，获得个性化的预防保健服务。

虽然慢性病不能从根本上治愈，但通过有效的手段对慢性病进行干预和管理，可以实现对慢性病的有效控制。一旦得到控制，慢性病患者就可预防大部分急性发作，减少对日常生活的影响。为慢性病患者提供疾病控制干预，有助于减少住院人数，不仅可以提高患者的生活质量，而且可以节约医疗费用，提升医疗健康资源的利用率。当前，我国慢性病防控的主要问题如下：

1. 全局性慢性病防控缺位

在欧美发达国家，慢性病很大程度上可以通过有效的干预措施进行预防。关于对慢性病进行早期干预的研究和实践项目已有不少。从 20 世纪 70 年代早期开始发达国家在不同人群中陆续开展了以降低危险因素、改善生活方式为目标的多个干预项目。这些项目通常是以开展心血管病预防为起点的。其中，芬兰的北卡项目被誉为心血管疾病干预成功的典范。随后，美国斯坦福大学开展了三社区研究、明尼苏达心脏健康项目和 Carleton 心脏健康项目。这些干预项目均对目标人群的健康产生了积极影响。

在借鉴国际慢性病防治实践和经验的基础上，我国开展了一系列的慢性病防治工作，经过 40 多年的发展，我国慢性病干预工作经历了从只干预高血压患者到干预多种疾病人群及多重慢性病综合管理的过程，积极探索适合我国国情的慢性病防治模式。1969 年阜外医院在首都钢铁建立了我国第一个人群心血管防治基地，这是我国功能社区防治工作的典范，被 WHO 定义为"首钢模式"。1998 年首都钢铁心血管防治总结资料表明，脑卒中发病率从每 10 万人中 139 人下降至每 10 万人中 81 人，脑卒中死亡率从每 10 万人中 53 人下降至每 10 万人中 17 人。自 1997 年起，我国陆续在全国不同经济发展水平的地区建立了 32 个慢性病综合防治社区示范点，它以社区为基础，以健康促进和行为危险因素干预为主要技术手段和工作内容，以多种慢性病的综合防治为目的，以提高防治效果和成本效益为工作原则。如今试点工作开展至今已取得了一定的效果，比如，济南市槐荫区、安钢社区、天津市的滨海新区等社区居民慢性病患病率明显降低，居民的行为生活方式明显改善。

目前，关于预防和控制慢性病，许多国家都建立了相关的慢性病管理机构。以哮喘为例，1999 年，美国疾病控制与预防中心（CDC）开始了一项叫作"呼吸更容易"的哮喘控制项目。该项目为预防和控制气道炎症和哮喘发作提供了最佳的科学依据和全面、长期的管理策略，得到国家、州、地方政府和疾病预防控制中心的支持，并由美国疾病控制与预防中心提供关键资金和技术支持。2000 年 1 月，英国的卫生资源和服务管理局（HRSA）对哮喘患者进行了社区卫生服务中心参与的护理干预，取得了较好的干预效果。

然而在中国，没有统一的公共卫生管理机构负责管理和控制哮喘。中国疾病预防控制中心（CDC）是在全国范围内提供疾病预防控制和公共卫生技术管理与服务的事业单位，其业务范围涵盖绝大多数常见慢性病，但是哮喘病防控并不属于中国疾病预防控制中心的服务内容。

由此可见，当前我国的慢性病防控实践均为非系统的、缺乏持续支撑的活动，慢性病防控的有效持续、有效开展需要一个统一的、有持续支撑的机构以及科学合理的运营模式。

2. 慢性病预防投入不足与总体医疗费用不断增加的情况并存

当前，我国的慢性病防治整体架构主要包含预防和治疗两个过程，前者由疾控中心进行决策，基层医疗卫生机构实施；后者由医院实施，医保进行支持。但是这种模式存在很大的问题：①慢性病预防重于治疗，但是当前的慢性病防控工作却是"重治疗，轻预防"，缺乏对致病危险因素控制的指导和预防保健服务，其结果导致患病率不断上升。②慢性病预防经费投入不足。我国目前有 84% 的卫生费用用于治疗，14% 用于药物等，只剩不到 2% 用于预防和公共卫生。③慢性病防治卫生资源配置严重失衡，目前我国 70% 的医疗卫生资源集中于城市的大医院。④经费相对充足的医疗保险却只能以病人报销的方式来被动地支持慢性病防治工作，经费冗余、低效。

3. 慢性病防控的筹资模式单一，制约了哮喘等慢性病防控的全面开展

实现对哮喘病的控制，需要政府的政策和资金支持。长期以来，我国医疗卫生体制仍处于被动医疗模式，缺乏"全计划、负责、持续""一对一"的主动健康管理模式。为了控制慢性病的发病率，降低医疗费用，有必要在临床症状发生前对哮喘病患者实施"一对一"的管理。西方发达国家在慢性病的管理和控制方面积累了许多成功的经验。为了降低医疗成本，许多医疗保险都投入一定的资金进行健康管理，成为医疗服务体系的重要组成部分。以美国医保 Medicare 为例，从 1967 年至今，Medicare 逐步增加了 23 种关于慢性病的预防性医疗服务，覆盖了十余种慢性病的筛查、检测以及患者行为教育。到目前为止，在中国还没有针对慢性病的有效防控服务模式和稳定的专项资金支持体系。当前我国医疗保险的筹资模式是"社会统筹与个人账户相结合"，大部分地区医疗保险机构将部分慢性病病种纳入城镇职工医疗保险和农村新型合作医疗保险，并采用按服务项目收费的后付制。个别地区如深圳市一些慢性病等专科专病按病种付费的方法，对每个慢性病患者实行定额包干、多余留用、超支不补的政策；镇江市实行以就诊人头为核心的总额预算管理和单病种付费等，分别制定慢性病年度

门诊药品费用标准，年终根据实际慢性病服务人头和年度门诊药品费用标准结算。

探索一套符合中国国情的医疗保险和慢性病防控相结合的公共卫生体系，是中国医疗保险制度改革和公共卫生事业发展的方向。

（二）研究问题

慢性病防控服务模式对整个慢性病防控系统的产出有着十分重要的影响。慢性病防控措施中的服务模式可以分为两大类：以公平为导向和以效率为导向。以公平为导向的模式，在实际应用中更强调对每个患者个体的公平性，即每个患者均享有相同的接受医疗防控服务的权力，具体体现在所享受慢性病防控服务的数量和质量上；以效率为向导的模式，在实际应用中更强调在有限的资源下，使得社会群体的总效益最大化，具体表现为在突破公平性限制的情况下实现最好的防控效果。此外，上述两种服务模式在具体实践中又需要具体运营策略的支撑（运营策略是指在既定服务模式的原则指导下对防控措施的实施对象和时间的挑选原则），不同运营策略的效果也是不同的。

因此，基于上述分析，本小节将研究内容归纳为两大问题：

（1）医疗保险参与的慢性病防控体系的经济可行性；

（2）医疗保险参与的慢性病防控体系的服务模式选择。

对于该问题的研究可通过数据挖掘、运筹学以及数据包络分析（data envelopment analysis，DEA）的理论方法，进而讨论当前慢性病医疗健康资源消耗的规律以及慢性病防控措施对医疗健康资源消耗的影响；将慢性病防控医疗服务纳入医疗保险支付范畴的哮喘病防控体系的可行性（即该帕累托最优点是否存在）；在此背景下不同服务模式（以效率为导向或者以公平为导向）的量化特征以及不同情境下运营模式的选择决策。

（三）相关研究——医疗保险参与的哮喘病干预管理优化

1. 问题描述

哮喘是最常见的慢性呼吸道疾病之一。根据国际呼吸学会论坛所提供的数据，2013 年底，全球大约有 2.35 亿哮喘患者。2014 年，在中国有 2000 万人患有哮喘，其中支气管哮喘总患病率为 1.24%。随着全球工业化和城市化进程的加快，环境污染和生态环境变化的影响，哮喘发病率在世界范围内呈逐年上升趋势。据 WHO 预测，到 2025 年全球哮喘患者的增长将超过 1 亿。因哮喘引起的相应疾病负担占世界上所有的伤残调整生命年（DALY）的 l%。哮喘严重影响患者的生活质量，其产生的直接和间接费用给个人和社会造成巨大的经济负担。2000 年，一项面向英国 12203 名哮喘患者的研究表明，哮喘患者的平均花费为 381 英镑，而那些没有患哮喘的人则为 108 英镑，两者的差距超过了 250%。因此，对哮喘的防治手段和策略进行研究，将有助于制定相关的医疗卫生政策，为医疗卫生资源的合理利用提供参考。

其中，哮喘入院是哮喘急性加重的表现，在很大程度上消耗了医疗健康资源。本研究拟通过提前的公共卫生干预手段（如发放预防性药物、上门查访哮喘用药情况，发放临时的哮喘防护器械等）来减少哮喘入院以达到减少哮喘医疗健康资源消耗的目的。本节研究问题可归纳为，在多周期中，何时对哪些有过哮喘发病史的病人进行干预以最小化住院量。模型所研究的对象是病人整体，所刻画的状态为每个哮喘患者并在该时期内在院的情况，其目标函数是在进行一定的公共卫生政策干预之后，致使医疗健康资源（病床）的需求最少。其决策变量包括在何时以及是否进行公共卫生政策干预。

2.研究设计

本研究的数据来源为西南某市的医疗保险数据库，该数据库涵盖 22 个区县，约 1400 万常住人口。对于哮喘的认定，以患者主诊断为 J45.001，J45.005，J45.901，J45.902 以及 J45.903 作为认定标准，符合该条件的患者纳入数据样本。2011—2014 年该医疗保险数据库所收纳的数据样本高达数亿条，而关于哮喘的数据样本也多达近 3 万条。本部分的研究目标为，运用 MSM（Multi-State Markov Model），估计每个哮喘患者出院以及再入院的概率分布。

目前，有很多将马尔科夫转移模型应用到哮喘的研究。然而，他们对病人状态或者疾病状态的定义各不相同。例如，在 Saint-Pierre 等的研究中，其假设哮喘满足马尔科夫性并将状态定义为哮喘的控制状态。Chen 等使用马尔科夫模型来研究严重哮喘的自然演化过程和早期风险因素的影响。上述状态定义都是以哮喘严重程度为依据的。

在本节研究中，将状态定义为不同于入院次数下的"在院"和"不在院"。例如，将已经入院两次并且现在不在医院的病人标注为第二次出院，那些入院三次并且现在还在医院的病人标注为第三次入院。

3. 研究价值

（1）为政府出台政策提供依据。这项研究评估了提供高度针对性的哮喘预防服务的成本和收益。这种预防性服务的最佳服务能力可以通过仿真优化来估计，这样可以确保医保不会因为全社会的更多 QALY 而承担额外的负担。仿真输出有助于进行净收益分析，为卫生保健政策制定铺平道路，如，在哮喘预防机构建立、哮喘预防服务定价和哮喘预防和控制融资方面。

（2）为慢性病干预服务项目提供参考模型。目前，中国公共卫生服务发展迅速，公共卫生服务发展面临诸多问题，如融资和补偿。同时，在解决这些挑战的过程中，探索由医保资助的新型慢性疾病干预措施起着非常重要的作用。本书提出了一套创新的适合我国国情的针对慢性病的干预模式。在研究中已经证明了使用仿真建模的价值，可以应用于评估复杂疾病的医保计划。还可以在国家或地区层面使用，用以估计干预服务项目的成本和有效性。此外，当采用更能反映慢性疾病干预的数据时，该模型的灵活框架可以让其更为通用。这些数据可能来自包括观察数据库、专家意见和疾病自然情况临床试验。本研究的结果可为慢性疾病干预项目提供参考，提出的模式对于个人和卫生系统两个角度都是有益的。从个人的角度来看，可以帮助患者提高生活质量；从卫生系统的角度来看，为哮喘患者提供干预可能会显著降低治疗哮喘的成本，有助于改善医疗健康资源的配置，进而提高服务质量和患者健康水平。

（3）为慢性病管理机构提供经营基础。随着中国经济的不断发展，健康服务市场的建立和完善是大势所趋，社会也将对治疗慢性病的效率提出更高的要求。管理者可以借鉴这项研究的思路和方法，根据慢性病控制的特点，采取相应措施节省资源，提高服务效率。例如，采取科学有效的方法筛选重点病人，或科学制订干预服务能力（人次）。

第十三章　大数据在公共交通管理中的运用

近年来，物联网、视频数据和社交媒体数据量发生了井喷式爆发。这些数据蕴含着对城市交通状态的描述和因果分析，可以刷新传统交通信息采集手段，已成为城市交通状态感知的重要信息来源。如郑治豪等以新浪微博为主要数据来源，分别利用支持向量机算法、条件随机场算法以及事件提取模型完成微博的分类、命名实体识别与交通事件提取，开发了基于社交媒体大数据的交通感知分析与可视化系统，可以为交通管理部门及时提供交通舆情及突发交通事件的态势、影响范围、起因等信息。[①]

第一节　大数据在疏导交通拥堵中的运用

在交通拥堵的疏导方面，交通部门通过收集和运用联网售票数据、手机网络信令数据、客流监控设备数据等大数据源，通过数据分析、数据融合、数据对比等大数据技术，从而实现道路应急预警、路况实时监测、疏散交通拥堵等功能。具体见表13-1。

---

① 郑治豪等.基于社交媒体大数据的交通感知分析系统[J].自动化学报，2018，44：（4）：656-666.

表 13-1　大数据在交通拥堵疏导中运用的原理

大数据源	数据处理	功能实现
联网售票数据、手机网络信令数据、客流监控设备、车辆GPS数据、交通视频监控系统、高德地图平台，视频显示器等	数据分析 数据融合 数据对比	应急预警 监测路况 交通疏散 改善路况

我国地方交通部门运用大数据疏导交通的典型例子如下：

为了做好每年的春运工作，广东省交通运输厅与腾讯公司共同构建了广东省春运交通大数据预测分析平台。通过把广东省交通运输厅的现有数据与腾讯云计算和位置大数据服务能力结合，对春运期间主要客运集散地的旅客聚集情况、高速公路和国省道的通畅情况、春运旅客流向、各类运输方式的客运承担量进行数据分析和实时图形显示，实现宏观交通运行事前研判、事中监测和事后总结，提升春运期间交通部门的组织协调能力和应急预警能力。内容包括"交通枢纽区域热力分析""国省干道交通状态图"和"人口迁徙分析"三部分。"交通枢纽区域热力分析"通过广东省交通厅提供的联网售票数据，包括客运站已发班数、发送人数等联网客运数据，结合腾讯提供的数据模型，以春运数据模型进行数据深度融合，最终形成全省重要交通枢纽人流热力图。以每个场站上报的实时运力阈值定义状态颜色，以交通枢纽区域的数据为基础，以交通枢纽自定义阈值为评判标准进行场站人流预警显示。通过热力图，交通主管部门可以查看交通枢纽实时状态，为春运组织工作提供参考。"国省干道交通状态图"则可以提供国省干道交通路况信息。通过分析交通枢纽拥挤状况和国省干道路况信息，有效协调相关资源进行调度疏导，以保障春运期间运输工作的顺利开展。

此外，广州市交委还建立了天眼大数据系统。这套系统通过对火车站广场范围的手机网络信令进行数据采集，同时通过新安装的110套高精度客流监控设备对监测人群进行统计，两者共同形成实时客流数据源，然后再通过后台的指挥系统对数据源分析，比如显示客流在火车站广场上的详细分布、人群热力图、每个乘客停留时间的长短。根据用户手机号的归属地，还可以精确确认人群中广州本市人群、省内人群、外省人群甚至外籍人群。有了实时数据源，再通过对火车站广场区域内聚集人数的历史数据对比，春运指挥部工作人员就可以判断出当前聚集人群数；是否出现异常，聚集人数超过正常范围的异常聚集原因是什么。一旦监测出人群异常聚集，系统就可以发布不同级别的应急警报，例如，当重要区域人群聚集数量比正常值高 30% 时，系统就会发出三级预警事件（黄色预警），比正常值高 60% 时发出二级预警事件（橙色预警），而比正常值高 100% 时发出一级预警事件（红色预警），预警信息可以自动发送到春运指挥部工作人员手机中，提醒工作人员采取地铁飞站、封路、异地候乘等应急措施。广州火车站区域的客流监测系统精确度可以精确到个位数并且实时更新。

广州市交委将城市道路运行分析系统、综合视频监控系统、交通电子执法系统、公路客运旅客运输分析系统、出租车监控管理系统、公交客流分析系统纳入春运大数据指挥。其中城市道路运行分析系统是通过对市区内所有出租车、公交车、客运车辆的实时 GPS 数据进行分析，实现对主要城市道路和重点交通枢纽周边的交通运行情况进行实时监控和分析，哪条路畅通、哪条路拥堵都可以实时监测，也可对当日、前一周、一个月和全年常发性拥堵路段和有关情况进行分析，从而对各重要交通枢纽的周边交通运行情况及时判断，有效疏导和处置。交通综合视频监控系统则是通过接入市交委、市公安局、广州火车站、火车南站、东站及白云机场的视频，实现对春运保障重点区域的基本覆盖，春运重点地段现有的高清视频监控共 2000 多处，使市春运办工作人员既可通过数据分析，也可通过视频画面直观实时掌握现场情况，防止人群严重聚集和踩踏事件的发生。

广东省汕头市公安交警部门运用大数据分析和高德地图平台，梳理交通流向和交通峰值，有效计算出道路交通饱和量，将优化信号灯配时引导出行作为一项重要措施，确立了高峰、平峰不同时间段的信号灯配时方案，确保中心城区交通大动脉的顺畅。另外，为了重点查纠黄标车、套牌车、假牌车、多次违章机动车及无牌无证驾驶的各类交通违法行为，交警部门还推出一部新型抓拍取证设备。通过触屏显示器可以实时摄取目标车辆的车牌号牌等信息，并同步将数据传输至放置于车辆后备厢里的服务器，与服务器内已储存的黄标车、多次闯红灯、超速、违法乱停、牌证不符等交通违法车辆的信息进行比对，一旦发现有嫌疑车辆即自动提示报警。另外，中国移动汕头分公司为南澳县公安局提供"大数据触点服务"，这个系统可借助"大数据魔方"为交警部门提供交通高峰预警信息。它不仅向入岛游客实时发送道路指引短信，引导入岛车辆避开施工路段，还协助交警部门及时形成交通应急处置预案，有效改善各景区景点车流高峰期间道路拥堵状况。

珠海市金湾区与中国移动珠海分公司合作开发交通指挥信息化平台，在珠海航展期间正式接入金湾区现场指挥部。该平台利用移动基站采集航展馆、R1、R2停车场等4个公共场所以及机场北路、湖心路口等14个交通枢纽用户数量，形成过往人数和人流热力图、实时人流趋势图、累计人流趋势图相结合的显示系统，确保指挥部能实时了解各交通枢纽以及展馆周边的人流、车流情况及趋势，掌握省内、省外、国际游客的大致数量、分布区域以及重点人员进入展馆区域情况，为指挥部决策、指挥等提供了大数据支撑。

广东省中山市交警支队通过与高德地图合作和在路口设置"防溢出控制"等措施，获取实时监测到的交通流量大数据，对路口的红绿灯时间进行调整，缓解交通拥堵问题。中山市公交集团通过逐步实现对所有公交车辆配置GPS智能车载终端智能公交的核心硬件，实现了实时监控、车辆调度管理、超速警报等功能，完成了对公交服务的再造提升；同时通过"车来了"App，使得广大市民掐点乘车成为现实。另外，中山市通过埋在沥青下面的感应线圈，实时将数据传到红绿灯控制系统，系统自动调整亮灯时间，随时化解路口拥堵问题。这个小小的感应线圈，如果埋在各个交通路口，就可以测出每个路口 24 小时的车流量，通过大数据分析，再实时智能调控，有助于缓解交叉路口拥堵的情况。

　　为保障珠海航展期间的交通秩序，广东省珠海市交通规划研究与信息中心联合中国移动珠海分公司、市公安局交警支队、航展公司以及各运输企业等多家单位，开展在大数据的基础上面向航展的客流、车流出行特征分析研究，关联分析且融合处理手机信息、道路卡口、实时路况、大运量交通客流及会展票务等各类大数据资源。在车流分析研究中，拥有全国最大的实时交通信息服务中心及交通大数据分析平台的世纪高通公司将针对航展构建实时交通信息监控平台，实时了解航展周边的交通情况、航展客运班车位置信息，并通过路况预测，提升提高交通管理及决策部门及时处理突发事故效率。在客流分析研究方面，中国移动珠海分公司通过对手机信令数据进行分析，掌握航展期间从各个方向前往航展馆现场的人流量大小，高峰时段等。上述大数据提供的交通信息，都将汇总到航展交通保障小组，并通过手机短信、导航软件、诱导电子屏等提供给航展观众。

　　在广东省汕头市，交警部门运用大数据分析和高德地图平台，梳理交通流向和交通峰值，有效计算出道路交通饱和量，将优化信号灯配时以引导出行作为一项重要措施，确立了高峰、平峰不同时间段的信号灯配时方案。汕头交警部门通过采用无人机"起飞"的手段对路桥进行实时监控，科学布设飞行监控路段，及时掌握、控制车流量，优化大桥交通环境。交警部门一方面利用大数据制作出行诱导地图，另一方面与腾讯公司合作，根据智能交通系统、视频卡口等采集到的数据对车辆通行规律和道路拥堵情况进行分析研判，在导航地图上划定近期晚高峰最容易发生交通拥堵的"严重堵区"，并通过电台和网站及时向市民发布信息，引导驾驶员选择正确出行路线，错峰、绿色出行。同时，还通过交警指挥平台的动态警务监督系统实时发布疏导指令，引导路面民警有效指挥交通，统筹中心城区各个路口交通信号灯控制，加强交通微循环治理，对区间路、支路等道路进行疏导，在高峰期主次干道发生拥堵时指挥车辆分流，最大程度提高路口通行效率，缓解交通压力。执勤民警在警车内通过一个平板电脑大小的触屏显示器可以实时摄取目标车辆的车牌号牌等信息，并同步将数据传输至放置于车辆后备厢里的服务器，与服务器内已储存的黄标车、多次闯红灯、超速、违法乱停、牌证不符等交通违法车辆的信息进行比对，一旦发现有嫌疑车辆立即自动提示报警。

四川省广元市公安交警支队利用大数据平台，分析研判市城区道路交通拥堵原因，并针对性支招，为市民出行提供权威引导。利用智能交管平台多频次测算，根据高峰、平峰拥堵路段排名情况，建议市民根据自身出行目的地，尽量避开拥堵路段，可以选择临近或者相邻路段出行，或者选择公交车等公共交通出行方式。

第二节 大数据在车辆管理中的运用

在车辆管理方面，交通部门通过收集和运用车辆运行轨迹数据、公交客流状况数据、视频监控数据等大数据源，通过数据整合、数据分析、数据统计等大数据技术，从而实现精准整治路况、停车诱导服务、城市科学规划等功能。具体见表 13-2。

表 13-2　大数据在车辆管理中运用的原理

大数据源	数据处理	功能实现
车辆运行轨迹数据、公交客流状况数据、车位大数据、车辆管理信息、视频监控信息、交通数据共享平台、手机信号源数据等	数据整合 数据分析 数据共享 数据统计	精准整治路况 停车诱导服务 城市科学规划 公交管理精细化

我国地方交通部门运用大数据进行车辆管理的典型例子如下：

一、违规车辆管理

广西南宁市利用大数据严厉打击"泥头车"。南宁交警部门按月对收集到的"泥头车"运行轨迹数据进行整合，分析海量数据内隐藏的规律。除了对车辆时速占比进行分析，交警部门还对车辆运行轨迹数据进行了热力地图分析。根据热力地图分析结果，交警部门进一步掌握了"泥头车"超速违法的高发时段和重灾路段。交警部门进而根据大数据分析结果，围绕高发时段、重灾区域，部署警力精准出击，开展有针对性的路面整治行动。

二、停车位管理

陕西省西安市曲江新区利用大数据共享停车位。2017年，西安交警联合曲江新区管委会在全市率先推出智慧停车服务系统，通过整合停车位资源，方便市民错时共享车位，解决停车难题。曲江智慧停车管理云平台，将曲江新区内道路临时停车场、公建配建停车场以及公共停车场等信息进行统一数据采集、整合、并全部导入平台"中心大脑"，实行停车场之间联网联控管理和信息发布。市民进入"西安交警"微信公众号内"业务办理"栏，点击"停车诱导"便可利用该平台找车位。"停车诱导"功能在西安市其他区也可使用，但只能显示路侧停车位。而曲江智慧停车管理云平台的建立，将部分地下停车位也纳入其中，目前，已有11个停车场约3000个停车位接入管理平台。综合数据统计证明，这一平台在全市建成使用后可以释放共享的存量停车资源相当可观，届时，错时共享停车可大幅改善停车资源使用率普遍较低的现状，缓解停车位缺口。

广东省潮州市德清县集成车位大数据，建设智能停车诱导服务平台，精准快速找车位。一是实时采集、发布车位信息。整合县城区停车泊位数据资源，通过采集、判断、传输数据等操作，对车位的停车状态进行实时跟踪统计，停车实时动态发布泊位情况，帮助驾驶员迅速找到合适的停车场所，调节停车需求在时间和空间分布上的不均匀，提高停车资源使用率，减少停车等待时间，提高整个交通系统的效率。二是利用手机终端找车位。开发"中国好停车"手机应用软件，市民可在手机上查询城区停车泊位实时情况，选择最佳行车路线，或在出行过程中适时调整停车目的地，就近停车，真正做到"看着手机找车位"。同时，引进后台综合管理系统软件及收费管理软件，与"中国好停车"App进行数据对接，方便市民公平、有偿使用停车资源，促使市民养成按规定文明停车、停车自觉缴费的习惯。三是集成停车数据服务城市管理。通过停车行为分析（停车地点选择、停车习惯等）、车位使用分析（区域、时段车位周转率和使用率等）、缴费行为分析（车主缴费选择和规范等），全面掌握县城区公共停车总体情况，为政府停车区域规划、停车场建设、解决停车难题等提供依据和参考，为进一步科学规划和管理城市提供基础数据支撑。

广东省湛江市交投集团城市停车公司运用了"智能停车系统"的停车位。与普通车位相比，在外观上相差无几，仅在停车位黄线方框中央多了一个巴掌大的灰色圆形盖子，地面上的灰色圆形盖子是能承受30吨压力的泊位地感器。当车辆驶入或驶出停车位后，泊位地感器即时将信息发送到该路段的太阳能接收器，接收器将信息同步"转发"至保管员的智能POS机上。当车主把车驶入临时停车位时，在场停车保管员手上的智能POS机就发出了"滴滴滴"的提示。随后，保管员使用智能POS机对车主车进行拍摄，不仅准确记录了私家车的停车保管时间，而且同时录入了车辆的车牌号及外形外观等信息。当保管员使用了智能POS机后，车主可实现微信、支付宝、刷卡等电子支付方式，人工计时收费转变为地感器与POS机相结合的收费模式。智能停车系统能更准确地记录车辆出入信息，有效减少因计时出现的保管员与车主产生的矛盾和纠纷。此外，由于智能POS机能及时记录车辆的各种相关信息及影像资料，使车主能迅速找到自家车辆。

三、公交、出租车线路规划

江苏省镇江市建立公交大数据客流调查统计分析系统。该系统通过对车、站、线路的客流数据统计，完成对公交客流的流量、流势和流向的分析，这些将作为今后公交线路的调整、增删以及对线路各种情况的实时把握和控制的重要依据。

浙江省宁波市搭建了交通数据信息共享平台。国省道实时视频监控、公路治超电子监控、公安系统车辆管理信息将在公路、交警部门实现互通，用于分析、查处违法超载车辆。同时，数字公路路政管理系统的超限车辆处罚信息，将在全市企业道路交通安全信用评价系统中直接实现"电子计分"依托数字公路平台和联合执法，该市已实现车辆、驾驶人、源头企业等信息的共享和处罚联网。

浙江省嘉兴市交通部门与"车来了"App开展战略合作，在全国率先将公交数据向第三方运营商开放，引入公交出行实时查询系统。通过该平台，可掌握市民的出行频次、早晚高峰时段的精确时间、热门查询站点和公交线路等信息，汇总线网基础情况、班次运营指标、道路拥堵指标等并自动生成公交月报，全面了解全市公交行业运行状态和市民出行习惯。

上海市交警勤务指挥平台启用"大数据"模式。2016年，全市首个交警支队勤务指挥平台在静安启用。系统会根据交通行为模拟建设一套模型，设定好模块参数，一旦系统捕捉的画面中出现与这些参数不同的"异常数据、系统就会切换进入照片拍摄，还能提取画面中交通违法行为车辆的车牌信息，形成违法图片和一段10秒钟的视频。经民警审核后，这些自动捕捉的画面和视频将成为处罚依据。不仅是违法停车，实线变道、逆向行驶、滞留人行道、占用非机动车道等多类违法均可以抓取识别。目前这种24小时全天候抓拍各类违法的"神器"已在静安区两个重要路口试点。

上海市浦东机场运用大数据解决困扰多年的机场打车难问题。不论是"人等车"还是"车等人"，根本上是供给与需求不平衡。若能对需求精准预判，实现车辆提前调配，旅客与出租车双方的利益就能最大化。交通保障部率先通过技术衔接，后台与机场运行指挥中心等对接，率先知晓未来数小时内即将抵达浦东机场的飞机架次与机型，按照飞机平均上座率80%计算，就可大体得到即将抵达的旅客数量。通过两年多数据采集，再与抵达人数对比分析，最终发现选择出租车的旅客比例是相对稳定的，白天约15%乘客选择出租车，夜间比例接近45%，每辆车平均搭载旅客数约1.5名。也就是说，若得知将有1000名旅客到达，基本会有150人选择出租车，车辆需求为100辆。有了这一数量概念，再计算旅客平均出港时间，国内约30分钟，国际约45分钟，调度中心即可提前通知蓄车场做好车辆调配，效率大幅提升。

山东省青岛市智能产业技术研究院科研团队，通过综合城市人口分布数据、交通检测数据、网络社交媒体等数据，预测交通出行状况和热点交通事件的影响。例如，根据手机信号源的检测结果，青岛智能院的大数据平台可以智能预测交通出行发生量（出发地）和吸引量（目的地）的情况。再如，根据微博等社交媒体数据，大数据平台就能分析热点事件对交通出行的影响。

广东省佛山市南海区积极探索公交智能信息平台建设，充分利用大数据平台，收集、分析公交出行数据，为公交精细化管理及建设提供科学依据。比如，通过跟踪每条线路客流情况，对不同时段人群密度、流动方向进行分析，可以随时灵活调动、加密公交班次，提升公交服务水平。

福建省厦门信息集团卫星定位公司研发的"交通大数据分析应用平台"综合运用物联网、云计算、大数据等新一代信息技术，储集公交、出租、停车、道路视频、桥隧、港口、航班、列车、客货运等60多项数据资源，为厦门建立综合性立体化的交通信息应用体系提供数据支撑，实现城市主通道、高速出入口、桥梁隧道、公交场站、长途客运站、港口码头等路网运行状态的可视化监测、预报预警和分析研判，及时实施干预和发布交通信息。

第三节 大数据在市政道路桥梁养护中的运用

市政道路设施技术状况的评定数据、养护历史数据、交通流量等数据信息，将积累形成市政道路路网养护管理的"大数据"，通过对海量市政道路数据的挖掘分析，建立起路面性能与设计、材料、结构、养护、交通量、环境和地理位置之间的关系，可以为养护工作提供科学、高效的决策依据与技术支持。因此，应用大数据技术提升市政道路养护工作效果具有重要的现实意义，也应当是今后提升市政道路养护水平的新方向。

目前，人类已进入大数据时代的新纪元，数据成为类似石油、天然气的重要资源。发达国家率先实施大数据发展战略，中国也紧随其后将大数据上升到国家发展战略层面。2017年，广州市制定《大数据发展的意见》，要求以大数据推动提升政府管理与服务的水平。大数据的运用有助于实现市政道路设施状况信息的自动收集与分析，提升道路养护施工的质量监管效率，提高道路养护的预测水平与预警能力。

一、道路桥梁设施养护中的大数据源

1. 日常养护过程中产生的养护资料数据

市政道路实施的主管部门委托专业机构对路面、路基、桥隧构造物和沿线设施进行数据采集并进行技术状况评定，会产生大量的路况、桥隧或设施的数据。同时，作为日常养护工作内容，养护公司必须进行每日路况巡查，须填写相应的巡查日志，也会形成道路巡查日志等资料数据；根据相关的技术规范和要求，养护公司也会形成月度、季度、年度的路况评定

资料。此外，近年来，在市政道路上大力推行机械化养护，也会形成部分资料数据，如记录机械清扫车行驶轨迹和路面平整度的 GPS 数据。这些数据汇总起来，便形成了养护资料数据库。

2. 道路和桥隧大中修、改建过程产生的养护资料数据

道路和桥隧受自然环境以及车辆荷载等作用，其状况会逐步衰减。为了确保道路和桥隧的行驶舒适度以及行车安全，每年会对状况较差、安全不能保证的设施进行大中修或者是维护修复，以提高其技术状况，确保使用安全。部分路段为了满足经济与社会发展需要，会进行拓宽或改线等改建工程。上述工程中也会产生大量的资料数据，而大中修工程与改建工程产生的道路资料数据，对于道路的评定与判断尤为重要。

3. 日常监测、监控资料数据

在一些新建的或重要的桥梁、隧道结构上同步建设了健康及环境监测系统，以获得桥梁、隧道在运营状态下的结构响应和力学状态以及附加环境的数据。一般包括荷载数据、内力响应数据、表面形态数据以及环境状况数据等。此外，在部分主干道上，还会建设道路监控系统，对道路行驶车辆等进行实时监控，也会产生大量的车辆类型、行驶轨迹、流量等数据。在高速公路出口由于收费等需要，还建设了收费运营的管理系统，对每个道口进出车辆、车辆类型等进行记录。上述系统均会产生大量数据。

二、大数据技术在道路养护中的应用

市政道路养护产生了海量数据，而且数据随着时间逐渐累积，不断增多。随着大数据技术的运用与发展，将大数据与道路养护相结合，可进一步提高道路养护的预测、分析和解决问题的能力。如美国的 Intelli Drive 计划，该计划准备整合在美国生产的所有车辆的通信设备和 GPS 装置所产生的海量数据，使美国全境范围内的道路网可以进行数据交换，实现建立车、人、路一体的车路协调。该计划收集的不同车辆类型的通行轨迹与习惯，

对于道路损害的预测具有重要支撑作用。

1.实现道路和桥隧设施状况的自动收集与分析

道路养护大数据库，实现道路状况信息自动实时收集。充分发挥大数据特性，收集道路相关的数据信息，将道路建设图纸、检测评定的数据、交通量、养护施工、桥梁健康监测等全部信息进行存储、建档，建立起一个丰富的、动态的"道路资产全寿命信息数据库"，记录路网中每一条道路不同时期的数据信息，为养护数据分析提供全面、真实有效的数据源。开发能在智能手机上运行、易于操作、可靠的道路养护数据采集 App 系统，实现道路状况信息自动实时收集。通过该系统将采集到的各类数据及时、高效地传输至数据库服务器，提升路况信息收集效率。该 App 的用户可分为市民用户和巡查人员用户两种。市民只要在智能手机装载该 App，即可在行车当中根据颠簸幅度自动向数据库报送路面损坏情况。也可在公交车上装载该系统。步行的市民也可以使用该 App 进行随手拍照，将道路损坏情况照片及其地理定位上传至后台。巡查人员的 App 系统主要包括用户登录、巡查、巡查信息查询、信息下载等功能。

（1）巡查功能主要是采集管辖路段的养护基础数据，如路基数据采集、路面数据采集、桥隧构造物数据采集、沿线设施数据采集；

（2）巡查信息查询功能主要是查看录入系统的数据并上传或清空；

（3）信息下载功能主要是在安装本系统后，第一次使用时需用分配到的用户名从服务器下载所管辖区域内的静态数据，如路段代码、起止桩号、路面类型、桥隧涵编号等。

如云南省昆明移动巡检 App 用大数据管好全市路桥。昆明市城管局组织开发了"昆明市城市道路桥梁管理巡检 App 系统"，把全市已移交管理的市政道路、桥梁、隧道数据全部纳入了信息化数据管理。全市道路行政主管部门巡查人员，只要手持一个安装了该 App 的手机，就可在巡查现场，针对道路破损、道路附属设施损坏、市政设施管养维护、道路开挖修复等情况进行文字描述并拍照实时上传，系统即自动生成巡检报告，提供在线预览、报表打印和导出功能，维护管养部门可按照由重到轻、由大到小的原则对各道路、桥梁问题进行及时维修。该系统还能自定义巡检周期，提供待巡检提醒，并在巡检完毕后自动通知道路行政部门主管负责人。主管负责人研判后可根据各巡检历史数据，做出养护、维修计划指令，下达到维护维修单位。市级行政主管部门也可通过系统对各辖区的道路维护管养情况进行 24 小时跟踪、监督。

如湖北武汉市建设了桥隧安全智能化监管系统对桥隧健康进行在线监测。武汉市城建委利用城市桥梁智慧管理系统对全市 600 座市政桥梁和隧道建立电子安全档案，记录桥梁基本信息、地理分布、竣工图纸、检查检测和维修改造记录等信息，实现"一桥一档"的电子化户籍式管理。同时，武汉市城管委还利用桥梁健康监测系统对重点桥梁周围空气的温湿度、风速风向、主梁振动加速度、支座位移、主梁关键截面应变、斜拉索索力、主梁挠度等技术参数进行全天候实时监测。在监测数据发生异常时自动识别预警，并通知有关方面分析处置，避免灾害事件的发生。

在大数据信息收集方面，智能手机、监控视频、汽车行驶记录仪等收集的数据，可以实现市政道路和桥隧设施状况数据的自动收集、诊断与分析。如可以利用智能手机的应用程序感应汽车弹簧的垂直加速度，估计弹簧垂直运动状况，以此来测量道路的平整度，以及时发现路面的破损情况并同步传输至养护公司，提高路面养护与管理效率。

2. 实现对道路和桥隧养护工程质量的自动监管

大数据技术以及对大数据分析可以实现对道路实施养护施工质量的事中和事后的自动监管。首先，大数据技术可以实现对施工质量的实时监管。例如，利用大数据技术对沥青路面的碾压质量进行检测。[①] 由于很难直接测量沥青路面施工压实度，为实现施工过程的实时监控，可以通过安装在碾压机上的 GPS 定位组件、温度与振动监测传感器以及远程数据传输装置来

---

① 韩立志，权磊，李思李.基于大数据理论的沥青路面碾压过程分析[J].公路交通科技，2015，32（3）：26-31.

监测路面碾压过程中的碾压温度、碾压遍数和碾压速度等物理量，借助这些辅助参数，以间接的方式达到控制压实的目的。如此就能对道路施工过程进行实时监控，以达到更好控制道路施工质量的目的。其次，大数据分析可以实现对道路设施养护施工质量的事后监管。当前道路施工越来越重视对工程质量的控制，各种先进的控制手段也应用到了道路施工过程的监控中，并得到了海量的数据，如地点 GPS 数据、施工时间、材料使用、同一地点的施工频率等数据。通过对这些数据进行分析，便可以统计养护地点的施工时长与频率，以监测道路养护施工质量并进行预警分析，从而倒逼施工单位提高施工质量。再次，以大数据技术实现对养护工程施工质量的动态监测和科学评比。一是加强对养护工程施工的数据收集，建立养护施工质量数据库。例如，应该收集施工地点的 GPS 数据、施工过程的视频数据、沥青压实的时间、温度、次数的传感数据，等等，并同步传输到养护数据中心，以此实现对施工过程的实时监测。二是加强对施工质量数据的分析，实现对工程质量的科学评比。美国管理学大师德鲁克曾经说过："没有评价，就没有管理。"加强对道路养护施工工程质量的评比，可以有效引导和激发施工方提高工程质量。通过分析不同时间的路况维护 GIS 大数据，路面损坏的时间频率和施工工程的视频和传感数据，可以实现对道路养护工程施工质量科学评价，并以此为基础对工程质量进行基于数据证据的客观评比。

3. 提高道路养护预测水平和安全预警能力

大数据的核心就是预测。它是把数学算法用于分析海量数据来预测事情发生的可能性。首先，预测道路性能状况的变化。在满足一定条件的基础上，分析使用更多的海量数据，则有可能提高道路性能状况变化的预测水平。如美国的 LT·PP 计划就是典型。该计划在美国建立了一个全国性的公路数据采集系统，涵盖了路面结构、材料、气候、交通量等相关数据信息，然后研究基于大数据的公路性能预测模型，对道路性能进行综合精准评估。通过对大数据的综合分析，对路面的使用性能进行科学的评估，并且解释各种路面性能发生变化的规律和原因，进而将这些研究成果应用到路面的养护、维修、管理和设计中。最终结果是，有效提高对道路养护和管理决策的预测水平。[①] 其次，道路养护预算金额的预测。如何相对准确地估算出道路养护的年度预算金额一直是个难题。大数据及其分析技术的出现为解决这一难题提供了新的思路。建立分区域的年度道路损坏情况、养护工程的人工支出和材料支出、施工频率、天气情况等历史数据库，建模探索养护总支出与这些因素的关系，有助于最终确定相对准确的年度预算金额。最后，道路状况恶化的预警与及时处置。将路面与气候、交通等历史数据进行建模分析，探索路面状况及其变化趋势与天气、交通状况的关系与规律，在出现恶劣的降雨天气或不良交通状况时，自动实现对易浸、易损位置的预警分析，有利于养护方面提前做好应对预案。

第四节　大数据在公路养护中的运用

目前，国内已有部分省市运用大数据开展道路（主要是公路）养护，典型如江苏省、贵州省、山东省和兰州市。

一是江苏省。公路养护的科学决策涉及路况水平、服务水平以及资金投向、投资效益评估等诸多关键性元素，是一个非常复杂的问题。为提高省域公路养护的科学决策水平，江苏省大力推进公路养护信息化建设，经过多年探索，实现了公路养护决策依据由传统经验型为主向信息化大数据为主的华丽转身。"十二五"以来，江苏省公路系统围绕公路养护规划目标，通过覆盖全行业的"一网、一图、一平台"信息化基础工程体系，实现现有数据系统与公路养护分析平台CMAP的无缝对接，依托"大数据"平台实现全资产管理和养护投入精准判断的科学决策。

2000—2007年，江苏省采用定期调查和实时更新相结合的方式，构建

---

① 单丽岩，侯相深.LTPP的进展综述[J].中外公路，2005，25（5）：49-53.

起公路基础数据库，并按照相关规范要求，以南京市和徐州市为试点，采用目测和仪具量测方法，对普通干线公路进行路况数据采集和评定；同时，通过自行研发的决策树方法，设定养护对策和需求、养护资金分配、养护工程项目规划等基础内容，为公路养护的科学决策创造了重要条件，并逐步推广到全省。针对人工检测在尺度统一、检测效率等方面的局限性，江苏省公路管理部门在下发并落实《江苏省公路基础数据更新管理办法》等指导性意见的基础上，推进了检测与评定工作的专业化、自动化，实现了公路技术状况评定、养护计划制定、养护投资效益分析评估等工作的科学化、规范化、程序化，为公路预防性养护和全寿命周期费用科学测算奠定了基础。连续 8 年的普通干线公路技术状况检测工作，使江苏积累了多达9.9 万公里的路况大数据。2010 年起，江苏省公路管理部门积极深化大数据挖掘和信息化平台整合，利用历史数据资源，提出了海量数据存储和管理的方法，建立起了养护资金与路况水平的关联模型；选取无锡、苏州、南通、徐州和连云港等地市，试点编制了地市级公路养护管理现代化实施计划和工作方案，在"微路网"养护决策层面上，逐步探索出区域路网养护科学决策的新途径。

　　二是贵州省。为了更好地满足高速公路养护管理单位的工作需求，加快推进贵州高速公路养护管理信息系统从过去的"线状运行"发展到"网络化运行"的新阶段。贵州省基于电子地图技术，采用 Java EE 平台开发的 Web 应用系统，整合了高速公路的道路、桥梁、隧道、涵洞等设施数据，汇聚了视频、地图、养护业务数据等多种资源，对养护业务管理流程进行了数字化管理。自 2015 年 8 月 20 日上线以来，该系统一直处于稳定运行中。通过整合设施数据，将道路、桥梁、隧道等设施进行分类和电子地图化，为养护业务的开展提供了数据基础和可视化手段；通过汇聚视频、地图、养护业务数据等多种资源，为用户统一管理监控视频、快速定位和修复病害提供了便利。同时，系统对贵州境内近 20 条高速公路的 4000 多座桥梁，700 多个隧道进行精细化管理，提高了养护业务的执行效率和监督效果，实现了管、养的一体化管理。该系统结合"互联网+"和"交通大数据现状"，通过对日常养护业务数据的深入挖掘和分析，为养护管理单位科学制定养护计划和预算，合理分配养护资源提供了数据支持，提高养护管理的整体信息化水平发挥了积极作用。从而有针对性地开展养护业务推进智慧高速路网体系建设，实现省市间应用系统互联互通、多级联动与共享服务；有效节约巡查时间，节约养护成本，提升路网管理的智能化、信息化水平。

三是山东省。近些年来，山东省的公路将加快养护"大数据"进程。目前，省、市两级公路数据库已全部建立，依托交调站、观测点自动化观测和计算机处理技术，实现数据动态更新，保证基础数据库的及时维护。同时加强推广路况快速检测、分析、决策支持等成套技术研究，以路况水平、服务水平、资金需求、投资效益评估为重点，开展大数据分析，建立科学的公路养护决策机制。构建和完善全省统一的公路行业管理信息平台，进行数据库间的互联互通、信息共享，实现交通大数据的共建共享。

四是兰州市。2015年，为节约资金、降低养护管理成本，兰州市公路管理局在实现预防性养护管理目标和实施精细化养护措施的方式方法上进行了积极的探索性尝试，研发出了实况直播系统"养路宝"。"养路宝"直播系统是一套实时视频直播软件，支持多种终端设备，具有简便、快捷、灵活等特点。它便于一线养护职工操作，能全方位展示工作动态和内容，实现养护施工现场与后台管理中心的实时互动，快速解决公路养护管理中出现的问题，提高远程指挥调度与管理效率，方便数据的保存，节约劳动力。目前，"养路宝"系统已经实现了日常巡查病害、实时视频直播汇报、养护工程实时远程监控、现场应急保障远程视频直播等功能。该系统为公路养护管理科学化决策提供了及时、准确、完整的第一手数据信息，为预防性养护方案的制定提供了切实有效的依据，基本实现了预防性养护依靠主观经验向客观数据科学决策的转型升级。实况"养路宝"可随时随地播放小修保养、工程施工、水毁维修工程等作业现场情况，及时反映巡查、施工、养护作业等过程中发现的问题。工作人员即使不在作业现场，也能通过观看工作直播准确掌握现场情况。这不仅提高了工作效率，使上级指导工作更加便捷、迅速、及时，还减少了费用开支，节约了成本。同时，兰州市还建立了公路养护大数据中心，实现养护数据、交通视频信息的数据挖掘和分析功能，为公路养护的管理决策提供依据。

第十四章　大数据在社会管理中的运用

大数据的共享、集成、挖掘和分析等技术被大量运用到治安、城市管理、安全生产、税收征管、信用体系建设等社会管理的领域中来，并取得良好效果。

第一节　大数据在治安与警务管理中的运用

随着物联网、云技术、传感器、监控视频、人脸识别等技术和工具的出现和大量使用，在治安和警务领域沉淀了海量的人类活动轨迹、影像、通话、通信和网上消费支付数据，为治安和犯罪预判、防控和处置提供了极大的便利。

一、大数据在社会治安防控中的运用

在治安防控领域，警方可以收集和运用人口信息数据、视频数据、治安警情历史数据等大数据源，通过数据机器学习、数据整合、数据碰撞等大数据技术，从而实现人脸识别、治安警情实时分析和预警推送等功能。具体见表14-1。

表 14-1 大数据在社会治安防控中运用的原理

大数据源	数据处理	功能实现
人口库、房屋、网格巡查、人像、车辆、门禁视频、监控视频、传感信息、射频数据、物联网数据、治安警情等数据	数据整合 数据挖掘 数据分析 数据碰撞	人脸识别 数据快速核查 智能分析 预警推送

我国警方运用大数据进行治安防控的典型例子如下：

广东省佛山市顺德区公安局把任务接收、巡逻盘查、实有人口、房屋、单位管辖等工作在社区警务的"e机通"平台中实现，并通过后台公安网大数据支撑，提供自动识别，人像实时比对、数据快速核查等功能，使得民警可以在现场完成核查。顺德公安对所有治安要素在PGIS地图上关联上图，实现了可视化管控。同时，以云计算、大数据处理等新技术为关键支撑，整合公安20多个业务系统，收集和汇聚各类数据上百亿条，为社区民警提供信息资源服务，推动情报分析应用向深度发展；并利用信息碰撞、分析研判、人像识别等新技术，强化对人、屋、车、场所筛查和规律轨迹分析等功能，对重点管控领域进行智能分析、预警推送。在出租屋管理方面，利用小区的门禁视频数据，与流动人口、出租屋、从业情况、涉案人员等数据，综合分析出需重点检查的出租屋预警信息，以供社区民警加强管控，实现了"任务智能化"。

广州市白云区新市街道利用大数据门禁系统管理出租屋，将4147栋出租屋的进出大门安装了IC卡电子门禁，形成了一个可以进行大数据分析、精确管控的信息系统。在这里，每栋出租屋的进出大门安装一把智能锁，住户和租客需用身份证才能办理"钥匙"，每个"钥匙"对应一个身份证号、一处地址。办理"钥匙"的新市派出所通过门禁系统，第一时间掌握了租户和住户的人口信息。派出所将人口信息与公安部门的人口信息库进行交叉比对，还筛查出了逃犯。此外，住户刷卡进出时，门禁系统会记录下时间，派出所对一些极端作息时间的住户进行盘查，查获贩毒嫌疑人。

湖北省武汉市千台警车安装"智能警务平台"通过在执法车上安装智能后视镜和4G终端，便于对民警的处警过程以及现场情况进行拍摄、记录和存储。"车载智能警务平台"能通过分析历史接警大数据，形成"警情热点"等，引导民警主动出击，有目的性、针对性的对辖区进行巡逻，可以有效监控执法人员，从而规范执法。如果遇到投诉、扯皮等情况时还可以调取历史记录。有了该平台后，半年来通过该平台出警导航6.5万余次，平均每次节省2至3分钟的出警时间，出警效率大大提高。

陕西省宝鸡公安开发人像身份比对安检系统。宝鸡公安开发的人像身份比对安检系统，获得国家知识产权局实用新型专利授权。该系统是基于人像身份识别技术，通过采集当事人人像信息，与二代身份证、护照等证件以及公安人口系统的人像等信息实时比对，从而快速、准确的验证当事人身份。该系统可广泛应用于大型人流密集场所、重点单位、要害部门的实名身份验证。同时，该系统将采集的各项信息集中存储，为通过大数据碰撞比对进行治安防控、案件侦破等工作提供了详细的数据。

二、大数据在信息侦查中的运用

在信息侦查领域，警方可以收集和运用居民通信信息、金融机构用户信息、治安警情数据等大数据源，通过数据整合、数据互换、数据研判等大数据技术，从而实现信息联查、预警推送、精确侦查等功能。具体见表14-2。

表14-2 大数据在信息侦查中运用的原理

大数据源	数据处理	功能实现
通信公司用户通信记录、金融机构用户信息、治安警情数据、情报平台、人口信息、公安信息、参保信息、房地产信息等数据	数据整合 数据分析 数据研判 数据互换	精确侦查 信息联查 预警推送 高效办案

我国警方运用大数据进行信息侦查的典型例子如下：

湖北省钟祥市检察院建立侦查信息大数据平台，并与发改局、工信局、国土资源局等 17 家行政执法机关、公共服务企事业单位完成信息对接，整合侦查信息资源、扩展信息获取渠道。通过查询包括可查询移动、电信、联通三家通信公司用户通话、短信记录及机主资料以及在钟祥市内金融机构所登记的个人、单位的开户资料、资金流水等在内的信息，提升对各类信息的分析研判能力，提升办案效率。

江西省九江市全力推进"全警情录入＋"，运用大数据强警：所有警情信息全部录入"三台合一"系统、所有案件办理均从"三台合一"系统发起办案流程。

2016 年 10 月 14 日，武宁县城发生一起抢劫案件，办案民警追踪到一个嫌疑人的重要信息，但几经查找都无法确定嫌疑人的身份。办案民警抱着试试看的想法，把这个信息码输入"三台合一"碰撞，这个信息居然和 1 月发生的一起轻微交通事故中的信息碰撞成功，从而迅速确定了嫌疑人的身份。九江公安整合运用大数据，探索出一套情报制导的科学方法，依托"三台合一"平台开发出警情热力分布图，在热力图上分别用红、橙、绿、白对某个时段或某个区域案发生情况进行分析展现，再根据颜色安排巡逻、布控警力，以最合理的投入实现最精确的防范。浔阳区公安分局结合自身特点，推出自选动作"全警情录入＋两车（摩托车、电动车）打防控"，有效整合"两车"违法嫌疑人员信息、案发现场视频资料、重点管控人员GPS 定位等数据。

广东省佛山市基本建成公安大数据平台，实现了数据由"下"向"上"聚合，由"点"到"网"融合、由"单点"到"共享"应用。专业警种先后构建起"涉盗抢嫌疑人""涉盗抢销赃人员""涉电诈高危"等案件类别数据库，且开发"警务 App"，为一线民警配备移动警务终端。"佛山警务" App 以普通智能手机为终端，利用情报平台整合各类社会和警务信息，包括全国在逃人员、吸毒人员、被盗抢车辆、刑事人员前科等公安资源库，民警可随时随地进行现场勘查、警务报备、信息采集、情报支持、信息推送等操作，通过对被检查车辆、人员信息进行简单扫描核查，实现"查询即采集、录入、比对、反馈"一条龙。其中禅城区分局还基于大数据分析技术打造了视频图像侦查平台（视云大数据平台），结合优化并行加速查询引擎技术和车辆识别智能算法，通过对卡口、电警、视频资源统一联网整合，通过实时监控、天网搜车和智能研判等方式实现自动抓拍、秒级查询、自动识别、精准比对、联动报警一套完整的业务流程。

广西省南宁市警方通过"绿城微警"，民警在日常工作中可快速查询工作对象的人、车信息，几秒钟便可得到比对结果，大大提高了工作效率。"绿城微警"是一款专供公安民警使用的 App，民警掏出手机就可以收发指令、处理信息、办理业务。

安徽省淮南市建立公安大数据平台和应用系统，统筹指挥、情报、网络、治安等关键数据，实现自动关联、智能推送、提高预警能力。在社会服务方面，淮南市建成"一中心三平台"社会服务信息系统，整合 49 家市直单位 406 类近 6 亿条数据，在全省率先实现公安、人社、卫计等部门之间数据动态互换共享。

江苏省张家港市利用大数据将新市民服务延伸到神经末梢。近年来，张家港市针对 70 多万新市民群体人员多、流动性强的特点，借力大数据运用，将新市民服务延伸至神经末梢，取得良好成效。张家港市的主要做法是：整合公安、经信委、城管、房产管理等部门信息功能，依托人社、水电气、网吧、就医、房屋中介、物流等社会数据，建立大数据分析计算模型，同时开发流动人口大数据应用平台，根据职能部门需求，对汇聚整合起来的数据进行分析、加工和处理，并实时推送给相关职能部门，实现数据增值、信息增效和服务实战，充分发挥流动人口数据的深度作用。通过参保信息与公安信息比对，发现未登记人员信息，消除了管理盲区；并推送疑似非法用工企业和务工流动人口等相关数据，有效提升了相关职能部门对"非法用工"行为的查处精确度；通过数据比对，发现和掌握了流动人口违法犯罪人员和高危人员，数次发现网上逃犯。

江苏省泰州市姜堰区公安局以大数据支撑实战，自主研发以数据资源、图像应用、阵地管理、勤务督导等为核心的集群化应用模块平台，搭建了人员类、车辆类、物品类、反哺基础类等 16 个实战应用模型；定位大数据指挥服务中心的核心位置，以合成研判、指挥调度、公共安全等六大分中心建设为抓手，在中心大厅设立了综合研判、指挥协调、刑事技术等 8 个功能区，集中相关警种研判人员统一办公，引导全警搜集数据、研判数据、应用数据。数据平台已导入 103 万条入户入企走访、阵地管控、窗口服务等信息资源；大力推进"数据天网"建设，初步形成"人、车、电、网、像"等立体化采集系统，已建成"3.20"高清卡口抓拍点 144 个、高空抓拍点 38 个、高清监控点 4000 多个；整合汇聚民政、交通、教育及水、电、气等 41 个部门单位，151 类社会信息资源数据 5000 多万条，拓展政府交换、合作共建等数据采集方式，与周边地区交换社会信息数据 300 万条。目前，数据池已经汇聚各类数据信息近 50 亿条，为警务实战提供了有力支撑。

河南省信阳市善用"大数据"畅通寻亲路。2017 年 5 月，该市救助管理站联合莲都公安分局为长期滞留人员进行 DNA、指纹采集，同步录入"全国打拐 DNA 信息库"和"全国走失人口 DNA 数据库"，结合人像识别系统进行比对。虽然救助人员家属未必进行过 DNA 采集，但是本着不放过一线希望的原则，民政公安联合开展 DNA 采集比对。

贵州省黔东南州的"智能笔录云平台"，大幅提升了民警笔录制作效率和质量。以审判为中心的诉讼制度改革后，对公安刑事笔录制作提出了新的更高的要求。为了避免过去笔录模板内容简单粗糙，讯问要素不全、针对性不强、法定程序未能体现、数据孤岛等现象。贵州公安机关研发出了多功能"智能笔录云平台"。目前，黔东南州公安机关基层一线办案民警"智能笔录云平台"使用率达到 99%，制作各类有效笔录共计 60082 份。"智能笔录云平台"不仅规范了民警笔录制作，它还可以根据嫌疑人的犯罪类型，依据大数据分析，自动生成询问的问题。这些问题是依托公安网海量的后台数据资源，以云端存储和"云计算"技术为支撑，分析形成笔录问题，以此提升民警笔录制作效率和质量。

江苏省泰州市公安局研究制定全警信息采集方案，加强重点信息的采集，提升科技采集能力，汇聚社会信息资源；建立健全考评奖惩机制，要求基层单位及社区民警、窗口民警、案件民警注重信息资源的收集。

大数据创新助上海市法院破解"执行难"问题。上海市法院通过加强与工商、房产、金融等单位的协作，实现通过网络对被执行人股票、房产、存款等财产的由"查"到"控"，提高效率。上海高院执行局局长韩耀武介绍，上海法院还将进一步完善网络执行查控体系，将查控内容覆盖到社保、公积金、第三方支付平台、理财产品等领域，做到有登记财产"全覆盖"；并缩短查控反馈时间，提高查控自动化程度，做到"查、扣、冻"一条龙，用信息技术"秒控"被执行人财产，防止财产被非法转移或隐匿。这套大数据系统充分运用各类基础数据，勾勒出被执行人的信息轮廓，辅助追查被执行人财产线索，甚至还能建立被执行人履行能力评估模型，对案件能否顺利、足额执行进行估算，监测失信被执行人动态，预测执行工作态势等，通过大数据的运用促进执行效率的提升，维护当事人的合法权益。

陕西省法院为加大执行力度，与省内银行全面开通"点对点"网络查控系统，全省 121 家法院全部连通最高法院"总对总"网络查控系统，实现了存款、证券、股权等信息全国联查；与公安、工商、民政、土地、房产等部门建立"点对点"查控系统，实现了对车辆、企业、婚姻、低保、房地产等信息的省内联查。

三、大数据在治安监督管理中的运用

陕西省安康市旬阳县打造"数据型"公安队伍。旬阳县公安局在大力整合社会数据资源的同时，着力解决大数据智能分析系统，以"云战平台"打造"数据超市"，切实服务实战。一是把数据"聚"起来。在"三秦警务云"的总体构架下，整合社会视频资源，全面对接银行、电信、医疗、交通等系统信息，让分散的信息流汇聚成团。二是把数据"联"起来。打破信息壁垒，通过信息之间的"碰撞""关联"，让"条数据"变成"块数据"，并运用"人工＋智能"解析，为实战提供有价值线索。三是把数据"用"起来。数据的"聚""联"其落脚点在"用"，服务精准"打防管控"，并通过建立健全联动联勤机制，提升警务实战效能。另外，旬阳县公安局积极探索"数据考勤考绩"管理模式，强化了队伍自律和自觉性养成。一是落实"电子考勤"和"电子考绩"系统，强化对民警上下班纪律、日常工作实绩的考核考评，并实行"周通报、月点评"，让精细化的管理方式成为工作习惯，提升民警自律意识。二是强化执法音视频中心职能，将单警执法记录仪、车载记录仪、办案区视频监控等执法音视频资料集中统一管理，实行小案回溯式审查、大案要案网上实时巡查，让数据"第三只眼"促使执法规范提升。三是依托"电子记录"实现队伍监督管理"数据化"警务督察平台对接社会视频监控和移动录像设备，采取"点击式""跟踪式"督导，对街面巡防警力、大型活动安保、突发事件处置等警务活动明察暗访，让数据服务队伍正规化管理。

广东省湛江市公安局建立智能防控系统。该智能防控系统能通过基站、北斗卫星导航系统和 GPS 三种路径接收信号和收集数据。在道路、停车场、机场等重点部位、治安复杂区域，安装视频监控、电子围栏、门禁系统采集设备，全面感知车辆轨迹、人像轨迹，进行数据收集和大数据实时对比。

江苏省南通市公安局督察部门依托警务基础平台，针对日常督察中常见的执法问题情形，设计制作了 5 大类 145 项智能督察模型，实现了对执法环节的深层次网上督察，实现了督查工作由"寻找问题"向"查证问题"的转变。从 2013 年起，南通市公安局整合各类公安信息系统及社会数据资源，建立了全局共享的警务数据中心。近年来，南通市公安局越来越注重数据的规范化、标准化建设，为警种部门开展大数据应用提供了良好条件，公安网上督查工作也进入了快速发展期。从过去的留置报备到音视频监控，再到一体化应用、搭建智能模型，实现了一个平台多途径行使督察职能，精确制导现场督查，督察效能"倍增"。大数据督查不仅实现了对个案问题的及时查纠，更注重研判分析数据分布规律特点，预测未来发展趋势，提前采取干预措施，真正实现了队伍监督管理乃至公安全局工作的预警、预测、预防。据了解，在传统系统卫星定位、执法监督、警务评议等功能的基础上，该市公安局的大数据网上督察系统还增添了"资源汇聚、综合预警、智能筛查、效能评估、跨界应用、趋势预测"六大全新功能。

贵州省贵阳市公安局在深入分析贵阳交警试点的基础上，决定在全警范围内进一步推开"数据铁笼"建设，同时打造执法规范化和队伍管理两个"数据铁笼"，实现权力运行的全程数据化和电子化，数据信息只要上传到数据管理平台上，都会被永久锁定，不能更改。截至目前，贵阳市公安局"数据铁笼"已经开发建设了 20 个模块。其中，执法规范化"数据铁笼"包括涉案财物、执法监督；队伍管理"数据铁笼"有值班备勤、考勤、工作任务等模块，正在逐步实现对公安工作和队伍建设的全覆盖。

四、大数据在消防工作中的运用

云南省昆明市公安消防支队在手机微信平台基础上创新研发的"派出所消防警组"工作平台系统目前已经完成了全市超过 17 万家社会单位和其所在的建筑信息采集。在此基础上，全市消防协警借助公安警综平台和工商信息平台数据，在全省范围内率先明确了社会单位底数，并超额完成了对 17.2 万家社会单位的登记造册。"平台"主要包含系统人员管理、消防管理、查询统计、96119 联动四大功能，可以实现现场对火灾隐患、违法行为和宣传培训进行拍照备案，实现被查单位 GPS 定位、单位和建筑信息采集、消防设施设备及重点部位二维码管理、监督检查报告生成上传和现场宣传培训教育记录上传等功能。对民警移交的案件，消防参谋可通过微信端进行核查，采取不同的执法手段后将案件结果提交至警务综合平台。警组系统将自动通过公安内外网数据交互机制，将前端采集的现场证据和隐患信息同步到金盾网内，并自动流转至警综平台的消防行政执法系统中。当相关执法流程全部完成后，最终由警综平台把案件处理信息回传到警组系统。而这一切的开始，只不过是贴在建筑重点部位和消防设施处的二维码。系统在后台能自动生成"全市隐患数据热力图"，这既能直观、形象展示火灾隐患排查工作推进情况，又可以对单位和个人任务指标完成数据进行图表分析评估。

江苏省南通市消防支队将消防数据与公安、安监、教育、民政等小数据融合汇聚，构建以消防数据标准管理、消防资源、目录管理以及各类消防应用服务接口等为重点建设内容的"云架构"专题资源库，实现消防数据服务与防火监督、灭火救援的同时，为群众消防精准宣传、便捷服务提供方便。"有图有真相"的消防安全隐患"随手拍"，将消防安全隐患的行动纳入全民范畴，也让当地市民真正体验到"指尖上的消防"带来的便捷与顺畅。系统在收到举报后，将直接发送短信至拍摄区域的消防网格员，若查处属实，便及时责令整改，并第一时间通过短信及时反馈；若24小时内未处置完成，系统将会逐层上报至该单位消防监督人、社区民警，直至辖区消防部门。从发现上报、调度分流、到处置反馈、任务核查，"随手拍"平台让消防隐患处置形成完整的闭环，串联起线上与线下两张"网"实现了从消防部门"单打独斗"到"全民参与"转变。消防监督人员使用警用平板电脑开展现场监督执法，工作的同时数据悉数如实入库；中队官兵在日常"六熟悉"过程中，依托移动设备动态采集道路水源及单位重点部位情况；支队微信公众号可以在为普通社会公众提供器材到期提醒、防火知识宣传等服务的同时，实现各类动态数据的同步采集；企业单位则依托以物联网感应感知技术为核心的远程联网监测系统、化工企业"危报"App等新型手段，实现企业消防数据的全面汇集。

第二节　大数据在安全生产管理中的运用

在安全生产管理领域，政府可以收集和运用安全监控系统、监控视频、传感信息等大数据源，通过数据分析、数据监测、数据共享等大数据技术，从而实现预测风险、防范风险、精确监控等功能。具体见表 14-3。

表 14-3　大数据在安全生产管理中运用的原理

大数据源	数据处理	功能实现
安全监控系统、监控视频、位置监控、传感信息、二维码信息，物联网数据等	数据分析 数据监测 数据共享	预测风险 防范风险 精确监控 源头治理

我国政府运用大数据进行安全生产管理的典型例子如下：

江苏省常州市质量技术监督局联合江苏新天益信息技术有限公司，研发的电梯大数据平台已进入试运行。该平台采取"预防为先、防消结合"的现代科技手段，对电梯实施监管。每部电梯都将拥有唯一编号和二维码。与电梯的原始身份证"注册代码"不同，电梯的新型身份证——"五位标识码"，更加简单易读。每个编号都对应电梯大数据平台中存储的 8 大类信息，包括电梯基本数据、维保数据、检验数据、故障数据、救援数据、投诉数据、单位考核数据、安全技术文档，维保人员何时何地维保了电梯的哪些部位等，都通过物联网传感技术存储在大数据平台中，使维保过程"偷工减料"等行为无处遁形。同时，市质监局还配合电梯维保监管测评系统，同步建立了全市电梯维保"黑名单"制度，每年对电梯维保单位进行星级评定，对列入"黑名单"的维保单位实施重点监察。在大数据平台上，市质监局还将联合市消防支队专门开发电梯应急救援系统，对全市所有电梯进行信息采集，每台电梯安装应急救援标识牌，一旦发生电梯困人情况，市民只需拨打 119 紧急救援电话，报出电梯新型身份证，119 接警中心就会对事故电梯进行即时定位，第一时间完成对救援单位的调度，并通过物联网技术跟踪救援全过程，保障被困人员获得救援。

浙江省衢州市开化县构建危险化学品安全风险预防大数据平台。一是建立危险化学品安全风险数据库。根据行业特点建立分层级管理的安全风险数据库。数据库包括危险化学品名称、最大储存量、安全技术说明书等安全风险信息。二是构建危险化学品安全风险预防大数据平台。依托政府数据统一共享交换平台，形成政府建设管理、企业申报信息、数据共建共享、部门分工监管的危险化学品安全风险预防大数据平台。三是发挥安全风险预防大数据平台的作用。依托省统一平台开展安全公共服务，通过公布咨询电话和公开已登记的危险化学品相关信息，为社会公众、相关单位、政府及部门提供危险化学品安全咨询和应急处置技术支持服务。四是倡导企业建立安全管理信息平台，提升企业自身安全管理能力。及时登记全流向、闭环化的危险化学品信息数据，基本实现危险化学品全生命周期信息化安全管理及信息共享。

第三节　大数据在城市管理中的运用

一、大数据在城市规划与建设中的运用

在城市规划与建设领域，政府可以收集和运用 GIS 系统数据、城市规划与建设信息、车辆定位数据等大数据源，通过数据分析、数据共享等大数据技术，从而实现预警分析、精确监控、科学规划等功能。具体见表 14-4。

表 14-4　大数据在城市规划与建设中运用的原理

大数据源	数据处理	功能实现
城市规划与建设信息、车辆定位数据、手机信令数据、社交数据、GIS 系统等数据	数据分析 数据共享 数据整合	预警分析 精确监控 科学规划

我国在运用大数据进行城市规划与建设的典型例子如下：

江苏省无锡市的地下管线大数据助攻"拉链马路"顽疾。2009 年至今，无锡市已完成建成区约 380 平方公里的管线普查，粗至直径 2.4 米的安全供水高速通道，细到直径二三十毫米的交通信号线，11 类 22 个权属单位的管线均纳入综合信息系统，该市在全省率先迈入了地下管线有据可查、有章可循的大数据时代。在江苏省无锡市城市规划信息中心的三维平台上，技术人员演示了三凤桥肉庄西侧中山路段的地下管线探测。电脑鼠标充当挖掘机，模拟挖开路面后，颜色各异、粗细不一的 11 种管线纵横交错在眼前，最粗的是近 1 米直径的供电管沟，绿色标识；最深的是粉红色的污水管，埋深 1.92 米。假如该路段需要开挖，施工单位就应该到规划部门报备相应手续，然后从信息中心免费调阅地下管线资料，以便优化操作方案，实施精细化作业。地下管线信息库，为拒绝"拉链马路"提供了技术支撑。以往经常出现路面反复开挖问题，一个重要原因便是施工单位不清楚地下管线，缺少统筹考量，顾此失彼后只能多次纠错。如今，地下管线的精准信息从工程项目的规划设计环节即导入，保障新建、改扩建道路只开挖一次路面，施工后一次性恢复，原则上 5 年内不再被重复开挖。据统计，这几年市区"拉链马路"现象已降至个位数。为不让普查数据"沉睡"在库里，该市除了动态更新地下管线信息，还开发出信息系统的地下管线纵横断面分析、碰撞分析、寿命预警分析等功能，为维修养护部门提供参考。下一阶段，全市将展开对高压燃气管、成品油输送管等易燃易爆的地下危险品管线的专项普查，并将其纳入信息化监控。

2016 年，江苏省扬州市规划局在传统数据基础上引进手机信令数据、车辆定位数据、公交刷卡数据、社交数据等更多类型大数据，同时强化大数据分析手段，搭建更专业的规划大数据平台。一期工程包括四大板块：规划大数据体系建设，基础资料数据库建设，交通数据调查，交通需求预测模型构建。规划大数据的服务对象主要包括政府、规划编制单位和社会公众。通过规划大数据的研究，扬州市在未来进行快速路、轨道交通、对外枢纽、交通政策等重大交通决策时，可利用交通需求预测模型进行不同方案的社会经济效益定量评估，从中选择最优方案。

江苏省市区地下管线 GIS 系统建成，以往城市地下自来水管道、燃气管道出现泄漏现象，往往要挖路掘地后判明情况才能处理，如今鼠标轻轻一点，就能知道哪里出了问题。2015 年扬州市区地下管线 GIS 系统全部建成，开始投入试运营。这一系统覆盖区域约 372 平方公里，为扬州市的城市建设提供了"智脑"，只要鼠标一点，各种管网信息数据就会全方位呈现。市区 8 米以上道路地下管线数据全部收入这一系统，共包括 8 大类 23 种管线，管线长度 10340 公里。地下管线信息系统是数字城市的重要组成部分，其建设关系到居民生产生活的各个方面。将自来水管道、污水管道、电力照明管道、燃气管道、通信管道、数字电视管道等纳入同一个数据库，可实现不同部门间的信息共享，并通过管理软件等科技手段实现对地下管网的监控。

广东省惠州市建数字惠州地理空间大数据与云平台。由于历史原因导致政府各部门间测绘相关业务数据对接困难，甚至无法对接，测绘成果无法共享使用，重复测绘和资源浪费严重，给相关工作带来不少隐患。针对这一状况，惠州市重点推进统一测绘基准工作，形成了覆盖全市范围、全天候、高精度、多功能、动静态一体化的现代测绘基准。此外，惠州市完成了独立控制网向现代测绘基准的联测、平差和基准转换，实现了全市现有测绘成果向现代测绘基准的数据转换，形成了保障和支撑经济社会发展的最新地理信息数据体系。通过现代测绘基准及服务体系建设，统一了全市坐标系统，为政府部门数据共享、多规融合奠定了基础。企业、群众办事再也不用为了数据转换两头跑，减轻了企业、群众的负担，提高了政府办事效率。数字惠州地理空间框架建成使用以来，政府 30 多个部门以此为基础，建成了"平安惠州""数字城管""数字市政"等信息化应用系统 60 多个。

二、大数据在城市管理中的运用

在城市管理领域，政府可以收集和运用居民卡信息、治安信息、人口数据等大数据源，通过数据分析、数据监控、数据整合等大数据技术，从而实现全面监控、智能推送、防灾减灾等功能。具体见表 14-5。

表 14-5　大数据在城市管理中运用的原理

大数据源	数据处理	功能实现
居民卡信息、治安信息、公安数据、GIS 系统、网格信息平台、人口数据、房屋数据、城管信息、监控视频、高拍仪、扫描仪、读卡器信息等	数据共享 数据整合 数据分析 数据监控	智能推送 预警分析 全面监控 防灾减灾

我国政府运用大数据进行城市管理的典型例子如下：

浙江省宁波市镇海区引入物联网科技试点垃圾"云处理"。2017 年，该区通过政府购买服务，以华丰花园、孝思房两小区为试点，引入"物联网＋智能垃圾箱＋实物激励"厨余垃圾分类新模式。通过该技术，小区可依托传感计重装置，计算厨余垃圾中无机物的占比，并实时将这一数据传至云端，同时通过对居民刷卡扔垃圾的频率采集，为云端有效记录投掷时间、投掷频率等数据，对垃圾清运工作提供大数据支持，可有效促进生活垃圾分类事业向深度和广度发展。目前小区大部分的居民参与到厨余垃圾分类中，实现有效处理厨余垃圾和垃圾减量。下一步，该区还将依托"互联网

+"，推广"回购宝"App软件，居民可通过"回购宝"查询积分，并线上发出可回收垃圾供货信息，由小区物业或废品收购单位线下上门收购，实现垃圾"减量化"。

浙江省台州市越城区蕺山街道岑草园一期小区，居民尝试刷卡投放垃圾。居民刷智能卡后，智能垃圾分袋机就会吐出两卷垃圾袋。垃圾袋分绿色和灰色两种，每卷30只，居民每天都可用两只垃圾袋分类盛放垃圾。在智能垃圾分类箱前，居民只要刷下卡，分类箱"餐余垃圾"和"其他垃圾"两个投放口就会自动打开，等垃圾分类投放后又自动关闭。每只垃圾袋上都有二维码，这使投放到垃圾箱里的垃圾都可溯源到每个住户。通过垃圾分拣员检查居民投放的垃圾是否合理分类，并据此决定是否给居民增加积分。积分将反馈至智能卡，达到一定分数后居民则可在智能设备上刷卡选择领取奖品。

湖北省武汉市建设了智慧城管系统。该系统建设主要运用大数据、物联网和北斗空间定位等新技术，在市级大数据、云平台和地理空间框架的基础上，建设以区为主、街为基础、全市统一的市、区、街三级智慧城管平台，涵盖了综合管理、智慧执法、智慧环卫、智慧市政、智慧市容5大板块31个子系统。如高效治理渣土车顽症的建筑弃土运输智能化管理子系统，运用"互联网＋北斗"的模式对全市4000多台运输车辆安装了包含定位、限载、识别等功能的智能终端，全市4000多辆建筑弃土运输车和所有施工出土工地已全天候、全方位纳入智能化监管。餐厨垃圾智能化管理子系统将全市餐厨废弃物回收桶与餐馆一一对应，实现了对餐厨废弃物的排放、收运、管理全过程的管控。燃气安全智能化远程报警系统，实现对全市瓶装液化气供应点的在线监测。

广东省佛山市禅城区数据统筹局以基础地图为依托，以图层形式叠加城市建设、城市管理、三防、安监、卫计、教育等数据资源，通过不同专题领域的业务以及部件数据的分析和展示，逐步实现"人、事、物"联网，提高各部门各类城市管理资源的共享和利用，有效支撑政府的精准决策。

以管线一张图为例，它叠加了地图、水管分布图、电线电缆图、网线分布图等，所有的管线在一张图上显示。如要开挖道路，就会避开地下所有管线，避免误挖断其他管线，发生临时停水停电的情况。

安徽省淮南市开发数字城管系统，实现信息实时采集传输，实现快速受理、闭环办理。同时建立公安大数据平台和应用系统，统筹指挥、情报、网络、治安等关键数据，实现自动关联、智能推送、提高预警能力，有效维护社会安全。在社会服务方面，淮南市建成"一中心三平台"社会服务信息系统，整合49家市直单位406类近6亿条数据，在全省率先实现公安、人社、卫计等部门之间数据动态互换共享。

广东省广州市白云区建立城市社区网格化信息平台，通过导入人口数据、楼栋数据、房屋数据、法人数据，完成了社区网格化服务管理信息系统建设，市电子政务中心城市海量数据中心管理部提供的自然人库、法人库数据，公安门牌数据和民政部门的相关数据，也都导入了该系统。街道信息系统也得到了进一步优化，不仅与政府12345热线合并，还与街道出租屋、城管、消防等信息系统整合。城市社区网格化信息平台导入约500万条人口数据、20多万条楼栋数据、150多万条房屋数据、11万多条法人数据。网格员每天随身携带移动终端到各自网格巡查，发现问题后上报相关部门处理，网格化服务管理工作效率大幅提升。

"大数据"为平湖市城市管理添动力。浙江省平湖市自从2011年开展数字化城市管理新模式以来，将市区划分为多个工作网格，并对单元网格内的城市部件进行精确定位、编码，由数字城管信息采集员实施全时段监控，第一时间发现、处置、解决问题。随意选择马路上的一个井盖，马上就能出现该井盖的名称、编码、归属部门、位置描述等信息，一旦发现问题，就可以第一时间解决问题。2015年，数字城管在原来共享治安监控、城管监控的基础上，新增了城乡天眼、数字工地和天地图等资源共享，进一步拓宽了发现问题的渠道。目前，数字城管内容已涵盖公共设施、道路交通、市容环境等大类、小类部件管理以及市容环境、突发事件、街面秩序等大类、小类事件管理，并且出台了《平湖市数字城管立结案规范》，明确责任部门、处置时限、处置标准，建立起大城管处置机制。

浙江省宁波市北仑区城管运用大数据推进积水点改造。北仑区智慧城管中心运用"大数据"分析得出城市积水点差位图，实现积水点精准改造，为排除城区内涝隐患奠定了基础。北仑区智慧城管中心收集了城区三年多来积水数据，并对数据进行分析查找积水原因。数据分析结果显示，北仑积水差位路段形成的主要原因是：缺少排水口，道路轻微下陷，雨水井处于水平高位等。据此，城管部门对经常性堵塞的雨水管道、污水管道每个月疏通一次，对排水始终不畅的区域实施雨水管道改造，对下沉路段进行集中修复。

浙江省绍兴市嵊州城市管理"随手拍"。嵊州城市管理神器开发了"随手拍"手机 App。井盖缺失、暴露垃圾、道路积水等影响城市形象的问题时常会发生，市政工作人员未必能面面俱到、及时发现。市民在发现类似城市管理问题时，可以拿出手机快速拍下画面，通过"随手拍"App 上传到智慧城管系统。管理服务中心会根据举报内容，下派至相关专业部门进行处置。"随手拍"APP 支持以视频、语音、文字等方式上报，实现了城市问题从举报、受理到处置的全过程公开。

宁夏回族自治区银川市市政工程管理处在大连路泵站建设防汛防涝指挥平台，架设了 20 个视频实时对全市易积水的地方进行监控。同时，这个平台实现了对全市泵站的数据监控，哪里排水量有多大、工作是否正常等信息，都可以通过平台一目了然。这种大数据分析类似于天气预报，可以帮助我们更好地掌握紧急情况下全市管网的负载能力。

海南省海口市通过对主要自然灾害长期监测积累了海量数据资源，在这些数据的不断采集、存取和处理过程中，通过其常态缓变与异常突发，能及时、灵敏且准确地昭示风险前兆，改变灾害防御思维模式与工作模式，最大限度地减少损失并推动有限资源高效利用，避免灾情信息采集与流转不畅导致的二次损毁与重复浪费。结合不断积累的海南特色的生态数据、旅游数据、农业数据等数据，从值班值守、监测会商、预报预警、信息发布、设备保障、通信网络、安全生产等方面加强部署和管理，确保防灾减灾工作有效开展，减少灾害损失。

而随着大数据时代的来临，"大数据＋防汛"的新结合将对大量、动态、能持续的防汛数据，通过数据汇总、分析等环节实现大数据的高时效运算，将信息化与防汛工作深度融合，从而全面提高防汛工作的效率，更好地为防汛指挥决策服务。浙江省丽水市主要做法如下：一是台风数据全。防汛"五化"系统中的台风模块中已收录有 1945 年至 2016 年 72 年间的 1822 个台风的历史记录，包含台风的名称、生成时间、路径、强度、范围等各类信息，通过查询历史台风的数据库，根据筛选出来的相似台风的路径、强度、影响范围，对比台风现状，为领导接下来的防台决策提供依据。二是洪水数据齐。自 2014 年"8.20"洪水之后，该市立即开展了洪水风险图项目建设，范围为瓯江干流莲都区玉溪电站至青田县三溪口水库段，目前已投入试运行，再加上 2016 年莲都区《宣平溪（碧湖）中小河流洪水风险图绘制》项目的验收和 2017 年青田县洪水风险图（三溪口以下段）的绘制，从而形成一张瓯江干流洪水风险图。洪水风险图系统中收集有瓯江干流基本情况、沿线各堤防高程、社会经济情况等广泛的资料，也有根据模型计算的不同量级的洪水风险图，以及 2014 年"8·20"洪水等实测洪水风险图等详细资料。在实际运用中，可以输入上下游实测水位，根据地势、堤防等高程，推测出瓯江干流各区域洪水风险等级、淹没区域、灾害损失等，为下一步的人员财产提前转移、领导指挥调度提供科学的决策依据。

杭州市运用大数据监管房屋租赁市场。大城市租房市场乱象丛生，利用租住房屋从事违法犯罪活动者有之，多人群租带来各种安全隐患的有之，而屡见报端的二房东、黑中介、奇葩租客乱象更是让人头痛不已。要解决这个问题，浙江省杭州市有了新办法。2017 年，杭州市住保房管局与阿里巴巴集团、蚂蚁金服集团就合作搭建智慧住房租赁监管服务平台举行了签约仪式。这个平台将实现住房租赁市场中企业、人员、房源、评价、信用等信息的全共享。杭州市的"智慧住房租赁监管服务平台"主要是阿里的技术力量和这些年来形成的信用体系来支撑。首先，阿里在淘宝商户管理上积累了大量的实人认证的经验，在这方面的能力很强，可以确保真实产权、真实存在、真实委托、真实价格、真实图片、真实信用、真实评价。同时，阿里也有一套自己的信用体系。近年来，芝麻信用在很多地方得到了认可，这套信用体系不但可以运用到租房市场中，而且还可以为租房市场各方建立新的租房信用体系。杭州市的"智慧住房租赁监管服务平台"的核心价值就是两点：一是利用大数据监管个人的行为。信息时代每个人的每一个行为都是要留下痕迹的，没有人能够在大数据面前遁形。二是大胆地把信用体系运用于社会治理中，奖励守信者，惩罚失信者。

广东省广州市番禺区利用手机实名制"大数据"精准采集人员信息。通过数据比对技术，及时向居住3天以上且未入户广州和未办理居住登记的外来人员发送告知服务信息，提醒外来人员申报居住登记，宣传外来人员服务管理的相关政策法规知识。目前全区已发送告知服务信息5.6万条。通过运用手机实名制"大数据"，有效掌握外来人员的动态信息，提升外来人员主动申报居住信息的自觉性，有助于探索改善依靠传统人海战术进行外来人员信息采集的困境，打造以"大数据"为核心、数据资源共享、信息互联互通的新型服务管理平台。

广东省佛山市禅城区建立社会综合治理云平台。云平台整合各部门数据资源、视频监控资源，实现一张图、一个库（数据库）指挥治理一座城。它整合区、镇街、村居、网格四层级力量和各部门的执法资源，从分块处理、各自为战向综合调度、协同处理、多级联动转变。云平台梳理多个部门多项事项，实现问题一个界面受理、快速响应交办、快速解决。目前，禅城区社会综合治理云平台已接入人口数据、法人数据、城市部件、城市事件等海量数据，统筹调用多个视频资源，线下将全区划分多个微网格进行无缝管理，有效打破职能部门之间的非密信息壁垒，推进人联网、物联网、事联网"三网合一"。

　　广东省深圳市福田区福保街道依托大数据促进基层多元治理。福保街道以网格化管理、社会化服务为方向，构建"一库两网多系统"的平台。"一库"即公共信息资源库，由人口、法人、房屋等基础信息库、部门的业务信息库、矛盾纠纷、问题隐患、社会信用等事件主题信息库构成，涵括基层治理的数据需求；"两网"即社会管理工作网和社区家园网；"多系统"包括行政审批系统、行政执法系统、档案服务系统、微信工作系统等。在数据采集中，街道一边通过日常工作，由网格员使用移动 PDA 进行采集，窗口人员使用高拍仪、扫描仪、读卡器等信息终端，对街道历史和新办业务中各类群众提供的证照资料和部门产生的文书档案等进行电子扫描、分类归档。同时，街道还积极与省、市、区相关业务部门进行沟通协调，争取其开放业务系统数据接口或提供数据内容。已有省级部门、市级部门、区级部门与街道实现了数据共享。此外，街道还在辖区物业管理处、警务室、社康中心等设置信息管理节点，对各类治理信息进行自动跟踪和汇总，拓宽数据采集渠道。

　　浙江省湖州市建立"口岸公共卫生风险监测预警"决策系统，该系统以卫生检疫监管对象为主线，以公共卫生风险防控为核心，依托质检总局信息化专网，建立全球公共卫生本底、口岸检出公共卫生风险、出境交通工具航线和指挥决策信息四个数据库，以及业务监管、风险预警决策和公众服务三个平台，综合运用大数据和地理信息系统（GIS）技术，打造口岸公共卫生风险监测预警决策系统，实现对出入境人员、交通工具、集装箱等携带传染病、媒介生物、核生化有害因子等公共卫生风险的全面监测、风险预警、科学决策、快速反应。该系统全面收集口岸全口径检疫数据、全面预警口岸风险，全面收集口岸全口径检疫数据，从电子口岸检疫查验系统中全面收集卫生检疫数据，同时通过网络信息搜索引擎从互联网上抓取数据，统一导入到本系统的四大数据库群。该系统将统一数据交换平台，通过数据的交换和共享保证多渠道的信息采集、整理与推送，实现多部门、多机构的横向与纵向的大数据分析，全面涵盖卫生检疫职能，包括检疫查验、疾病监测、核生化反恐、卫生监督、卫生处理等各个业务部门，实现口岸公共卫生信息资源共享、工作任务共享、突发事件统一调度。

第四节 大数据在市场监管中的运用

在市场监管领域，政府可以收集和运用质量监督管理局等部门收集的企业违法信息、市场经营信息等大数据源，通过数据分析、数据识别、数据共享等大数据技术，实现智能预警、规范考核机制、风险预判等功能。具体见表 14-6。

表 14-6 大数据在市场监管中运用的原理

大数据源	数据处理	功能实现
监管警示系统、质量监督管理局、地税局、国税局、企业违法信息、市场经营信息等	数据分析 数据识别 数据共享	智能预警 规范考核机制 全方位监管 风险预判

我国地方政府运用大数据进行市场监管的典型例子如下：

江西省南昌市研发"南昌市企业监管警示系统"，可以查询到企业所有经营相关的信息，包括企业登记信息、股权出质登记信息、动产抵押登记信息、荣誉品牌、抽查检查信息、违法记录等。系统已采集全市企业、个体工商户登记的基本信息以及企业年报信息，实时采集了南昌市市场监管局、市中级人民法院、市税局、市地税局等9家试点单位对企业的许可、处罚等信息。此外，系统还设置了消费警示查询，导入了"12315"投诉数据，消费者都可以随时查询企业是否有被投诉记录、投诉内容、处理结果。这就相当于为企业建立了一个公开的"经济户口"，"一户一档"集中监督管理。系统设置了对外公示平台，将所采集到的各类企业信息向全社会进行公示，完善信息的公示机制，并根据这些信息将企业进行信用分类。今后，银行贷款、融资合作、政府采购、工程招投标等，将以此为依据设立相应的门槛，使信用的软约束变为硬条件，失信违法企业将"一处违法，处处受限"。该系统主要有两大平台，除了对公众开放的公示平台，各监管部门后台还有一套业务平台，通过共享业务平台，原先孤立存在的各监管部门，利用大数据联通起来，实现联动监管，解决"数据孤岛"问题。通过采集企业行政处罚和其他违法信息，系统自动生成信用分类，并采用国际通行的颜色区分预警类别的做法，分为正常、黄色警示、橙色警示、红色警示等四色标示。各监管部门分类监管，对正常类型企业，减少检查次数，适当增加黄色、橙色警示企业的检查次数，对红色警示企业的经营状态、经营行为，进行严格核实，提高监管的针对性和有效性。规范操作，信息留痕防监管缺位。在业务平台，监管部门通过系统平台，认领每天更新的市场主体信息，对需要进行后置审批的，进行跟进监管，并及时将许可信息反馈到系统平台。此外，系统设置了"监管配置""抽查检查管理"等后台，对各行政部门监管的时间、对象、手段和结果等进行客观的记录。所有监督检查都要录入到平台，做到监管留痕，防止监管缺位。

山西省阳泉市运用大数据加强和改进市场监管。健全事中事后监管机制，建立事中事后监管信息系统，整合现有分散于各部门的市场主体的各类数据信息，按户进行归集，实现市场主体数据在各监管部门之间的数据共享，便利各监管部门强化事中事后监管。实时采集并汇总分析政府部门和企事业单位的环境治理、安全生产、市场监管、检验检测、违法失信、企业生产经营、销售物流、投诉举报、消费维权等方面有关市场监管数据、法定检验监测数据、违法失信数据、投诉举报数据和企业依法依规应公开数据，提升政府科学决策和风险预判能力，有效促进各级政府社会治理能力提升。建立产品信息溯源制度。支持物联网技术在食品、药品、农产品、日用消费品、无公害农产品、绿色食品等重要产品和重点领域的监督管理，充分利用物联网、射频识别等信息技术，建立产品质量追溯体系，形成来源可查、去向可追、责任可究的信息链条，为部门监管和社会公众查询提供便捷服务。

安徽省安庆市运用大数据加强和改进市场监管，创新市场经营交易行为监管方式，健全事中事后监管机制。在企业监管、环境治理、食品药品安全、消费安全、安全生产、信用体系建设等领域，推动汇总整合并及时向社会公开有关市场监管、法定检验监测、违法失信、投诉举报和企业依法依规应公开的数据，构建大数据监管模型，进行关联分析，及时掌握市场主体经营行为、规律与特征，提高政府科学决策和风险预判能力。对企业的商业轨迹进行整理和分析，全面、客观地评估企业经营状况和信用等级。

黑龙江省牡丹江市建立网络商品交易监管平台。网络商品交易监管平台主要包括网络商品交易监管系统、网络商品交易监管服务网和数据查询中心。网络交易监管执法人员可以通过平台网监系统，进行网络经营主体审核、注销、修改、录入，完善网络经营主体数据库。成员单位执法人员可以进入系统进行各自业务在线检查，还可依托日常监管和专项执法功能进行日常在线检查、抽查电商企业经营行为，从而便捷有效地对网上违法商品和交易行为进行监测，快速确定违法违规的市场主体，有效解决工商部门在网络市场监管工作中发现难、定位难的问题。该平台对接了全国企业信用监管警示系统，可获取电商企业信用信息，实现电商企业信息和信用信息数据共享交换、互联互通，并通过大数据的整合，准确掌握电商经营行为，逐步形成违法电商黑名单库，便于及时向消费者进行预警提醒。

设在贵州省遵义市新蒲新区政务中心的"农民工工资监管平台"，使全区的建设项目、人员统计、打卡异常、欠薪统计等情况实现了地图可视化，一旦有项目欠薪一个月以上，平台便会自动预警，提醒政府部门干预。通过这套名为"智慧建设劳务用工监管综合服务云平台"的系统，农民工签订劳动合同后，企业就会为其办理实名制 IC 卡和银行卡，务工人员每天利用刷卡和脸部识别设备打卡上下岗，由云平台动态记录身份信息、技能工种、劳动考勤、计酬标准、工作计量、工资结算等信息报送至签约银行。务工人员工资从工程款中提取，每月由银行代扣发放至工人的银行卡内。

广西省来宾市建立了智慧食品安全大数据中心，涵盖全国采购商类型分布数据、农产品检测数据、农产品价格预警等多种数据，并且数据实时更新。大数据中心通过食品检验检测、食品安全认证管理、生产经营主体诚信管理、食品安全信息公开等方式，建立健全多维度的食品安全防控体系。管理部门可以通过大数据中心追溯农产品从种植、流通到上餐桌的整个过程以及输送对象，一旦发现不合格产品，就能立即溯源，从而把控老百姓舌尖上的安全。从管理层面来说通过数据共享交换平台可以对跨部门、跨领域数据进行分析处理，能够打破食药监、农业、卫计、工商、商务、粮食等部门监管数据难统一的技术"壁垒"，获取预警信息，为科学决策和提升食品安全治理能力提供有力支撑，最终实现"食品追溯、食品检测、安全预警"。来宾市目前建设的数据监测点，涵盖政府、学校、国企、医院食堂以及部分连锁餐饮企业。通过大数据中心的"互联网＋物联网"数据系统，获取大量食品生产、流通、溯源、检测等基础数据，可以打通整个农产品从生产到用户的链条，进一步优化供需结构，提高农业生产、流通效率。

江苏省常州市食药监局建立大数据平台，实现电子化监管。微信扫码可查店家信息，店内餐桌上均有这家店唯一的二维码，消费者通过微信扫码可以查阅该店资质、原材料、视频等相关信息。在各店铺内以设置电子监管二维码的形式，将商家证照情况、量化分级等级、投诉监管、明厨亮灶等信息和市食药监局综合监管平台对接，把数据进行汇总后纳入互联网大数据平台，打通消费者、监管部门和商家之间的信息桥梁，最终建立放心餐饮安全平台，实现电子化监管，弥补基层监管力量的不足。

江苏省宿迁市在全市重点企业推广污染治理设施用电状态监管云平台，运用大数据分析、云计算、移动互联网、物联网技术，实现对污染源和环保设施用电的实时监控，提升环境监管的信息化、智能化水平。该系统对企业生产设备与环保治理设备用电数据、运行工况进行 24 小时不间断监测，通过关联分析、超限分析、停电分析，及时发现环保治理设备未开启、异常关闭及减速、空转、降频等情况，可实时监控限产和停产整治企业运行状态，防止企业违规生产，并及时通过短信、手机 App、Web 客户端等方式提供监管巡查，实现从"人防"到"技防"的全过程监控。

江苏省宿迁市沭阳县物价局强化医药价格监测大数据。沭阳县物价局将全县 80 余家医保定点药店和 40 余家医疗卫生单位的药品和医疗收费价格纳入监测范围，并将所监测的药品和医疗收费价格数据存入医药价格数据库，目前已收录约 20 万余条医药价格数据，且重点关注市场销量大、临床使用频次高的药品和医疗服务，通过价格数据库和价格处理系统将相同条形码的药品进行集中的分类和匹配，编制药品平均价格指数，将药品和医疗收费价格与平均价格进行比较，为医药价格监测分析提供了直观的价格走势，对及时掌握全县医药价格变化情况，防范医药价格异动，对维护医药市场价格稳定具有重要意义。

浙江省嘉兴市嘉善县盘活用活大数据，助推"最多跑一次"改革。他们把市场监管系统掌握的大数据充分运用到工商登记中，最大可能地减少企业办理工商登记需要提交的登记材料，使企业在工商登记时"最多跑一次"。他们的具体改革措施如下：一是依托登记电子数据，免交执照复印材料。凡在嘉善已登记注册的企业在本地再投资办理工商登记时免于提交执照复印件，由市场监管部门通过市场主体准入系统提取该主体登记信息代替执照复印件。二是依托电子档案数据，免交主体资格证明。凡在嘉善已经投资办理过工商注册（不含个体工商户）的自然人、企业法人、事业单位或其他组织在嘉善再投资办理工商登记时，无须再提交相关主体资格证明，市场监管部门通过企业电子档案调取相关材料，经核实并由申请人确认信息无变动后直接作为主体资格证明材料。三是依托互联网电子数据，免交主体资格证明。凡在嘉善以外的企业法人来嘉善投资办理工商登记的，由市场监管部门通过《全国企业信用信息系统》查询并提取企业基本信息，并经申请人确认为实时状态信息后作为主体资格证明材料。四是依托互联网电子数据，免交企业变更证明。企业在市场监管部门办理股东或其他投资人信息变更时，直接从市场监管档案系统或者全国企业信用信息公示系统调取相关的变更证明，无须企业提交相关登记机关出具的变更证明。五是动产抵押登记，免交企业执照复印件。企业在市场监管部门办理企业动产抵押登记时，完成网络申报后，也无须再次提交本地银行或者本地企业的营业执照复印件，由市场监管部门直接从市场主体准入系统调取登记基本信息代替。

浙江省嘉兴市秀洲区借力乡村"大数据"实现小作坊"云监管"。在各村（社区）128位信息员利用移动终端汇总的摸底数据基础上，融合市场监管部门在册数据和无证无照数据以及举报投诉数据。将这些数据共享到政务云端，建立起涵盖生产地址、环境条件、设备设施、产品品种、销售渠道、业主房东等基本信息的小作坊档案，确保小作坊进"笼子"、入视野，实现辖区内食品生产加工小作坊建档率达到100%。

浙江省宁波市借力"大数据"开启餐饮实时监管模式。打开平板电脑或智能手机，比对、打钩、电子签名、保存，在微型蓝牙打印机印制文书的同时，信息也上传入库。移动互联网监管让宁波餐饮随时随地实时监管成为现实。执法人员使用移动互联网执法系统，使行政执法的随意性大大降低。只要一扫二维码，餐饮店店主就可以在手机上看到处罚的照片证据、文字记录等。通过前后对比，可明确今后监管的重点和方向，也可对食品安全风险做出分析预警。餐饮大数据将逐步向社会公开，置所有餐饮店于全社会的监管之下，促进餐饮行业的食品安全。市民在订餐时，通过市场监管局网站、许可证、桌牌上的二维码等，就可实时查询到这家餐馆的后厨、消毒、人员健康体检、食材采购来源等相关信息，还可以看到每次执法抽检情况、消费者投诉记录等。

浙江省台州市椒江区运用"四大数据"分析推进智慧监管，对市场主体、检测数据、12315申诉、年报等数据的提炼、整合和分析，优化对市场主体的服务和监管效能，提升市场监管"智慧"水平。一是市场主体发展指数分析。在注册登记主体数据资源库的基础上，运用大数据手段，对新成立、在册以及注销的市场主体的数据进行挖掘分析，分析各类市场主体的类型分布、产业分布、行业分布、地区分布情况，形成市场主体发展情况分析。同时，完善对市场主体的全方位服务，通过QQ、手机短信、网站等媒体平台向党委政府、企业发送市场主体、行业的动态发展情况，为政府决策和企业投资创业提供参考。二是12315申诉数据研判分析。收集区域消费投诉、12315系统受理情况，运用大数据手段进行挖掘分析，精准确定消费投诉集中的时段、行业、区域、商品种类或服务等，为基层监管人员提供精准的监管信息，形成违法线索的收集、分析与研判机制，有利于形成更有针对性的整治工作方案，做到精准整治。三是企业"经营异常"情况监测。在对企业信息进行公示、抽查等数据基础上，运用大数据进行关联分析，包括企业年报率分析、"经营异常"企业分析、新设企业年报率统计等，及时掌握市场主体经营行为、规律与特征，尤其掌握当前新设小微企业的存续情况，评估企业经营状况和信用等级，提高政府科学决策和风险预判能力，主动发现违法违规现象，变事后监管为事前防范，切实加强对市场主体的事中事后监管。

第五节　大数据在税收征管中的运用

一、大数据在共享涉税信息中的运用

在税收征管领域，政府可以收集和运用涉税信息、税局大数据、财政数据、商务数据等大数据源，通过数据共享、数据分析、数据加工等大数据技术，从而实现税源管理、风险防控、精准服务等功能。具体见表14-7。

表 14-7　大数据在税收征管中运用的原理

大数据源	数据处理	功能实现
涉税信息、税局大数据、财政数据、商务数据、民政数据、国土数据等	数据共享 数据采集 数据分析 数据加工	税源管理 风险防控 精准服务

　　我国地方政府运用大数据进行税收征管的典型例子如下：

　　江西省景德镇市建立大数据社会综合治税信息平台，将国土、房管、市场监管、发改、法院、公安、商务、民政、体育等 42 家成员单位纳入平台中，涉及 1377 万条数据。这将打破以往信息不畅的壁垒，加强沟通协作，及时传递和共享重要的涉税信息，通过社会综合治税信息平台可以比对各方面提供的涉税信息，实时发现和掌控税源的"一举一动"。综合治税信息平台改变了以往信息传递靠手工填报和电子表格传递数据量大难纵横比对等问题，点击进入平台，工商登记、房产交易、土地拍卖、车辆购置、政府采购等多种信息分类收集，新开的企业、新中标的工程等一目了然，税务部门可以像使用雷达探测器一样，按照户籍、税种、土地面积、交易数量、成交金额等名目，便捷地通过计算机智能比对发现可疑信息，也可人工按需调阅查询数据，实现了对疑似的涉税风险准确识别和精确制导，及时将偷、逃、漏税款查补入库。

　　海南省海口市地税局目前正在与 14 个部门打通数据平台建设，汇集国税、财政、发改、国土、工商、质监等部门数据信息，并对海量涉税数据进行深度挖掘、重组、加工和疑点分析，形成政府部门的内部大数据库，建立综合治税平台，精准测算企业当期产量和产值等，实现对税收大数据的增值利用。

　　2014 年，安徽省政府下发《关于建立涉税信息交换与共享机制的通知》，要求政府各部门和相关单位履行税收协助职责和义务。按照《通知》

要求，发改、教育、科技等 35 家政府单位将提供有价值的涉税信息，市场经济主体的各类经济活动都被纳入税收监控平台。例如，公安部门提供车辆登记变更、机动车驾驶证等信息以及外籍人员登记、房屋租赁、宾馆住宿人次等情况；卫生部门提供营利性和非营利性医疗机构的认定情况；涉税信息交换平台还将和公共信用信息共享服务平台互联互通，深入挖掘涉税信息的应用效益。《通知》还明确了各级税务或财政部门负责涉税信息归集、分析、交换和考评工作的义务。各类涉税信息不仅有明确的内容、交换时间和工作规则，也将有统一规范的口径、格式和标准。据了解，近年来，该省大部分市、县相继建立涉税信息共享机制，但还缺少从省级层面进行整合和推进。此次，安徽省政府专门下发文件，建立了统一、规范、实时的涉税信息共享平台。届时，省、市、县（市、区）三级部门间涉税信息将实现及时交换、深入应用。

安徽省宿州市地税局运用大数据思维精准落实税收优惠。首先，通过"互联网 +"，捕捉优惠政策落实对象。密切关注报纸、电视、广播、网络等媒介有关企业宣传报道信息，积极利用《拂晓报》和《皖北晨刊》等多媒体数字报，宿州新闻网、拂晓新闻网、市人民政府网、各政府职能部门网站，实时捕捉棚户区改造、企业研发项目、财政补助（贴八节能节水、安全生产设备改造等涉税信息。其次，加强部门协作，共享优惠政策落实资源。主动作为，不断加强与地方党政部门沟通并赢得支持，打通第三方涉税信息采集渠道，先后从科技、经信、民政、金融、残联等部门采集了 312 户高新技术企业、企业技术中心、资源综合利用企业、小额贷款公司、已（拟）上市（挂牌）企业、社会福利企业、残疾人就业安置企业等企业。再次，匹配享受对象，推送优惠政策落实入户。每一项税收优惠政策出台后，业务部门都及时对现行有效的税收政策措施和制度规定进行梳理，形成优惠政策落实指引。在此基础上，对从有关部门获得或通过征管软件查询的信息，筛选、建立符合优惠条件的纳税人名册，并跟随企业变动情况进行动态调整，将政策内容和优惠对象有机进行匹配，实施"点对点"推送，引导和帮助符合条件的纳税人积极申报享受税收优惠。

二、大数据在税收风险监控中的运用

在税收风险监控领域，政府可以收集和运用涉税信息、政府信息共享平台数据、税源数据等大数据源，通过数据分析、数据共享、数据研判等大数据技术，从而实现风险监控、风险管理、风险识别等功能。具体见表14-8。

表 14-8　大数据在税收风险监控中运用的原理

大数据源	数据处理	功能实现
涉税信息、政府信息共享平台数据、税源数据、信用数据、基础数据等	数据分析 数据共享 数据研判 数据识别	风险监控 风险管理 风险识别 降低征收成本

三、大数据在提升税收征管质量中的运用

在提升税收征管质量领域，政府可以收集和运用税务局数据、第三方涉税信息、地税数据等大数据源，通过数据整合、数据分析、数据共享等大数据技术，从而实现风险分析、风险提示、科学税负等功能。具体见表14-9。

表 14-9　大数据在提升税收征管质量中运用的原理

大数据源	数据处理	功能实现
税务局数据、第三方涉税信息、地税数据、工商数据、治税平台、房管数据等	数据整合 数据分析 数据共享 数据查询	风险分析 风险提示 科学税负 风险预警

第六节　大数据在社会信用体系建设中的运用

在社会信用体系建设领域，政府可以收集和运用信用信息、履职信息、商业活动信息等大数据源，通过数据分析、数据排查、数据对比等大数据技术，从而实现风险把控、建立信用等级、信用卡合理发放等功能。具体见表 14-10。

表 14-10　大数据在社会信用体系建设中运用的原理

大数据源	数据处理	功能实现
信用信息、履职信息、商业活动信息、居住信息、金融机构信息等大数据信息	数据分析 数据排查 数据对比	风险把控 建立信用等级 信用卡合理发放

我国地方政府运用大数据进行社会信用体系建设的典型例子如下：

重庆市运用大数据建立企业信用"联征系统"，对企业违法违纪违规信息进行管理。该系统涵盖了全市所用的企业、个体工商户、中介机构等非公有制经济组织，汇集企业信用信息 2759 万条，涉及 42 万户企业。该系统将企业身份、税务登记、资质等级等企业基础信息、企业获奖优良信息，以及企业不良信息，如企业违法违规、欠薪欠税、银行不良贷款以及接受各类行政处罚的情况一并纳入大数据库。

江西省新余市用大数据探索社会信用体系建设。新余市运用大数据为政府、企业、个人、事业单位、社会组织等五大主体勾勒出一幅立体的信用"画像"，精准识别各个主体的信用等级。将个人的年龄、性别等基本信息和工作职责情况、违法情况、家庭美德情况等综合起来，就可以勾勒出个人的画像，信用评价体系的建立是创新社会治理的重要手段。公职人员成为最先"吃螃蟹"的人群，他们的履职信用信息、社会生活信用信息都被纳入信息采集范围。通过收集与分析不同社会主体的基本信用信息、履职信息、商业活动信息等数据，再对其进行信用评级，便可为有关单位进行守信激励和失信惩戒提供依据。

　　广东省佛山市禅城区使用大数据建立市民信用等级。自然人库是禅城区数据统筹局四大基础数据库之一，它主要来源于"一门式"改革以来积累的海量数据。目前，已有 3837 万余条相关数据入库。禅城区数据统筹局以此为基础，整合全区计生、流管、人社等部门相关自然人数据，通过数据透视综合展现自然人在计生、居住、信用（老赖信息）和办事情况等信息。综合信息为市民"画像"，并为其信用"打分"。

第十五章　大数据在金融行业中的应用

第一节　大数据场景下的信息安全

数据管理安全主要指大数据平台数据治理领域的安全，从数据采集、数据存储、数据处理、数据交换、数据分发和数据归档等阶段保护数据安全和用户隐私。本节从数据管理层面涉及的安全技术要素出发，重点对数据溯源、数据水印、策略管理、完整性保护和数据脱敏等五个安全技术进行介绍。

一、数据溯源

数据溯源技术对大数据平台中的明细数据、汇总数据使用后中各项数据的产生来源、处理、传播和消亡进行历史追踪。大数据平台数据溯源的原则描述如下。

第一，大数据平台必须确保对个人数据操作的可追溯。例如，对用户数据的增、删、改和导入 / 导出，以及通过大数据挖掘分析进行标签化的事件操作日志记录。操作日志中禁止出现提高影响个人数据，提高影响个人数据须进行匿名化处理。

第二，要求跟踪并监控对大数据平台资源和持权限人数据的所有访问，记录机制和用户活动跟踪功能对防止、检测和最大限度地降低数据威胁很重要。

大数据平台在对个人数据溯源过程中需要防范，因为长期保存超过存留期的个人数据会导致个人隐私受到威胁或泄露。因此，在数据溯源中，当追踪到数据超过存留期时要及时销毁数据，以减小数据泄露的风险。数据溯源对数据的整个历史过程进行追踪，首先必须根据其收集、使用目的来确定存储的个人数据的存留期。存留期等同于完成个人数据使用目的的时间。

以下介绍几种针对超过存留期个人数据的处理方法。

（1）必须提供删除／匿名化机制或指导来处理超过存留期的用户数据；

（2）提供程序机制，根据个人数据存留期设置删除周期，存留期一到便由程序自动删除；

（3）在产品客户资料中描述删除或是匿名个人数据的方法，指导客户使用；

（4）对于备份系统中超过存留期的个人数据，应在客户资料中告知客户定期删除；

（5）对于设备供应者，应根据客户需求，或根据业界惯例，提供机制或指导来删除超过存留期的用户数据；

（6）对于法律有特殊要求的用户隐私数据可遵循当地法律所要求的规范进行保存和处理。

二、数字水印

数字水印技术指将特定的标识信息嵌入宿主数据中（文本文件、图片和视频等），而且不影响宿主数据的可用性。数字水印分为可见水印和不可见水印两种，其中可见水印所包含的水印信息和宿主数据可以被同时看见；

而不可见水印将水印信息以隐藏的方式嵌入到宿主数据中，所嵌入的水印信息在通常情况下不可见，需要通过特定的水印提取方法进行提取。数字水印的设计应遵循以下原则：

（1）嵌入的水印信息应当难以篡改和伪造；

（2）嵌入的水印信息不能影响宿主数据（保护对象）的可用性，或者导致其可用性极大降低；

（3）数字水印要求具有不可移除性，即被嵌入的水印信息不容易甚至不可能被黑客移除；

（4）数字水印要求具有一定的鲁棒性，当对嵌入后的数据进行特定操作后，所嵌入的水印信息不能因为特定操作而磨灭。

大数据平台采用数字水印提供对数据的版权保护，也可用于对信息非法泄露者进行追责。一方面，在大数据平台中，通过接口将一些原创的、有价值的宿主数据的所有者信息作为水印信息嵌入宿主数据中，用于保护宿主数据的版权，以期避免或阻止宿主载体未经授权的复制和使用。另一方面，大数据平台在分发数据时，通过接口将数据接收者的信息嵌入到所分发的数据中，以期对信息非法泄露行为进行取证。当接收者将分发数据泄露给非授权第三人时，可以通过提取水印信息对接收者的泄露行为进行追责。

大数据平台通常以文件的形式分发数据，主要有 pdf 文件、Excel 文件和网页文件形式。文件的不可见水印技术根据嵌入方法，可以分为如下几种：

（1）基于文档结构微调的水印技术；

（2）基于文本内容的水印技术；

（3）基于自然语言的水印技术；

（4）基于数值型数据 LSB 的水印技术；

（5）基于数据集合统计特征的水印技术。

当大数据平台通过网页浏览、打印或导出文件的形式分发文件时，不可见水印技术无法对拍照、截屏和打印等行为进行取证和追责。因此，需要在所分发的文件中嵌入可见水印信息，以期对用户通过拍照、截屏和打印等非法泄露信息的行为进行取证和追责。文件的可见水印设计需要满足数字水印的设计原则，如，难以伪造、不可移除、鲁棒性，以及不影响宿主文件可用性等。

数字水印可与密码技术相结合一起保护大数据平台中的数据，主要通过文件的操作权限，以防止用户通过文件特定功能操作来消除水印信息；还可以通过采用加密文件，防止无密码的非授权用户浏览文件信息。

三、策略管理

策略管理为隐私处理模块和隐私还原管理模块提供处理策略配置和版本管理，处理过程中所用密钥的版本和存储都由其统一管理，保存到特定的安全位置，通常只由去隐私处理模块和还原处理模块调用。

大数据平台中的安全策略管理主要涵盖三个部分：一是对安全密钥、口令保护进行统一定义与设置；二是对安全规则进行集中管理、集中修订和集中更新，进而实现统一的安全策略实施；三是安全管理员可以在中央控制端进行全系统的监控。大数据平台中安全策略管理的特性具体要求如下：

（1）大数据平台应具备对安全规则进行集中管理的功能，并且支持对安全规则的远程配置和修订；

（2）支持对密钥和口令相关的账户的集中化管理，包括账户的创建、删除、修改、角色划分和权限授予等工作；

（3）对违反安全规则的行为发出告警消息，能够对整个大数据平台中出现的任何涉及安全的事件信息及时通报给指定管理员，并保存相关记录，供日后查询；

（4）提供单次登录服务，允许用户只需要一个用户名和口令就可以访

问系统中所有被许可的访问资源;

（5）提供必要的手段能够对外网访问策略进行管理，加强外网接口服务器的访问策略管理工作。

四、完整性保护

大数据平台的数据完整性要求在数据传输和存储过程中，确保数据不被未授权的用户篡改或在篡改后能够被迅速发现。大数据平台的完整性保护，主要包含数据库关系完整性保护和数据完整性保护。数据库关系完整性是为确保数据库中数据的正确性和相容性，对关系模型提出的某种约束条件或规则，以期防止数据库中存在不符合语义规定的数据和防止因错误信息的输入／输出造成无效操作或出现错误信息。关系完整性通常包括域完整性、实体完整性、引用完整性和用户定义完整性。其中域完整性、实体完整性和引用完整性，是关系模型必须满足的完整性约束条件。

大数据平台要尽可能地利用数据库系统提供的完整性保护机制来保护数据库中数据的完整性。然而，数据库完整性保护只能防止不满足规则约束的数据篡改，无法防范在满足规则约束以内的数据篡改。例如，某数据表对余额字段定义的取值范围是 0—100，攻击者将余额值从原来的 50 修改成 100，仍然满足字段的自定义完整性，因为这一修改操作并不违反数据库关系的完整性。

针对数据库字段中满足规则约束内的数据完整性保护，大数据平台需要满足以下安全特性:

（1）要求采用业界标准的哈希认证码算法 MAC 计算保护对象的哈希认证码，例如，HMAC–SHA256 标准算法;

（2）相同的字段值每次生成的认证码应该不尽相同;

（3）攻击者不能通过采用表中的一条记录覆盖另一条记录的方式来篡改数据。

五、数据脱敏

数据脱敏用于保护大数据平台中的敏感数据，主要涉及加解密算法的安全、加密密钥的安全、存储安全、传输安全以及数据脱敏后密文数据的搜索安全等。

（一）加解密算法的安全

用于大数据平台敏感数据的加解密算法应该选择业界标准算法，严禁使用私有的、非标准的加解密算法用于加密和保护敏感数据。其原因是，如果不是具有密码学专业素养的专家设计的密码算法，这些算法难以达到密码学领域的专业性要求；此外，一方面其技术上也未经业界分析验证，有可能存在未知的缺陷；另一方面其违背了加密算法要公开透明的原则。

（二）加密密钥的安全

密钥的安全管理对于整个大数据平台的安全性至关重要。如果使用不恰当的密钥管理方式，强密码算法也无法保证大数据平台的安全。一个密钥在其生命周期中会经历多种不同的状态，包含密钥生成、分发、使用、存储、更新、备份和销毁。密钥在其生命周期的各个阶段，都应满足一些基本的安全要求，以保障自身的安全性。

在大数据平台中，如果采用统一变更密钥的方法更新数据，首先需要将所有旧密文数据载入内存，其次采用旧密钥对旧密文数据进行解密，最后用新密钥统一对解密后的明文数据重新进行加密。然而，在大数据场景下，由于存储和处理的数据量往往比较庞大，解密和重新加密旧数据会消耗大量的计算时间和内存空间，特别是重新存储新密文时需要耗费大量的 I／O 操作。此外，该方法在重新加密旧数据时，由于需要先解密旧密文，所以内存中会出现用户的明文号码。一旦内存被攻击者控制，内存中的明文号码也将被攻击者窃取。

另一种密钥更新方法是按周期定期变更加密密钥，同时保持以往周期的旧密文数据和旧密钥不变。该方法考虑到旧密文数据一旦被攻击者窃取，对旧密文数据采用新密钥重新加密的意义不大。因为如果攻击者可以通过密文分析方法获得敏感信息，那么，攻击者拥有所窃取的旧密文数据就足够了，此时对已经被窃取的旧密文数据重新加密并不能阻止信息的泄露。为了在降低系统的性能消耗的同时保护新数据，该方法在密钥变更时只需要变更最新周期的密钥即可，无须解密和重新加密旧数据。另外，由于该方法在不同周期采用了不同的加密密钥，还可以防止敏感数据的大面积泄露。但是，不同周期的相同明文经加密之后的密文会不一样，这不利于识别跨周期相同的明文目标。为了识别跨周期相同的明文目标，以便将相同的明文归一化到相同的密文形态，需要对跨周期的密文数据做额外的归一化处理。

（三）存储安全

在不同存储或打印场景，对敏感数据（例如，口令、银行账号、身份证号、通信内容、加密算法、金额、IV 值或密钥信息等）进行限制或保护处理，避免因为敏感数据泄露而导致大数据平台不安全或用户隐私受到威胁。

（四）传输安全

对非信任网络之间传输中的敏感数据进行安全保护，防止敏感数据在传输过程中被嗅探或窃取。

（五）密文数据的搜索安全

数据脱敏后的密文数据是以乱码的形式存在的，其失去了可搜索的特性。为了实现对密文的搜索，通常情况下需要先将所有密文数据载入到内存，然后对内存中的密文数据进行解密，最后再采用基于明文的搜索技术对解密后的密文进行搜索。以上提到的方法虽然可以间接地实现对密文的搜索，然而该方法需要花费额外的解密时间和内存空间。特别是在大数据平台中，由于其所存储的数据量通常比较庞大，间接搜索密文的方法将花费更多的解密时间和内存空间。因此，在大数据平台中实现直接对密文进行快速搜索的方法变得非常重要。基于关键词索引的密文搜索技术是目前流行的一种方法，它可以在不解密的情况下直接对密文进行搜索。

大数据安全分析是利用大数据相关技术采集流量、日志和事件，通过基于行为和内容的异常检测方法，发现高级 / 未知威胁和 DDoS 攻击。

第二节　大数据在银行业中的应用

银行业应用系统的实时性要求很高，积累了非常多的客户交易数据，金融行业大数据的应用目前主要体现在金融业务创新、金融服务创新和金融欺诈监测等方面。

一、银行业务中的大数据应用

随着全球金融行业竞争的进一步加剧，金融创新已成为影响金融企业核心竞争力的主要因素。有数据显示，95% 的金融创新都极度依赖信息技术，因此，金融业对信息技术的依赖性很大。大数据可以帮助金融公司分析数据，寻找其中的金融创新机会。

（一）金融业务创新

互联网金融是当前金融业务的开拓创新，即利用互联网技术、大数据思维进行的金融业务再造。这种创新主要表现在两个方面，一是银行机构依靠现代互联网技术和思维进行自我变革，如商业银行逐渐拓展的互联网金融业务；二是互联网企业跨界开展金融服务，如阿里金融、腾讯金融、百度金融、京东金融等。银行机构是将其金融业务逐步搭载在互联网平台上，而互联网企业是以互联网技术平台为优势加载金融业务，二者不断趋同，但各有优势。

新兴的互联网银行机构源源不断涌现，并推动着金融业在更大空间、更广地域进行着深刻而有效的金融创新，促使金融业由量变到质变，推动着金融业由不可能走向可能、由不完备走向完备、由不受关注走向备受关注，如在小额贷款和中小企业融资领域的 P2P 和众筹融资模式。而金融业面临众多前所未有的跨界竞争对手，市场格局、业务流程将发生巨大改变，未来的金融业将开展新一轮围绕大数据的 IT 建设投资。

优秀的数据分析能力是当今金融市场创新的关键，资本管理、交易执行、安全和反欺诈等相关的数据洞察力，成为金融企业运作和发展的核心竞争力。因此，互联网金融不仅是互联网、大数据等技术在金融领域的应用，更是基于大数据思维而创造出的新的金融形态。

（二）改善营销模式

大数据改善传统营销模式。对于当今的银行机构来说，能够利用大数据准确快速地分析客户特征，进而区别于传统营销模式，快速锁定商机，很有可能决定了企业竞争力和分水岭，落后的企业很有可能要付出一定的代价。例如，银行对客户的分层往往是依据客户交易做粗略的划分，如存款超过 50 万人民币者为 VIP 客户。然而这种分类不够细致，根据这种简单的分类对客户做的广告并没有起到很好的营销作用，而且客户还会产生一种被"强迫推销"的感觉。

IBM 中国研究院提出，按照客户亲朋好友的投资动态来提供产品建议，以此来鼓励客户购买更多的金融产品。IBM 运用的是人类的"社交同理心"，但要激起客户的同理心，前提是先了解他们的社交模式。因此，系统先从银行各个经销渠道收集客户的个人身份（如年龄、性别和婚姻状态）和事务数据（如存款和投资金额），经过清理和汇整后进行深入的分析对比，找出客户群体中有哪些人属于同样的社交圈，以及在不同的社交圈中扮演什么样的角色。通过大数据分析描绘出客户群体的关系之后，分析客户近期的购买倾向，以及已购买产品的绩效，以辅助营销。通过更加细致的分类，客户被分成了不同背景、环境、经济条件的群体。根据不同的群体提供同类理财成效的相关信息，激发客户的好奇心，进而购买更多的金融产品，并且提高客户对品牌的认同度。

（三）金融智能决策

除了利用大数据思维对金融业务进行再造、利用大数据方法对客户行为进行分析，近几年商务智能也排到了金融行业 CIO 议程表上，这说明了智能决策的重要性。金融行业高度依赖信息数据，应用大数据方法与技术收集、处理、分析金融数据，并对数据进行挖掘提取，寻找其中有价值的信息，从而帮助公司做出及时准确的决策。

二、银行服务中的大数据应用

除了利用大数据技术与方法对于金融业务进行创新之外，对于金融中介服务也可以利用大数据方法与技术进行优化，进而提高客户满意度。比如，花旗银行通过收集客户对信用卡的质量反馈和功能需求，来进行信用卡服务满意度的评价。质量反馈数据可能是来自电子银行网站或者呼叫中心的关于信用卡安全性、方便性、透支情况等方面的投诉或者反馈，需求可能是关于信息卡在新的功能、安全性保护等方面的新诉求，基于这些数据，他们建立了质量功能来进行信用卡满意度分析，并用于服务的优化和改进。

（一）客户行为分析

对于银行机构来说，利用大数据方法与技术对客户行为特征进行分析，不但可以提高客户满意度，还可以从中获益。如招商银行利用客户刷卡、存取款、电子银行转账、微信评论等行为数据的研究，每周给顾客发送针对性广告信息，里面有顾客可能感兴趣的产品和优惠信息，从而增加客户消费。

此外，花旗银行在亚洲有超过 250 名的数据分析人员，并在新加坡创立了一个"创新实验室",进行大数据相关的研究和分析。花旗银行所尝试的领域已经开始超越自身的金融产品和服务的营销。比如新加坡花旗银行会基于消费者的信用卡交易记录,有针对性地给他们提供商家和餐馆优惠信息。

(二)加快理赔速度

对于银行机构,另外一个可以明显提高客户满意度的方面就是保险的理赔速度。保险公司的理赔审核机制高度依赖人为的判断和处理时间,审核人员得仔细留意申请案件是否有诈保迹象,若发现可疑案件还得转给其他部门进一步评估,这就导致理赔流程拉得很长,影响保户满意度。

IPCC(InfinityPropertyand Casualty Corp)是一家汽车保险公司,为了遏制诈领保险金的增长趋势,决定运用一套根据事故数据来预测分析机制加强诈保侦测,提升理赔的速度、效率和准确率,进而改进理赔服务。在新的理赔系统中 JPCC 仿效信用审核评分的方法,建立起一套专门评估理赔申请案件"诈保率"的评分机制,一旦发现可疑案件,系统就会按照事先设定的业务规则,把案件转交给负责调查的人员。由于新系统的实施,IPCC把阻止诈保的成功率从 50% 提高到 88%。此外 IPCC 也从收到保户通报事故数据的第一时间着手,运用演算模型,在事故发生当下就把理赔申请分门别类,让有问题的案件可以尽早被调查,不需要调查的案件可以立刻获得给付。因此,IPCC 在第一时间就能排除 25% 需要后续调查的案件,省下了不少案件往来的时间和费用。同时 IPCC 还采用文本挖掘技术,分析警方对交通事故的调查报告、伤者医疗记录和其他文件中的内容,检查描述上有何矛盾或可疑之处。总之,IPCC 利用大数据分析方法大幅度提高了理赔的审理速度和准确度。

三、金融风险中的大数据应用

金融欺诈监测对银行的业务至关重要,直接关系到银行策略的制定。

例如，通过对客户的教育水平、收入情况、居住地区、负债率等进行大数据分析，可以评估用户的风险等级，将贷款发放给风险等级较低的客户。

（一）金融欺诈行为监测和预防

账户欺诈会对金融秩序造成重大影响。在许多情况下，可以通过账户的行为模式监测到欺诈，在某些情况下，这种行为甚至跨越多个金融系统。金融网站链接分析也能帮助监测电子银行的欺诈。

保险欺诈是全球各地保险公司面临的一个切实挑战。南非最大的短期保险提供商 Santam 通过采用大数据、预测分析和风险划分帮助公司识别出导致欺诈监测的模式，从收到的索赔中获取大数据，根据预测分析及早发现欺诈，根据已经确定的风险因素评估每个索赔，并且将索赔划分为 5 个风险类别，将可能的欺诈索赔和更高风险与低风险案例区分开。

（二）金融风险分析

很多数据源可以用来评估金融风险，如来自客户经理服务、手机银行、电话银行等方面的数据，也包括来自监管和信用评价部门的数据，在一定的风险分析模型下，可通过分析数据帮助银行机构预测金融风险。如一笔逾期贷款的风险的数据分析，数据源范围就包括偿付历史、信用报告、就业数据和财务资产披露内容等。

参 考 文 献

[1] 蔡圆媛. 大数据环境下基于知识整合的语义计算技术与应用 [M]. 北京：北京理工大学出版社，2018.

[2] 仇丹丹. 云技术及大数据在高校生活中的应用 [M]. 天津：天津科学技术出版社，2020.

[3] 窦万春. 大数据关键技术与应用创新 [M]. 南京：南京师范大学出版社，2020.

[4] 方曙东，许桂秋. Hadoop 大数据技术与应用 [M]. 杭州：浙江科学技术出版社，2020.

[5] 龚卫. 大数据挖掘技术与应用研究 [M]. 长春：吉林文史出版社，2021.

[6] 何克晶. 大数据前沿技术与应用 [M]. 广州：华南理工大学出版社，2017.

[7] 何兴无，蒋生文. 大数据技术在现代教育系统中的应用研究 [M]. 长春：东北师范大学出版社，2019.

[8] 侯勇，刘世军，张自军. 大数据技术与应用 [M]. 成都：西南交通大学出版社，2020.

[9] 胡沛，韩璞. 大数据技术及应用探究 [M]. 成都：电子科技大学出版社，2018.

[10] 黄冬梅，邹国良等.大数据技术与应用海洋大数据 [M].上海：上海科学技术出版社，2016.

[11] 黄风华.大数据技术与应用 [M].哈尔滨：哈尔滨工业大学出版社，2019.

[12] 黄源，董明，刘江苏.大数据技术与应用 [M].北京：机械工业出版社，2020.

[13] 李聪.公共安全大数据技术与应用 [M].长春：吉林大学出版社，2018.

[14] 李剑波，李小华.大数据挖掘技术与应用 [M].延吉：延边大学出版社，2018.

[15] 李少波.制造大数据技术与应用 [M].武汉：华中科技大学出版社，2018.

[16] 李文彬.中国地方政府大数据运用 [M].北京：新华出版社，2019.

[17] 李雪竹.云计算背景下大数据挖掘技术与应用研究 [M].成都：电子科技大学出版社，2021.

[18] 李佐军.大数据的架构技术与应用实践的探究 [M].长春：东北师范大学出版社，2019.

[19] 梁凡.云计算中的大数据技术与应用 [M].长春：吉林大学出版社，2018.

[20] 刘红英，刘博，李韵琴.大数据技术与应用基础 [M].北京：海洋出版社，2016.

[21] 娄岩.大数据技术应用导论 [M].沈阳：辽宁科学技术出版社，2017.

[22] 齐力.公共安全大数据技术与应用 [M].上海：上海科学技术出版社，2017.

[23] 任庚坡，楼振飞.能源大数据技术与应用 [M].上海：上海科学技术出版社，2018.

[24] 任友理. 大数据技术与应用 [M]. 西安：西北工业大学出版社，2019.

[25] 申时凯，佘玉梅. 基于云计算的大数据处理技术发展与应用 [M]. 成都：电子科技大学出版社，2019.

[26] 屠忻. 大数据处理技术 R 语言专利分析方法与应用 [M]. 北京：知识产权出版社，2019.

[27] 王李冬. 大数据智能挖掘相关技术与应用 [M]. 天津：天津科学技术出版社，2020.

[28] 王倩，阎红. 大数据技术原理与操作应用 [M]. 重庆：重庆大学出版社，2020.

[29] 韦德泉，许桂秋 .Spark 大数据技术与应用 [M]. 杭州：浙江科学技术出版社，2020.

[30] 韦鹏程，施成湘，蔡银英著. 大数据时代 Hadoop 技术及应用分析 [M]. 成都：电子科技大学出版社，2019.

[31] 许云峰等. 大数据技术及行业应用 [M]. 北京：北京邮电大学出版社，2016.

[32] 杨丹. 大数据开发技术与行业应用研究 [M]. 沈阳：辽宁大学出版社，2021.

[33] 张鹏涛，周瑜，李珊珊. 大数据技术应用研究 [M]. 成都：电子科技大学出版社，2020.

[34] 张绍华，潘蓉，宗宇伟. 大数据技术与应用大数据治理与服务 [M]. 上海：上海科学技术出版社，2016.

[35] 张文学，连世新. 大数据挖掘技术及其在医药领域的应用 [M]. 秦皇岛：燕山大学出版社，2020.

[36] 朱利华. 云时代的大数据技术与应用实践 [M]. 沈阳：辽宁大学出版社，2019.